maudrich

Erwin BÖHM

Psychobiographisches Pflegemodell nach Böhm

Band I: Grundlagen

4. Auflage

maudrich

Anschrift des Autors:
Prof. Erwin Böhm
Vorstandsvorsitzender des ENPP
Alte Landstraße 7a
A-2624 Breitenau

Bibliografische Information Der Deutschen Nationalbibliothek

Die Deutsche Nationalbibliothek verzeichnet diese Publikation in der Deutschen Nationalbibliografie; detaillierte bibliografische Daten sind im Internet über http://dnb.d-nb.de abrufbar.

Filmsatz und Offsetdruck: Ferdinand Berger & Söhne Gesellschaft m. b. H., 3580 Horn, Wiener Straße 80

ISBN 978-3-85175-911-2

Dieses Buch widme ich meiner Gattin Hannelore, die mir ihrerseits ihre Lebenszeit widmete, sowie meinen Klienten/Patienten und deren Verwandten, denen ich mein heutiges Wissen verdanke.

INHALTSVERZEICHNIS

TEIL II: Seelenphänomenologie – Orientierung im Modell

TEIL III: Grundlagen des Modells – Konzept, Dokumentation und Planung

GELEITWORT DES HRN. BUNDESMINISTERS DR. ERWIN BUCHINGER

In den letzten Jahrzehnten hat sich die Betreuung und Pflege von betagten Menschen maßgeblich verändert. Noch vor Jahren war es gelebte Praxis, dass sich in Betreuungseinrichtungen ein Großteil der Bewohner auch tagsüber in den Betten aufgehalten hat oder aufhalten musste. Der Schwerpunkt der Betreuung wurde auf die „warm-satt-sauber"-Pflege gelegt; der seelischen Pflegequalität wurde hingegen weniger Bedeutung beigemessen.

Vor etwa drei Jahrzehnten trat Prof. Erwin Böhm für Patienten ein, indem er sich gegen den Umstand auflehnte, dass die erlernte Hilflosigkeit die Seniorinnen und Senioren eher „in die Betten pflegte", anstatt deren Selbständigkeit so weit als möglich zu erhalten bzw. wieder zu finden.

Als erster Pflegetheoretiker Österreichs verfolgte Prof. Böhm neue Ansätze in der geriatrischen Pflege. Seinem Modell entsprechend, verwendete er die Biographie des einzelnen Menschen als Grundlage zum Verstehen des Betroffenen und seiner Verhaltensweise. So gelang ihm die Aktivierung bzw. Reaktivierung verloren gegangener Fähigkeiten von alten und verwirrten Menschen. Durch diese „Pflege mit der Hand in der Hosentasche" konnten wieder erworbene Fähigkeiten im täglichen Leben erneut Anwendung finden.

Als Sozialminister vertrete ich die Anliegen von rund 1,4 Millionen Seniorinnen und Senioren über 65 Jahren sowie von pflegebedürftigen Menschen und deren Angehörigen. Die österreichische Seniorenpolitik verfolgt unter anderem die Ziele der Förderung und Sicherung der Teilhabemöglichkeit älterer Menschen am sozialen, politischen, ökonomischen und kulturellen Leben, der Förderung des Lebenslangen Lernens sowie der Förderung des Aktiven Alterns. Der Bereich der Pflegevorsorge ist stetig mit der Weiterentwicklung der Rahmenbedingungen für die Pflege zu Hause befasst. So kommt zum Beispiel der Qualitätssicherung in der häuslichen Pflege große Bedeutung zu. Seit Einführung dieses Beratungsangebotes im Jahre 2001 konnten mehr als 20.000 Hausbesuche durch diplomiertes Krankenpflegepersonal durchgeführt werden.

Zudem lege ich großen Wert auf die Entlastung von pflegenden Angehörigen, wobei der Schwerpunkt im Jahr 2008 auf die Bedürfnisse jener Angehörigen, die demenziell erkrankte Menschen betreuen, gerichtet ist. Eine Anzahl von Projekten und Initiativen zur Stärkung der Position der pflegenden Angehörigen wird durch mein Ressort gefördert. Außerdem wurden von mir erst kürzlich weiterführende Schritte in der sozialversicherungsrechtlichen Absicherung dieses Personenkreises gesetzt.

Prof. Erwin Böhm ist als Visionär zu bezeichnen, von dessen neuer Pflegephilosophie unzählige Seniorinnen und Senioren sowohl in der stationären, als auch in der mobilen Betreuung profitiert haben. Seither hat sich in der Pflege betagter und dementer Mitmenschen ein Wandel vollzogen, der das Denken und die Haltung von pflegenden Personen grundlegend verändert hat. Der Lohn dafür ist die Förderung einer weitest möglichen Selbständigkeit alter Menschen und deren vermehrte Anteilnahme am Leben.

Wien 2008 Dr. Erwin Buchinger

Danksagung

Meinen Dank möchte ich allen aussprechen, die mir geholfen haben, meinen Berufsweg glücklich und zum Teil auch wissenschaftlich zu ermöglichen – das sind meine Freunde, vor allem aber meine Feinde sowie eine Unzahl von Klienten, aus deren thymopsychischer Biographie heraus lernen zu dürfen ich die Ehre hatte.

Mein besonderer Dank gilt einigen fachlich-wissenschaftlichen Beratern, wie Herrn Dr. Marc AVARELLO sowie der Soziologin Frau C. SCHNEIDER.

Nicht unerwähnt darf die große Anzahl an Fachexperten und Kapazitäten bleiben, die für viele Expertengespräche zur Verfügung standen. Es sind dies vor allem die Professoren K. DÖRNER, H. E. GABRIEL, K. PURZNER, L. ROSENMAYR, U. LEHR, M. BALTES, A. UCHTENHAGEN, N. JOVIC, S. KANOWSKI, H. STROTZKA usw., denen ich an dieser Stelle ebenfalls meinen Dank aussprechen möchte.

Für den geschichtlichen Anteil der Beratungen danke ich Herrn Prof. Mag. F. VONWALD.

Mein Dank gilt auch allen meinen Kolleginnen und Kollegen, welche meine Seminare besuchten und Material für mich sammelten.

Seit der Firmengründung des ENPP – Böhm Bildung- und Forschungsgesellschaft mbH unter der Geschäftsführung von Frau Marianne Kochanski ist es zu einem ungeheuren Aufschwung des ENPP und somit unseres Pflegemodells gekommen. Ich danke Frau Marianne Kochanski und unserem derzeitigen Lehrkörper sowie der AG „Komplementäre Pflegeforschung“ für ihren Einsatz. Ein Modell hat, glaube ich, nur dann einen Sinn, wenn es lebt! Meine LehrerInnen haben das Modell in der EU zum Leben erweckt, danke!

Der Autor

Teil I
Das psychobiographische Konzept der Pflege – ein Annäherungsversuch

Ich verstehe unter meinem Modell eine komplementäre Systemtheorie, die sich mit der ärztlich-medizinischen Sichtweise ergänzen soll. Unabhängig davon, ob nun ein tatsächlicher organischer Schaden vorliegt oder nicht, sollte die therapeutische Pflege aus der thymopsychischen Biographie eine seelische und somatische Befindensverbesserung womöglich ohne Psychopharmaka und sonstigen Beschränkungen bei Klienten mit einer cerebralen Altersauffälligkeit ergeben. Es muss und soll durch dieses Modell aber nicht nur eine Verbesserung des Befindens der Klienten, sondern auch eine Verbesserung des Befindens unseres Personals erzielt werden.

Heute, in der 4. Auflage dieses Buches, kann ich sagen, dass mir dies in bis jetzt 65 Häusern (Signumshäuser des ENPP) im europäischen Raum gelungen ist.

1. Grundsatzbemerkungen

Ein Annäherungsversuch? Dieser Titel wird vielleicht verwundern. Denn im folgenden soll es um mein Konzept der Pflege gehen, an dem ich seit geraumer Zeit arbeite und das in der Zwischenzeit auch bei Theoretikern und Praktikern der Pflegeforschung unter der Kurzbezeichnung „BÖHM-Modell" über einen gewissen Bekanntheitsgrad verfügt.

Es mag absurd erscheinen, daß jemand, der ein Pflegemodell geschaffen hat, vorgibt, sich dieser Sache nur versuchsweise annähern zu wollen; doch handelt es sich hierbei um den Versuch, Dimensionen meines Pflegemodells darzulegen, die bisher kaum thematisiert wurden. Ich habe in unzähligen Seminaren sowie an manch anderer Stelle[1] die Grundprinzipien meines Pflegemodells ausgewiesen. Es scheint mir besonders in diesem Beitrag wichtig zu sein, meine subjektiven Zugänge etwas näher auszuführen, um damit zu unterstreichen, daß jeder, der mit meinem Konzept sinnvoll arbeiten will, gezwungen sein wird, seine eigene Position zu reflektieren, sie in Frage zu stellen, um sich neue Blickwinkel zu verschaffen, um Fehler zu machen, aus denen er lernen kann – ja, um letztendlich auch klüger zu werden, um dann wieder von vorne zu beginnen ...

Mir geht es in diesem Buch also primär darum, „Hintergründiges" in den Vordergrund zu stellen, um auch den Hintergrund des scheinbar „Vordergründigen" entsprechend darstellen zu können. Denn jeder, der Interesse an der Realisierung dieses Konzeptes hat – und zunehmend mehr Institutionen im In- und Ausland, denen an einer sinnvollen Betreuung alter Menschen ge-

[1] siehe Literaturliste

legen ist, versuchen heute diesen Weg zu gehen – wird sich mit diesen Fragen beschäftigen müssen.

Durch meine seit 1968[2] durchgeführte empirische Pflegeforschung in der psychogeriatrischen und geriatrischen Pflege konnte ich gewisse Gesetzmäßigkeiten nachweisen, denen zufolge die im hohen Alter auftretenden psychogenen Probleme schon in der Kindheit geprägt werden, ein Leben lang latent vorhanden sind und im Alter als Regression wieder auftreten können.

Normalerweise sind unsere früheren Verhaltensformen durch eine funktionstüchtige kognitive Leistung sowie durch das *Ich* und *Über-Ich* beim erwachsenen Menschen überspielt. Trotzdem sind unsere geprägten Verhaltensrituale in uns versteckt, latent vorhanden, und wir greifen auf diese nur in Grenz- und Ausnahmesituationen zurück. Das heißt, daß erst durch einen Auslösungsmechanismus bedingt – dieser kann akut (zerebrale Dekompensation), chronisch (organische Hirnveränderungen bis M. ALZHEIMER) oder biographisch (Wegnahme von Copings – Lebenswichtigkeiten) sein – das Wiederauftreten stattfindet.

Tritt ein solcher Auslöser ein, dann greifen wir Menschen auf uns schon lange bekannte, uns sogar Sicherheit gebende Mechanismen zurück – wir schreien, weinen, verkleiden uns, spielen Kind und suchen Altbekanntes: die Mutter, das Daheim oder sogar uns selbst, unser Ich.

Dann tritt unsere Emotion von früher wieder in Kraft, tritt aber dieses Mal ungebremst zu Tage, wir agieren wie aus der ersten und zweiten Pubertät, aus unserer Trotzphase heraus. Wir vergessen all unsere Kultur und unsere Über-Ich-Leistungen. Es kommt zu sehr emotionsbeladenen Verhaltensmustern (Es-ethologischen Reaktionen), denen oft Pflegende verwundert gegenüberstehen.

Trotzdem könnte man sagen, daß scheinbar absurdes Verhalten an und für sich eine verborgene Logik in sich trägt.

Dieses wie ein Umkehrverhalten in der menschlichen Entwicklung erscheinende Phänomen könnte man global als *Regression*[3] *oder Destruktion* schlechthin bezeichnen und somit meine Forschungsarbeit als Verfeinerung der Regressionsforschung der Regressionshandlungen (auf den Grundlagen der einzelnen thymopsychischen Biographie) betrachten (Abb. 1).

Die von mir erforschten Gesetzmäßigkeiten beschreibt K. PURZNER[4] mit den Worten: *„Aufgrund seiner Funde ist es am Beispiel der re-aktivierenden Pflege in der Gerontopsychiatrie möglich abzulesen, was heutzutage an Differenziertheit einer therapeutisch-rehabilitativen Kultur erreichbar ist. Böhm hat seine eben genannten Erkenntnisse im methodischen Rahmen dessen gewonnen,*

---

[2] Fortbildungspreis 1968: „Ist der chronisch Kranke ein Problempatient?“, München

[3] Wobei der Klient in der Regression die Kindheitsrealität als jetzige Wahrheit annimmt. Er ist scheinbar nicht mehr in der Lage, die Situation zu analysieren, er steigert sich in Kinderphantasien und kindliche Verhaltensweisen.

[4] In: BÖHM, E.: Alte verstehen, Nachwort

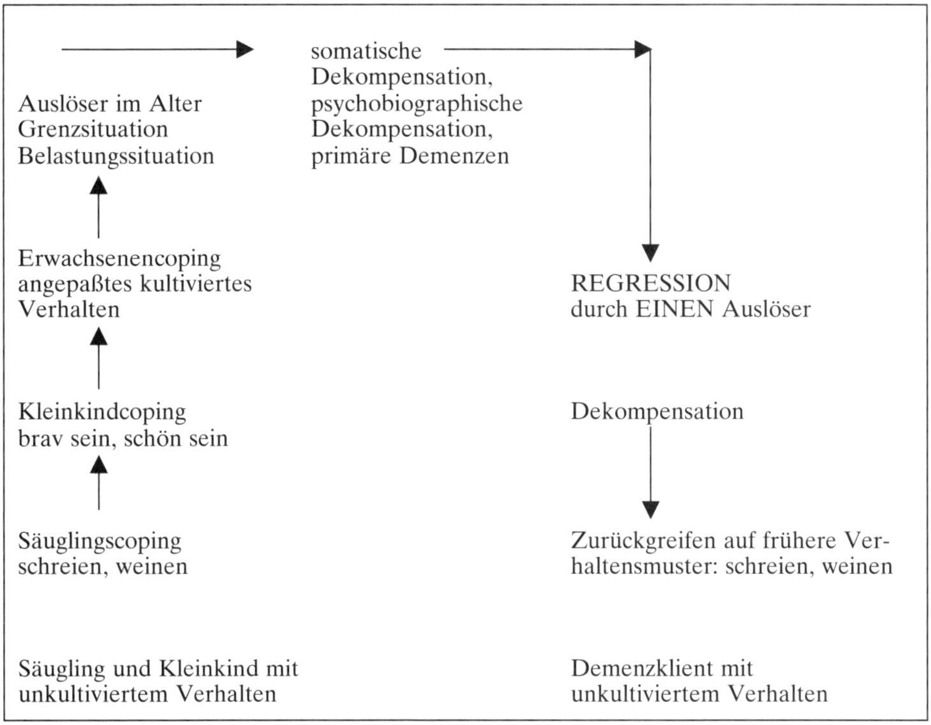

Abb. 1

was ich Routine-integrierte Aktionsforschung nenne. Damit hat er auch als klinischer Soziologe geforscht. Die Arbeit ist durch methodische Akzente und Zielsetzung in ethomethodologischer und psychoanalytischer Richtung sowie systemdynamischer Auswertung der Ergebnisse vorangetrieben worden."

Wenn man – wie ich – Regression und Destruktion als Grundlage für die Auffälligkeiten im Alter heranzieht und die primäre Pathologie außer acht läßt, ist es möglich (zumindest ideologisch gesehen), die Reversibilitätstheorie und daher die Rehabilitation von Demenz-Klienten wahrzunehmen. Betrachtet man die Biographie als Ursache, läßt man Gesundheit zu, so könnte man philosophisch mein Modell auch als gesundheitspflegerisches Modell sehen.

Die geänderte Sichtweise in der Altenpflege veränderte im Laufe der Zeit den Umgang mit psychisch auffallenden Betagten und führte in der Folge zu einer Toleranzgrenzenerhöhung des Personals, das an sich schon wieder neuerliche Überforderungen und Dekompensationen der Klienten verhindern kann. Zieht man hingegen die pathophysiologisch sehr ärztlich orientierte organische Veränderung als Ausgangspunkt der Betrachtungen in der Altenpflege heran, dann schwimmt man im üblichen Fahrwasser der Irreversibilitätstheorie. Diese läßt rehabilitative Einstellungen in der Pflege gar nicht aufkommen und hat dadurch über Jahre zum Mechanismus der Warm-satt-sauber-Pflege (W.s.s.-Pflege) geführt.

In der Warm-satt-sauber-Pflege nahm man den progredienten Verlauf als gegeben hin und konzentrierte sich auf die primären Erfüllungen der Aktivitäten des täglichen Lebens (ATL) – und traf sich somit in der Pflegediagnose mit der ärztlichen Diagnose. Man pflegte Morbus ALZHEIMER, senile Demenzen usw. und fixierte somit das Abhängigkeitsverhältnis der Klienten und unterstützte damit die prophezeihte Prognose. Dieses Verhalten führte schließlich dazu, daß sich das Befinden der Klienten verschlechterte.

Somit stand fest, daß die Erwartungshaltung der Pflegenden zur „self-fulfilling prophecy" führt, und damit in der Betagtenpflege ein negativer Halo-Effekt eintritt,[5] an den sich auch der Klient und die Angehörigen halten.

Diese in der Geriatrie üblichen Strömungen, die zur *kollektiven Regression* führen, gilt es zu verhindern und zu verändern.[6] Diese – wenn Sie so wollen – subjektiven Erfahrungen von mir wurden in meiner Forschungsarbeit objektiviert.

Der Ausgangspunkt meiner Denkweise wurde die thymopsychisch-singuläre Biographie, die aus Copings (siehe S. 259), Folkloremustern und Stories besteht. Diese gilt es zu erheben und zu der jetzigen (auf der Station aus den Tagesberichten sichtbaren) Problematik in Bezug zu setzen (Thesenbildung). Erst nach deren Diagnose, die einen integrierenden Bestandteil meines Modells darstellt, können anhand einer Biographieinterpretation Impulse (pflegerische Maßnamen) kreiert, eingesetzt und aufgrund des sich nun ändernden Verhaltensmusters evaluiert werden. Die Impulse können re-aktivierend oder symptomlindernd eingesetzt werden.

Ich betrachte also Symptome des Alters nicht aus der Sicht der Krankheitsbilder, sondern als Ausdruck biographischer Phänomene. Diese Sichtweise läßt eine seelisch-rehabilitative Haltung im Sinne der Reversibilitätstheorie zu und kann so als gesundheitspflegerische Arbeit gesehen werden.

Ich bin der Meinung, daß mein Pflegemodell eine pflegewissenschaftliche Systemtheorie darstellt. Das heißt, daß ich mich in diesem Buch nicht mit der Grundsatznomenklatur der Pflegewissenschaften beschäftigen werde, sondern ein fertiges, in die Praxis umsetzbares Ergebnis (oft rezeptartig und dies in Absicht so geschrieben) vorstellen möchte.

---

[5] Halo-Effekt: selbstbestimmende Prophezeihung positiv oder negativ gesehen.
Schon alleine mit diesem Satz sind wir aber mitten in der Biographie. Eltern, die schlechte Erfahrungen mit der Schule haben, beeinflussen auch ihr Kind wieder negativ. Eine Mutter, die auf einem Spielplatz ständig ängstlich bewachend ist, erreicht mit ihrem unentwegten „Paß auf, du fällst gleich", daß das Kind ungeschickt wird und häufiger fällt als andere Kinder. Diese biographische Situation kann man direkt in die Pflegehandlung übertragen.

[6] Immerhin haben die regressiven Anschauungen auch in der Pflegeeinstufung ihre Auswirkung gefunden und verhindern dzt. die Rehabilitation der Betagten. „Denn nur ein schwerkrank liegender Alter ist ein guter Alter".

Ich glaube, daß gerade in der heutigen Zeit, in der das Geld für die Betagtenpflege knapp wird, rehabilitative Modelle entstehen müssen. Es wird trotzdem Pflegequalität verlangt. Daher kann nur das Ausweichen auf ein psychogenes Modell eine Qualitätsrettung in der Pflege darstellen. Die praxisbezogene Umsetzung des Modells soll aufzeigen, daß Heime auch mit geringerem Kosten- und Personalaufwand in der Lage sind, rehabilitativ fachlich zu pflegen. Einstellung und Arbeitsweise des Personals müssen sich dann allerdings ändern.

Das Modell orientiert sich an den emotionalen, triebhaften Ressourcen des Klienten anstatt den kognitiven Defiziten. Ich konnte feststellen, daß die Besserung der Gefühlslage zu einer nachhaltigen Verbesserung der kognitiven Leistungen führt. Hingegen führt ein zu früh begonnenes kognitives Programm (Hirntraining) zu einer Progression der Verfallserscheinungen durch eine Überforderung des Klienten.

Das strikte Grundprinzip des Modells ist es, die thymopsychische Biographie als Ausgangspunkt und Betrachtungsweise der vorhandenen Probleme (früher Symptome) zu wählen: Altenpflege ist primär seelisch und nicht somatisch zu sehen.

Pflegeziel in diesem Modell ist somit die Wiederbelebung der Altersseele.

Ich betrachte die menschliche Energie der Seele („Elan vital") als Ursprung des Lebendigen und damit unserer Motivationen. Die Grund- und Behandlungspflege ist somit für mich erst in zweiter Linie wichtig. Ich denke, daß ein Mensch,

- der kein Motiv mehr zum Leben hat,
- dem kein „Elan vital" mehr zur Verfügung steht,
- auch keine Lust mehr hat, seine Beine zu bewegen. – Wozu auch?

Er wird sich aus Mangel an „Elan vital" eben

- nicht mehr waschen,
- keine frische Unterhose anziehen,
- nicht aus dem Bett heraus wollen. – Wozu auch?

Pflegeziel ist aber auch die Belebung der Pflegerseele durch fachliches Niveau.

Da ich primär Praktiker bin, habe ich versucht, den Modellinhalt (ideologisch und fachlich) direkt in ein Konzept und/oder vor allem in die tägliche Pflegedokumentation und Planung überzuführen. Mein Modell ist ein ganzheitliches und trotzdem problem-orientiertes Modell.[7] Es wird mit dem Modell seelische Pflegequalität an den Stationen ersichtlich und somit psychogeriatrische Pflege sichtbar und nachvollziehbar gemacht.[8]

---

[7] Pflegeergebnismodell

[8] Interaktionsparameter nach Böhm, siehe Seite 182

Pflegerische Sicht und Aspekte des Modells

Diese Form der Seelenpflege kann man in Österreich (seit neuestem im Gesetz) unter dem Begriff „Eigenständige Aufgaben der Pflege“ finden. Ich nannte sie immer „therapeutische Pflege“ oder „spezifische Pflege“. Sie stellt somit ein drittes Standbein der Pflegeaufgaben und damit auch der Pflegequalitäten und Pflegestandards dar (Abb. 2).

In der Praxis heißt das, daß das Pflegepersonal ruhig einiges an Grundpflege einer Hilfsperson überlassen kann und sich vermehrt mit der Behandlungspflege und der spezifischen Pflege beschäftigen kann.

Grundpflege — Behandlungspflege — Eigenständige Pflegeaufgaben

An einem 24-Stundentag haben wir drei verschiedene Pflegequalitäten zu leisten

←→

Je nach der Biographie der Pflegenden wird an der Station einmal die und einmal die Pflegeform als Nonplusultra der Pflege betrachtet werden. Es ist kaum möglich, daß eine Pflegequalität einheitlich in allen drei Aufgabenbereichen der Pflege umgesetzt wird.

Abb. 2: Formen der Pflege

Seelenpflege ist besonders bei jenen Klienten indiziert, die – bedingt durch ihre derzeit manifest werdenden Erscheinungen aus der Biographie (medizinisch gesehen zerebraler Abbauprozeß genannt) – durch den Versorgungsrost der Psychotherapeuten fallen, jene Klienten also, die als terminale Patienten, als iatrogen im Stich Gelassene oder gar als dementiell oder psychisch pflegebedürftig betrachtet wurden oder werden. Dies ist fachlich gesehen von Vorteil, denn die anderen Berufsgruppen beschäftigen sich vorwiegend auch in ihren Fortbildungen mit den sogenannten „biologisch veränderten Betagten“ (Gerontologie), wir aber mit den echten *Kranken.*

2. Ursprung des Modells

Bevor ich versuche, meine Philosophie zu erklären, möchte ich doch einige grundsätzliche Bemerkungen zu meiner beruflichen Biographie machen. Keine Frage, daß letztere zur Basis meines Modells wurde. Viele werden sich einerseits den Kopf zerbrechen, andererseits den Mund zerreißen, ob nun dieses Modell überhaupt ein Modell ist oder nicht. Einige werden sich fragen, ob es primär ein abstraktes oder ein konzeptionelles Modell ist. Vielleicht können einige historische Daten helfen, die Sache besser zu verstehen.

Ich bin in erster Linie einmal ein reiner „Täter"; das heißt, für mich steht am Anfang die „Tat" und nicht das Wort. Schon mein Vater lehrte mich den aus einem Buch um 1900 stammenden Satz: „So lange man lebt, sei man lebendig!" Nun, was tat ich aber um 1960 als Pfleger in der traditionellen Pflege? Ich hospitalisierte Patienten, machte – der damaligen Praxis entsprechend – aus gehenden liegende, angepaßte Patienten. Diese Maßnahme entsprach aber bei Gott nicht meinen Vorstellungen und meinem sympathikotonen, naturverbundenen Weltbild.

Nach mehreren Kündigungen, die nicht angenommen wurden, durchlebte ich drei Generationen in der psychiatrischen Fachpflege. In der ersten Generation um 1960 waren wir „Wärter" im reinsten Sinne des Wortes. Unsere Aufgabe bestand darin, darauf zu achten, daß kein Patient einen „Löffel schluckt", daß keiner flüchtet oder gar Selbstmord an der Station begeht. Wir Wärter wußten: „So etwas darf nicht passieren!"

Dann kam das Zeitalter der Psychopharmaka. Unsere Haupttätigkeit bestand darin, darauf zu achten, daß erstens der Klient seine Medikamente auch tatsächlich schluckte und zweitens, daß uns sogenannte Nebenwirkungen aufzufallen hatten und gegebenenfalls der Arzt zu verständigen sei. Wieder wußten wir, was wir als Pflegende zu tun hatten (ob richtig oder falsch, war damals kein Thema und bleibe auch heute dahingestellt!).

Und dann kam das Zeitalter der Sozialpsychiatrie. Auf einmal wußten wir nicht mehr, was wir zu tun hatten. Noch heute gibt es unzählige Arbeitsgruppen, in denen diskutiert und überlegt wird, was denn nun Pflege sei. Nichts gegen Arbeitsgruppen, aber trotzdem bedeutet dies: Die Pflege erfindet fast täglich die Pflege neu! Jeder erfindet neuerlich das Rad.

Interessant war für mich, daß sich in diesen drei Jahrzehnten auch das Verhalten der Patienten veränderte. Vor Jahren sah man noch den typisch hospitalisierten und entsprechend regredierten Alterspatienten; echte „Typen", welche die Wärter damals prägten. Es waren Menschen, die stereotyp angelernt immer dasselbe sagen, immer dieselben Bewegungen machen mußten.

Institutionsbiographie = Patientenbiographie = Konzept?

Man könnte direkt von einer Institutionsbiographie und der daraus resultierenden „typischen" Patientenbiographie sprechen. Auch heute hat jedes

Heim eine bestimmte Institutionsbiographie; man nennt es nur anders – man nennt es „Konzept“! Wir erzeugten damals nicht nur hospitalisierte Langzeitpatienten, sondern richtige „Typen“. Mit der Änderung des Zeitgeistes der Institution änderten sich auch die Klienten und ihre Symptome. Ob sich die Biographien der Pflegenden im gleichen Ausmaß änderten, wage ich hingegen nicht zu sagen; aber vielleicht bin ich auch nur zu ungeduldig ...

Möglicherweise wird es jetzt verständlich, daß ich als sympathikotoner Typ (das könnte fast eine Pflegediagnose sein!) diese Arbeitsweise ohne Sinn, aber auch das „nur über die Arbeit reden“ nicht ausgehalten habe und daher zu „arbeiten“ begann. Ich versuchte diverse Impulse zu entwickeln, einzusetzen, um schließlich deren Richtigkeit oder den Irrtum zu erkennen.

Ich hatte daher mein Modell nicht als abstraktes oder theoretisches Denkmodell geplant, sondern als gangbaren, praxisrelevanten Weg konzipiert. Ganz einfach ausgedrückt: Ich wollte eine grundlegende Änderung der Altenpflege erreichen. Und dies nicht nur aus philanthropischen Gründen. Auch meiner eigenen Psychohygiene sollte es nützen. Ich wollte ein Konzept entwickeln, das den Satz „So lange man lebt, sei man lebendig!“ widerspiegelt. Das heißt aber auch: Das Modell ist primär für Klienten gedacht, es soll ihnen helfen, auch wenn sie diese Zeilen nicht lesen werden, es soll „Gutes bewirken“, ohne zur reinen Philosophie zu verkommen und/oder esoterisch zu sein ...

Natürlich bin ich nicht nur ein reiner Täter, sondern „denke auch ab und zu“! In der Folge habe ich unter Zuhilfenahme der entsprechenden wissenschaftlichen Literatur ein bestimmtes Denkgerüst entwickelt. Ich würde sagen, daß das Modell heute aus einer Mischung von kreativen sowie pflegewissenschaftlichen Elementen besteht, dessen Erfolg sich an über 12.000 rehabilitierten Patienten (und das nur in einer Klinik!) nachweisen läßt. Es war nie mein Hauptanliegen, unbedingt ein „Modell“ zu entwickeln; mein Hauptanliegen besteht eher darin, eine bestimmte Art eines „pflegewissenschaftlichen Denkens“ in die heutige Pflegepraxis zu implementieren.

Die Ideologie der „Ganzheitlichkeit“

Obwohl seit vielen Jahren das Wort „Ganzheitlichkeit“ in der Krankenpflege Einzug gehalten hat, konnte ich bisher eine praxisrelevante Umsetzung nicht beobachten. „Ganzheitlichkeit“ in meinem Verständnis bedeutet ja u.a. auch: „Meine Seele und die Seele des anderen verstehen zu lernen“. Wobei aber die Beschäftigung mit der eigenen und der fremden Seele je einer eigenen Ausbildung bzw. einer Erforschung der eigenen Biographie bedürfte.

Da ein derartiges Unterfangen in der Krankenpflegeausbildung nicht gerade einen Schwerpunkt darstellt (in der allgemeinen Krankenpflege ist es noch schlimmer als in der psychiatrischen), verwundert es nicht, daß fast alle Pflegemodelle somatisch oder grundpflegerisch ausgerichtet sind. D.h. es wurden vorwiegend Modelle für somatisch Erkrankte, aber primär „seelisch gesunde“ Menschen publiziert. Zusätzlich darf man nicht unerwähnt lassen, daß diese

„Modelle“ dem amerikanischen Zeitgeist entsprechen und größtenteils auch von US-amerikanischen Vorbildern abgeschrieben wurden. Es darf bezweifelt werden, daß sie damit der österreichischen „Normalbiographie“ unserer Pflegebedürftigen entsprechen können.

Dieses „seelische Manko“ in der Krankenpflege zu beseitigen war jedenfalls eines meiner Grundanliegen und daneben auch der Grund, weshalb ich mich überhaupt der Pflegeforschung gewidmet habe, wobei ich mir selbst vorgenommen habe, die „Seelenphänomenologie“ von nur einer Klientengruppe zu erforschen. Diese Klientengruppe wurde in meinem Fall die der „psychisch auffälligen Betagten“, also des psychogeriatrischen Klientels. Meine Entscheidung, so zu arbeiten, wurde schon 1980 vom ärztlichen Leiter unseres Hauses, Prof. Dr. H.E. GABRIEL, aber auch von Prof. DDr. K. DÖRNER und Prof. Dr. L. ROSENMAYR unterstützt.

Im folgenden möchte ich meine, dem Modell zugrundeliegende Philosophie etwas näher erläutern.

Der Mensch lebt nicht vom Brot allein

Was hat ein Mensch davon, wenn er liegend im Akutkrankenhaus (oder Heim) auf den weißen Plafond starrt und ab und zu eine physikalische Maßnahme (wie z.B. Beine bewegen!) an ihm vollzogen bekommt? Wenn ein Mensch seelisch gesehen im Rückzug ist und/oder sich selbst gegenüber destruktiv zu werden droht, wird ihm kaum die Kontrakturprophylaxe als lebensrettende Maßnahme erscheinen. Es wird ihm nicht der diätetische Milchbrei oder gar die PEG-Sonde den Lebenswillen wiedergeben und die Psychomotorik neu entflammen lassen. Nein, ganz im Gegenteil, er wird sich der Pflege „ergeben“ und mit regredierenden Verhaltensmustern auf seine Situation reagieren.

Und dies ist nicht verwunderlich, denn „der Mensch lebt nicht vom Brot allein“, wie selbst den Autoren der Bibel schon bekannt war! Er lebt aus seiner Seele, aus seinen Antrieben, aus seinem „Elan vital“ – oder er vegetiert nur mehr dahin! Mein Modell zielt daher auf die primäre Wiederbelebung der Seele. Letztere ist vor den Beinen zu re-aktivieren. Erst dann entwickeln sich wieder neue Lebensmotive, und der Mensch beginnt erneut seinen Willen und sein Wollen einzusetzen.

Leider gelingt uns das nicht immer, und solchermaßen stirbt in vielen Fällen zuerst die Seele.

Der Mensch wird heute älter als es seine Seele verkraftet

Die Seele zieht sich zurück, zieht eine Art Lebensbilanz und will und kann auch nicht mehr. Aber auch der umgekehrte Weg ist denkbar. Durch eine Multimorbidität (Schmerzen usw.) bedingt, will man nicht mehr. Dieses Nicht-mehr-Wollen wird dann meistens noch pflegerisch unterstützt und forciert. Denn es ist und bleibt an der Station für den Patienten langweilig. Das

„Es ist nichts los-Syndrom" beginnt ihn langsam, aber sicher zu zerstören. Enttäuscht zieht er sich zurück. Diese destruktive Situation wird uns Pflegenden über die Physiognomie, über die Herabsetzung der Psychomotorik, über die Verminderung der Lebenszeichen als Signalsprache vermittelt – und endet un-reaktiviert im Exitus letalis!

Viele Menschen, die somatisch noch nicht sterben können, sterben vorher psychisch. Sie wollen dann nicht mehr erreichbar, nicht ansprechbar sein und erscheinen „verwirrt"!

Vor den Beinen muß die Seele wieder bewegt werden!

Will nun jemand in dieser ihm fremd gewordenen Welt nicht mehr erreichbar sein und hebt daher sein Telefon zur Außenwelt nicht mehr ab, gilt es diesen destruktiven Prozeß zu durchbrechen, denn innerhalb kürzester Zeit versteht er dann die Welt tatsächlich nicht mehr. Das heißt für mein Denken, daß die Seele vor den Beinen (oder wenn genug Personal vorhanden ist, auch beides!) wieder-bewegt, wieder-belebt, re-aktiviert werden muß!

Die Hauptaufgabe in der Altenpflege sehe ich daher vorwiegend in der Erforschung der für den Menschen wichtigen Lebensmotive, seiner Gefühle, Triebe und Prägungen. In diesem Zusammenhang sind dann die positiv und negativ besetzten Gefühle aus der Erinnerung heraus zu eruieren. Dies ergibt eine Wiederbelebung im Sinne eines thymopsychisch-assoziativen Impulses, die auch dann noch funktioniert, wenn die Noopsyche ihre Hirnleistungen vermindert.

So wie die Chirurgie nicht mehr ohne Asepsis und Röntgen arbeiten würde, so kann das in der Betagtenpflege tätige Personal nicht ohne Seelenpflege agieren. Und hier werden nach wie vor schwere Fehler gemacht. Gerade die herkömmliche Pflege führt durch ihre ritualisierte Betrachtungsweise zum Rückzug der Klienten. Sie ist nach wie vor auf die Grund- und Behandlungspflege und damit auf die „Somatisierung" von Problemen fixiert. Allein in den Händen der Pflegenden läge es, daran etwas zu verändern. Denn:

Die Betrachtungsweise (Sichtweise) der Pflegenden bestimmt die Pflegeform

Jeder Mensch sieht seine Welt und seine Umgebung nur so, wie er sie sehen, erkennen und erfühlen kann. Dies tut er, indem er von seinen eigenen ursprünglichen Wurzeln (Milieu, Familie, etc.) seine ihm eigene Betrachtungsweise in seine Erwachsenenwelt mitnimmt. Das heißt auch, wir sind geprägt und tragen von unserer primären Sozialisation Mitgebrachtes in uns. In uns lebt das Kind, das wir waren, weiter und beeinflußt uns ständig. In bestimmten Belastungssituationen, in Ausnahmesituationen ziehen wir uns zumeist, ich möchte fast sagen instinktiv auf diese unteren Copings bzw. regressiven Handlungen zurück. Sie sind uns bekannt und stellen daher eine sicherheitsgebende Betrachtungsweise dar.

Nun stellt aber Pflegen an und für sich schon eine Ausnahme-, eine Grenzsituation dar. Es ist somit nicht verwunderlich, daß wir Pflegenden instinktiv – regredient oder aggressiv – agieren. Wir setzen aufgrund der extremen Belastungssituation (wie unser Klient selbst) regredierende Ersatzhandlungen, schalten unseren Muttertrieb, unseren Bruttrieb ein oder nennen gar den Klienten Omi und Opa.

Wir schalten also selbst auf Regression. Dieses Umschalten auf ein unteres Verhaltensmuster passiert aber nicht nur aufgrund unserer primären Prägung, sondern wird noch durch die sekundäre Prägung der Pflegeschule verstärkt. Es wurden uns Lehransichten eingeprägt, wir haben schließlich Pflegeansichten erlernt und sehen mit den Augen der uns jeweils prägenden Pflegeschule und deren Ideologie. So gibt es – je nach politischer Ausrichtung – rote, schwarze, grüne usw. Pflegeansichten, die mit dem jeweiligen Klienten und seinen Beschwerden nichts zu tun haben, ihn aber dennoch negativ oder positiv beeinflussen werden.

Lassen Sie mich in diesem Zusammenhang ein kleines Beispiel bringen: Ein Maikäfer sieht eben die Welt nur als Maikäfer, eine Giraffe ihre Welt nur als Giraffe. Ein Maikäfer wird kaum das Benehmen einer Giraffe verstehen können. Er wird die Giraffe als verwirrt bezeichnen, und umgekehrt wird es genauso geschehen.

Ähnlich ist es auch mit uns Pflegenden. Wir Pflegende sehen nur unsere Welt – die Welt der Freizeitgeneration! Wir können die Welt unserer Klienten oftmals nicht verstehen, denn die „Brotarbeitergeneration“ ist uns fremd geworden. In den Krankenpflegeschulen wird weder über sie noch über uns selbst ein brauchbares Wissen vermittelt.

Wie sehen nun Pflegepersonen die Klienten und ihre Probleme?

Unsere Ausbildung ist, je nach Schultyp, vorwiegend Bedürfnispflege-orientiert und ATL-fixiert oder psychogeriatrisch und damit Diagnose-fixiert. Damit wird jeder Verwirrte sofort zum Morbus ALZHEIMER oder zur senilen Demenz. Oder wir arbeiten behandlungspflegerisch und sind daher somatisch-pathophysiologisch fixiert.

3. Die Sichtweisen der Pflege

3.1 Die Sichtweise ATL-fixierter Pflege

ATL-fixierte Pflegepersonen sehen und beschreiben in der täglichen Dokumentation im Zusammenhang mit der Ressourcensuche nur die primäre Erfüllung der ATL. Diese Sichtweise wurde zur Standardsichtweise für

- akut somatische Klienten (über kurze Zeit),
- Selbstzahler in Heimen (Hotelqualität).

Wenn wir den Menschen aber ganzheitlich betrachten wollen, dann müssen wir auch das gesamte Spektrum von primär geprägten seelischen Störungen, die im Zusammenhang mit den ATL stehen, miteinbeziehen. Das heißt, daß wir nicht bei allen Menschen von einer physiologischen (normalen) Sicht (Atmung, Essen, etc.) ausgehen können, sondern vielmehr noch eine z.B. pathologische Familienkonstellation (Essen, Schlafen, etc.) vor der Erfüllung der ATL beachten müssen (Pflegediagnose!).

3.2 Die Sichtweise psychogeriatrisch Ausgebildeter

Wenn irgendwo ein Fortbildungskurs über Altenpflege angeboten wird, kann man folgenden primären Werbetext lesen: „In diesem Fortbildungskurs werden alle alterstypischen Veränderungen und Krankheitsbilder beschrieben und mit medizinisch-therapeutischen Behandlungen und Präventionen verknüpft."

Vergleicht man nun die Thesen der Krankheitsbilder mit meiner biographischen Ansicht, scheint es heutzutage ein rein wirtschaftlicher Faktor zu sein, aus jedem Verhaltensgestörten einen M. ALZHEIMER zu machen.

3.3 Die Sichtweise behandlungspflegerisch (somatisch orientiert) Ausgebildeter

Die Ausbildung in der allgemeinen Krankenpflege bringt insgesamt eine Fixierung auf die Behandlungspflege mit sich. Das heißt, daß wir unsere Klienten somatisieren und somit den Krankheitsgewinn fördern.

Diese Sicht kann man besonders in Altersheimen als großen Nachteil des Heimwesens erkennen – statt einer rehabilitativen Maßnahme wird nach Blutdruckwerten und Ulkussituationen Ausschau gehalten. Dies führt dazu, daß sich der Bewohner mit seiner Krankheit wichtig machen kann und seinen Lebenskampf aufgibt. Dies passiert umso mehr, je spitalsähnlicher die Struktur oder das Konzept des Heimes ist.

3.4 Sichtweise nach BÖHM

Ich glaube, daß Pflegepersonen die erwähnten Ersatzhandlungen im Sinne des Somatisierens und Behandelns sehr häufig deshalb setzen, weil sie selbst zur Zeit in einem kultivierten *Ich* leben und die Unkultiviertheit ihrer Klienten nicht aushalten würden. Dies bedeutet aber, daß die Gepflegten und die Pflegenden in gegensätzlichen Welten leben und schon allein deshalb keine „Beziehungspflege“ erreicht werden kann.

Ich kann mich noch sehr gut daran erinnern, daß mir meine ersten Enkelkinder (emotional gesehen) sehr wenig gaben. Eigentlich störten sie sogar bei ihren Besuchen. Sie wollten spielen, ich wollte Bücher schreiben. Ich selbst war noch im Erwachsenen-Ich, vollgestopft mit kognitiven Dingen. Meine Enkelkinder hingegen hatten ganz andere Bedürfnisse. Wir haben uns weder auf der Inhaltsebene noch auf der Bezugsebene wirklich treffen können. Heute, wo ich wohl schon etwas seniler bin, bin ich selbst schon wieder auf einer thymopsychischen Ebene erreichbar und daher für meine nächsten Enkelkinder zugänglicher. Das mag einer der Gründe sein, warum sich Omas und Opas auf kleine Kinder zuweilen besser einstellen können als die eigenen Mütter oder Väter. Diese befinden sich ja gerade im Zeitabschnitt ihrer maximalen noopsychischen Entwicklung und lehnen das Emotionale, das „Nicht-Gescheite“, das „Nicht-Ernstzunehmende“, das „Unseriöse“ ab.

Ich denke, so ähnlich verhält es sich überall in der Pflege. Man möchte als junge Pflegeperson eigentlich nur „kultivierte Betagte“ oder solche, die man wieder „kultivieren“ kann. Auch „alte Mütterchen“, die keine Probleme machen, sind bei Pflegepersonen äußerst beliebt. Ich sage meinen SchülerInnen immer: „Wenn Sie nur das wollen, dann werden Sie nie einem Betagten wirklich begegnen können, werden wohl nie zu ihm eine Beziehung aufbauen können!“ Lasse ich hingegen alle moralischen, pädagogischen, kultivierten Prägungen weg, schaffe ich eine tolle Verbindung zu jedem auch noch so verwirrten Betagten.

Gerade diese Überzeugung brachte mich dazu, die ärztliche Diagnose (beispielsweise den sog. „Mini-Mental-Status“ und ähnliches) wegzulassen und das konkrete Verhalten unserer Patienten gar nicht als Erkrankungsfaktor in Erwägung zu ziehen. Wir sollten uns bemühen, was Höflichkeit, Ermahnung, Respekt und die Erhaltung einer heiteren Ironie anbelangt. Dies sollte unsere Therapie, unsere Sicht für psychisch Verhaltensgestörte, für „Verwirrte“ sein – eine bemühende Pflege.

Wenn sich in Tibet auf verschneiten Gebirgspfaden zur Heiligen Stadt zwei Pilger begegnen, neigen sie den Kopf und sagen zueinander: „Du bemühst dich!“

Gerade im Alter wird die Teilung unseres kognitiven Apparates, die Teilung unserer Psyche in zwei Bereiche immer deutlicher. Man irrt in der Thymopsyche und Noopsyche umher, wird in sich durch sich selbst „verwirrt“. Diese Zweistufigkeit unseres kognitiven Apparates wird darin deutlich, daß es einerseits eine „Welt der Dinge“ und andererseits eine „Welt der Gefühle“ gibt (Abb. 3).

Bemühende Pflege – Fachpflege in meinem Sinne – heißt, sich in die Welt der Gefühle zu begeben und die Welt der Dinge nur am Rande wahrzunehmen.

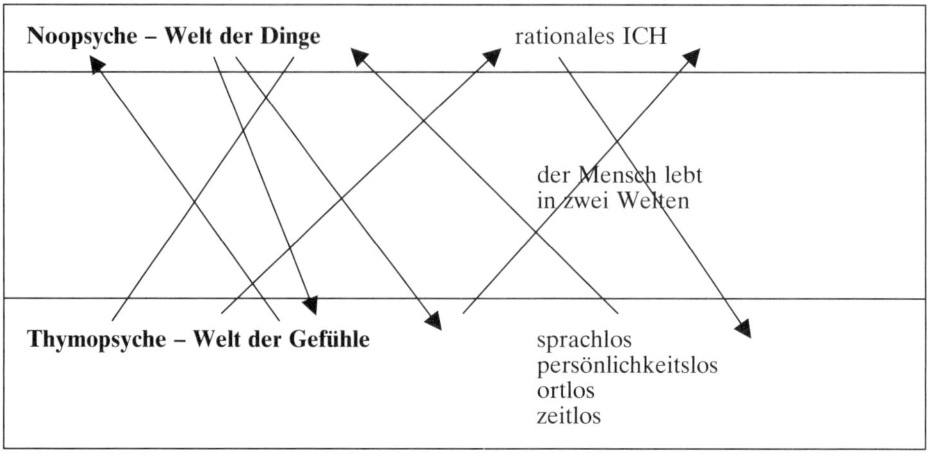

Abb. 3: Bereiche der Psyche

Man lebt in der Mischung zwischen thymopsychischer Empfindung und noopsychischer Reaktion (Coping). In der Folge geht der noopsychische Anteil mehr und mehr verloren, und wir beginnen, uns und unsere Umwelt in erster Linie gefühlsmäßig zu sehen, zu empfinden. Auch das Kind entwickelt sich von einem thymopsychischen Gefühlswesen über das Über-Ich zum Ich. In der Zeit seiner Entwicklung agiert es als Wesen mit einem hohen Lustprinzip-Anteil. Es agiert im Lustprinzip mittels einfacher Antriebe und Wünsche. „Inge will essen", „Luzi will spielen", etc. – fertig!

Sie diskutieren nicht mit uns. Unsere Kinder *wollen* und wir *müssen*. Erst später lernt das Kind einen anderen Umgang. Es verlagert seine Lustgewinne auf höhere Motive (Kunst, Studium, Ästhetik, etc.) oder verkleidet seine Wünsche nach Macht und Aggression in Ersatzhandlungen und Copings.

Im Alter wird mit dem Lustprinzip wieder anders umgegangen; es scheint offener hervorzutreten, kulturelle Interessen werden häufig aufgegeben und weichen Machtbedürfnissen und Aggressionen. Die Bremsmechanismen verschwinden und die Menschen scheinen andere zu werden. Sie landen (zumindest teilweise!) wieder in der Thymopsyche – beim Trieb (Abb. 4)!

Zusammengefaßt könnte man sagen: Die Persönlichkeitsentwicklung beim Kind geht vom *Es* zum *Ich*; während das Kleinkind noch ausschließlich dem Lustprinzip unterworfen ist, werden mit zunehmender Entwicklung die *Über-Ich*-Strukturen aufgebaut, in denen kulturelle Dimensionen eine wesentliche Rolle spielen.

Die Persönlichkeitsentwicklung im hohen Alter verläuft oft umgekehrt (Abb. 5). Verkürzt ließe sich sagen: Hier geht der Weg vom *Ich* zum *Es*. Das Lustprinzip tritt offener zu Tage. Für die Umgebung scheinen sich plötzlich persönlichkeitsfremde Handlungen durchzusetzen, die *Über-Ich-Bremse*

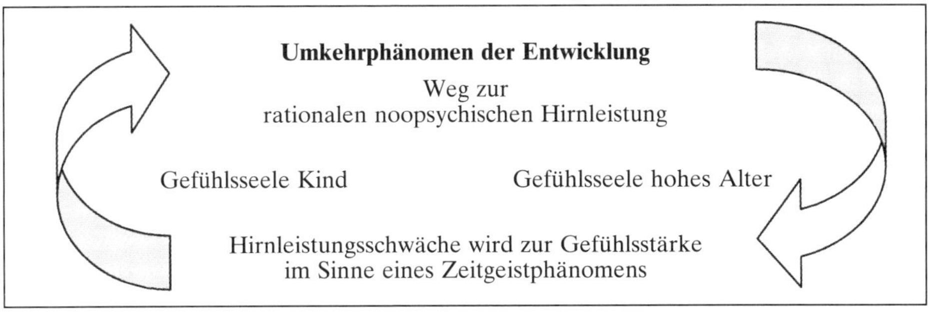

Abb. 4: Umkehrphänomen der Entwicklung

lockert sich und macht dem Klienten selbst, seinen Angehörigen, aber auch seinen Pflegepersonen Angst.

Daher zeigt gerade die Demenz-Behandlung auch kulturelle Grenzen auf!

In der Kindheit geben Rituale Sicherheit, die sich im Alter in Redewendungen wiederfinden, wie z.B.:

- bei uns in der Familie war das immer so ...
- man hat bei uns ...
- das hat es zu Hause immer gegeben ...

Im Alter bewegt man sich dann in die Thymopsyche zurück. Man gebraucht wieder seine früheren Rituale, seine Rituale vom ersten Daheim. Findet man diese nicht vor, gibt es keine Sicherheit mehr, und Reaktionen von früher werden ausgelöst, also beispielsweise Angstsymptome, wie Schreien, Weinen, Sich-Anmachen, etc.

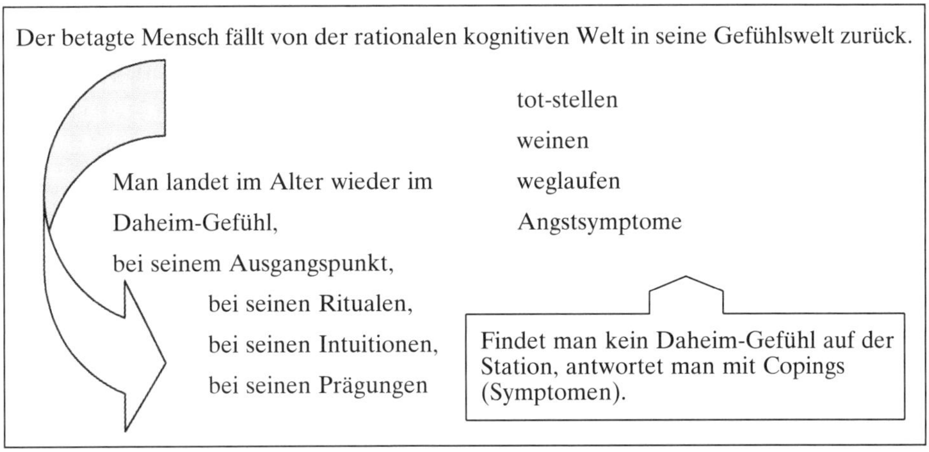

Abb. 5: Im Alter findet eine Rückkehr in die Gefühlswelt statt

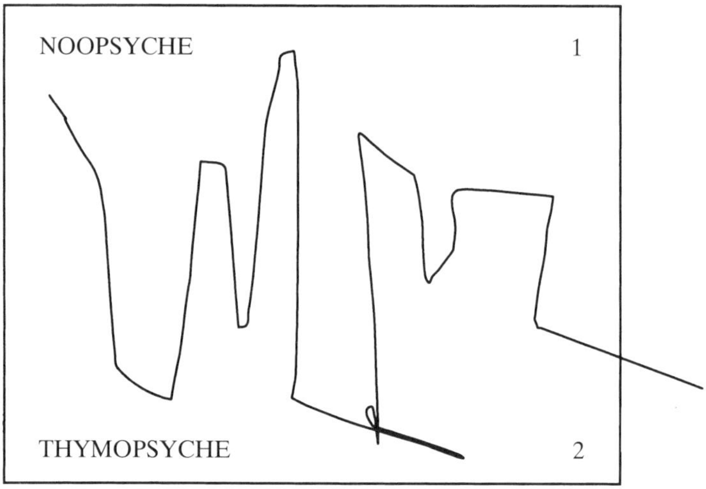

Abb. 6: Ein somatisch/biosozialer Auslöser kann im Alter Unordnung ergeben

Dem alten Menschen wird das Können genommen, aber nicht die Wünsche und das Wollen.

Und das bereitet Unlust. Der Betagte beantwortet dieses Unlustgefühl mit pathologischen Ersatzhandlungen bzw. Copings. Jeder wird daher das einsetzen, was er aus seiner Thymopsyche, aus seiner Kindheit heraus schon kann. Er wird entsprechend reagieren. Mit depressiven Einengungen etwa, weil er immer schon pessimistisch war, oder auch läppisch euphorisch, weil Humor in seinem Leben immer schon sehr wichtig war. Andere Reaktionsmuster wären Ärger, Angst, paranoides Verhalten oder Verwahrlosung.

Ich vertrete die Auffassung, daß die meisten im Alter auftretenden Reaktionen aus unserer „Prägungszeit" stammen. Sie waren immer schon – wenn auch nur latent – vorhanden. Beim Auftreten eines entsprechenden Auslösungsgrundes werden sie dann manifest. Der Auslösungsgrund verwirrt unsere Ordnung in der Zweistelligkeit unseres kognitiven Apparates. Wir können das „Zwei-Welten-System" nicht mehr in gewohnter Art und Weise bedienen. Es kommt alles durcheinander, wobei dieses Durcheinanderkommen – wie Sie selbst aus der Praxis wissen – auch passager sein kann (Abb. 6).

Der Gedanken- und Gefühlsduktus ist verworren, und das macht selbst dem Klienten Angst, solange er dieses neue eigenartige Phänomen noch wahrzunehmen imstande ist.

Pflegeimpulse sollen daher darin bestehen, die beiden durcheinander geratenen Seelenanteile ordnen zu helfen. Dazu müssen wir selbst vorerst einmal einen adäquaten, je nach Interaktionsstufen abhängigen (1–7; vgl. Seite 179) Einstieg finden – und dies ist leichter gesagt als getan!

Die erste Frage, die zu klären ist, lautet: Wo steht der Klient hier und jetzt?[9] Welche gesunden Anteile gibt es noch noopsychisch? Dabei kann uns der Abteilungspsychologe mit diversen Tests hilfreich zur Seite stehen. Sodann müssen wir versuchen, das Problem, an dem der Klient oder dessen Umgebung leidet, zu benennen. Dabei kann ein ordnungsgemäßer und fachlicher Tagesbericht, aus dem die Schwierigkeiten herausgelesen werden können, behilflich sein. Erst im Anschluß an diese Vorarbeiten ist die Suche nach dem Auslöser (Dekompensationsgrund) sinnvoll. Die sich an die Erhebung anschließenden Fragen führen zur psychogenen Pflegediagnose.

Wir müssen hinterfragen, was den Patienten dazu brachte, den Umkehreffekt, die Regressionstendenzen eintreten zu lassen. Welches ihm wichtige Coping wurde ihm genommen? Welcher für ihn geltenden *Ich*-Wichtigkeiten wurde er beraubt, bei welchen behindert?[10] Hat diese Person die Vergangenheit bewältigt oder nicht, hat sie das Gefühl, ihr Leben versäumt zu haben? Liegt ihrem Leben eine Lebensschuld, eine Lebenslüge zugrunde? Wurde sie je verfolgt, daß sie sich nun verfolgen läßt und paranoid reagiert? Oder ist der Klient gar einer falschen Pflege im Sinne einer Überforderung oder Unterforderung ausgesetzt?, etc.

Die Antworten auf diese Fragen sind nicht leicht zu finden. Es gibt auch kein methodisches „Kochrezept", wie man zu diesen Antworten kommen könnte. Verschiedenste Dimensionen sind dabei zu berücksichtigen, ja selbst das Welt- und Menschenbild unseres Klienten (aber auch das der Pflegenden) darf nicht vergessen werden.

---

[9] Interaktionsstufen 1–7, siehe Seite 179

[10] Wobei es keine Frage ist, daß die Ärzteschaft an der Abteilung vorneweg die somatischen Auslöser abzuklären hat.

4. Menschen- und Weltbild

Die Vorstellung, wie eine zuträgliche Welt beschaffen sein müßte, sieht für eine Stubenfliege anders aus als für mich als Mensch. Das heißt, ein Menschenbild, ein Weltbild, ist scheinbar streng biographisch, streng spezifisch zu sehen. Es ist von spezifischen Bedürfnissen, von Interessen, von unserem Lebensraum (auch Lebensbaum (siehe Seite 135), aber auch von unserer Erfahrung, dem Alter, den Prägungen und sonstigen Lebenserkenntnissen abhängig.

Da ich ein Mensch bin und keine Stubenfliege, habe ich mir natürlich über das Individuum Mensch Gedanken gemacht; allerdings wurde ich beim Nachdenken über das Welt- und Menschenbild natürlich auch von meinen Affekten und Gefühlen beherrscht.

Es ist daher nicht verwunderlich, daß ich mein Welt- und Menschenbild

1. thymopsychisch
2. noopsychisch und
3. biographisch sowie in der
4. Auswirkung auf die Pflege

betrachten möchte.

4.1 Thymopsychische Befriedigung am Leben

Wenn dem Menschen Erklärungsversuche auf der rein kognitiven Ebene ausgehen, versucht er sich seine Welt emotional metaphysisch zu erklären oder vorzustellen; dann versucht er, sich die Welt mit Gefühls- und Instinktmechanismen zu erklären.

Ich glaube daran, daß unser thymopsychischer Teil der Seele wesentlich mehr wahrnimmt, als dies unser Geist je vermag. Man fühlt und glaubt, man weiß eben rein emotional, intuitiv, was richtig oder falsch ist, was zu tun angemessen ist oder wäre.

Ich glaube aber auch daran, daß man thymopsychisch wahrnimmt (im wahrsten Sinne des Wortes). Aufnehmen kann ich aber immer nur das, was faktisch schon immer biographisch prägungsphänomenal da war, sozusagen einen sensiblen Ursprung hatte. So wird unser Weltbild im Laufe des Lebens ausgeweitet und sogar häufig über das naturwissenschaftlich Begründbare gestellt. So gesehen, ist der Mensch nicht nur ein Individuum, sondern jeder Mensch für sich *einzigartig*.

Aus meinem thymopsychischen Lebenssinn heraus bin ich lustbetont, ein Hedonist. Ich habe Lust auf Nahrung, Sex, Berge, Blumen, die Dorfgemeinschaft und ähnliches, und daher lebe ich.

4.2 Noopsychische Befriedigung am Leben

Kein Mensch kann aber auf Dauer nur um des Lebens willen leben, er ist ja keine Stubenfliege. Und so läßt sich der Mensch außer auf das Leben auch noch auf das Denken ein. Er stützt sich beim Denken auf Aussagen der Naturwissenschaft, der Tiefenpsychologie und der Entwicklungspsychologie sowie auf die Geschichte.

Ich bin mir aber bewußt, daß ich mit meinem kleinen Hirn nur einen ganz geringen Teil der Welt verstehen kann; daß mein Wissen um die Welt maximal fragmentarisch ist. Mir ist bewußt, daß viele Fragen für mich nicht rational erklärbar sind und dies auch bleiben werden. Ich weiß, daß ich nicht in der Lage bin, das Ganze wahrzunehmen; es wären immer nur subjektive Vorstellungen, Phantasien und Schönfärbereien.

So hat jeder Mensch nur sein Welt- und Menschenbild; er erzeugt und erfindet seine Welt, in der er lebt und lebensfähig ist. Jeder Mensch erklärt sich, konfabuliert sich seine eigene Welt.

Das würde aber heißen, daß nur ein ganz geringer Anteil unseres Lebens wahr ist, sodaß die primäre Frage, wie wirklich die Wirklichkeit ist (P. WATZLAWICK, 1998), eine rational gesehen ungelöste Frage bleibt und bleiben wird. Vielleicht ist es daher gar kein Zufall, daß wir Menschen uns des Wortes *wahr-nehmen* bedienen; das Wort enthält doch das Wort *nehmen*. Das heißt, der Mensch nimmt nur das wahr, was er wahrzunehmen imstande ist. Er nimmt (entleiht) sich faktisch seine Welterkenntnis. Der Teil, den er sich nimmt (besser gesagt, nehmen kann), entspricht dem jeweiligen Geist und Geisteszustand des jeweiligen Menschen, seiner Persönlichkeit.

Ein Irrer nimmt etwas ganz anderes wahr als ein sogenannter Gesunder, ein Junger etwas anderes als ein Betagter, ein Gebildeter etwas anderes als ein Ungebildeter, eine Frau wahrscheinlich anderes als ein Mann.

Der Mensch empfindet, erlebt seine Welt, wie er sie erleben, erkennen, erfühlen kann.

Diese Sätze erinnern mich an das Verhalten von „Verwirrten". Diese nehmen sich von der Welt nur mehr einen ganz kleinen Anteil. Sie nehmen sich nur mehr das, was sie zur Zeit brauchen können. Sie nehmen sich den Welt- und Menschenbildanteil, den sie aus ihrer Vergangenheit kennen. Dieser wirkt entängstigend, er gibt Sicherheit, bis schließlich und endlich nur mehr das Daheimgefühl wahrgenommen oder zumindest gesucht wird.

Wird die Abkehr von der Welt noch stärker, gehen sie auf ihr ehemaliges Weltbild des *Nichtwissens* oder des *Nicht-mehr-wissen-Wollens* zurück (Abb. 7).

Erwachsener
Weltsicht des glaubenden Wissens
ERINNERUNGEN

Säugling
Weltbild des NICHT-WISSENS

Demenz/biographisch
Weltsicht des NICHT-WISSENS

Abb. 7: Rückkehr zum Nicht-mehr-wissen-Wollen im Alter

Erinnerungen sind meiner Meinung nach verinnerlichte Wahrnehmungen, die meistens durch einen Schlüsselreiz erzeugt werden. Das Weltbild schrumpft in Grenzsituationen vom Gesamtweltbild zum Weltbild als Schlosser, Tischler, Kommunist, Sozialist, etc.

Nimmt die Grenzsituation zu, dann geht das Weltbild weiter auf die innere Welt von früher zurück (Regression auf ein minimales Weltbild – Naturweltbild). Als junger Mensch hingegen versucht man, mit rationalen Weltbildern, mit Vernunftzielen sein Leben zu meistern.

Alle Menschen entwickeln ihr eigenes Weltbild, vor allem aber ihren speziellen, für sie geltenden Lebenssinn, welcher sich auf die Umgebung, auf den anderen als primäre und sekundäre Sozialisation auswirkt. Jeder sucht sich das für ihn Richtige aus und gibt es in der Folge weiter. Er hält natürlich – wie soll es auch anders sein – sein spezifisches Weltbild, seinen Lebenssinn, für das absolut Beste, für das einzig Wahre und möchte, daß das natürlich auch für alle anderen gilt. Damit wird aber die beste Voraussetzung für sich selbst meistens zur schlechtesten Voraussetzung für den anderen.

Welchen Lebenssinn, welche Inhalte kann sich der Mensch nun von anderen abschauen?

a) Der Lebenssinn in und aus der Natur

Keine Pflanze kann den Boden verleugnen, aus dem sie wächst. Ich denke, daß dies ein sinnvoller Lebenssinn sein kann.

b) Lebenssinn aus der Geschichte

Das System der Planeten ist in ständiger Bewegung, aber im Grunde verändert sich (für uns merkbar) nichts. Der Mensch erlebt aber Ereignisse (Geschichterln, Stories). Wir trennen das Gegenwärtige vom Vergangenen. Indem wir uns ständig Gegenwart und Vergangenheit bewußt machen, besinnen wir uns auf unsere Geschichtlichkeit. Die Altersveränderung gibt uns allerdings verschobene Perspektiven wieder – wir mischen das Gestern und Vorgestern mit einem Bruchteil des Heute, sodaß uns das Vergangene als Erinnerung bilanzierend Lebenssinn verleiht.

c) Die Welt als Boden des individuellen „Glücks"

Banales Luststreben, ohne über das Wesen der Welt nachzudenken.

Es geht darum, möglichst glücklich zu werden, es geht um gesichertes Dasein, Erfüllung der ATL, Befriedigung der Bedürfnisse, eine animalische Haltung zur Welt.

Die Erfüllung des Glücksgefühls für Patienten war auch lange Zeit das Nonplusultra der Pflegequalität (Vier-Sterne-Funktion eines Heims). Trotzdem ist diese Philosophie nie aufgegangen, weil sich ja jeder unter Glück und Zufriedenheit etwas anderes vorstellt und dies auch nicht mit vier oder fünf wählbaren Kostformen befriedigt werden kann. Dzt. geht das Geld für diese

Versorgung aus, und man muß um Patienten schon werben oder muß sich ein neues Paradigma suchen.

d) Lustgewinn durch rationales Handeln

Der Drang nach Wahrheit. Der Drang weg von der Natur hin zum Kulturmenschen.

Sinn in der Religion und in der Pflege.

e) Glaube an etwas Höheres

Der Mensch glaubt an etwas Höheres. Er ist also religiös. Das schließt nicht mit ein (und nicht aus), an einen Gott zu glauben. Er benötigt nur etwas Höheres, an das er sich anlehnen kann.

Das können „Götter", Vorgesetzte, Meister, Gurus, Rituale, Feste, aber auch pflegende Menschen sein.

Sinn in Kunst und Ästhetik, Sinn der Wissenschaften, Sinn in intellektueller Auseinandersetzung.

f) Die Welt als Stätte der Vervollkommnung

Die Welt als Bildungsstätte des Perfektionismus. So wurde im europäischen Raum der idealisierte Hellenismus zum Humanismus.

4.3 Ich und Du – Das Menschenbild, biographisch gesehen

Der Mensch sollte ja nicht bloß ein *Ich*, sondern auch ein *Du* sein. Er sollte ein Homo socialis sein – oder besser gesagt – werden. Wie wird man nun ein Du?

Natürlich durch Beziehungen. Beziehungsfähig zu sein, lerne ich als Mensch im Laufe des Lebens.

Beziehung heißt nach E. FENZ auch Neigung, Geneigtheit. Sie entsteht aus einem zureichenden Grund. Das heißt, wir treffen eine Wahl, wenn wir Geneigtheit oder auch Abgeneigtheit entgegenbringen. FENZ trifft die Feststellung, daß alles im Leben mehrere Seiten hat. So auch die Beziehung. Jede Beziehung hat nach seiner Lehre einen bestimmten Zweck und setzt eine bestimmte Zeit voraus. *„Jedes zu seiner Zeit. Manchmal kann eine Beziehung besonders fruchtbringend, manchmal das Schlechteste sein, was man tut."* (E. FENZ)

Beziehung heißt vor allem „weitergeben", das Weiterwirken von einem Menschen auf den anderen. Der Sinn des Lebens liegt im Weitergeben von Lebendigem. Beziehung setzt zumindest zwei aufeinander Bezogene voraus. Beziehung gründet sich demnach auf dem Verhalten eines Menschen gegenüber dem anderen. Nach FENZ gibt es vier Verhaltensmuster (Copings) im Umgang mit anderen. Er unterteilt die Menschentypen nach ihrer hier und jetzt erreichten Entwicklungsstufe der Beziehung. Das heißt aber auch, daß man die Beziehung zum anderen erlernen muß und daß jedes Alter seine Beziehungsmuster aufweist.

Beziehungsfähigkeit erlernt man über vier Schritte:

1. Schritt: Ich für mich
2. Schritt: Ich gegen dich
3. Schritt: Ich wie du
4. Schritt: Ich für dich

1. Schritt: Ich für mich

Ist die Pflege seiner selbst. Es ist dies eine Form der Beziehung von Mensch zu Mensch, die man als Anreicherungs- und Sammlungsform bezeichnen sollte. Es ist dies in erster Linie ein typisches Für-sich-Sein.

Das Für-sich-Sein ist eine normale Entwicklungsphase. Wir müssen für uns sein, um etwas lernen zu können. Wir müssen sammeln, wir müssen Wissen und Kraft pflegen. Keine Leistung kann ohne diese Anleihe, „für sich zu sein", entstehen. Erst wenn wir genug an uns selbst gearbeitet haben, sind wir in der Lage, den anderen etwas (zurück)geben zu können.

Voll entwickelte Menschen zeigen am Ende ein Verhalten, das am richtigen Ort zur richtigen Zeit als richtig erscheint. So muß auch in der Erlernung von Beziehungen erlernt werden, daß jede Beziehung zur richtigen Zeit und am richtigen Ort sinnvoll sein kann.

F: „Nur was wurzelt, geht tief und wächst hoch."

Beziehungsfähig zu sein liegt im Menschen als potentielle Energie brach. Sie wird durch äußere Einflüsse (Erziehung, Prägung, Coping) erweckt. Erscheinen kann nur, was verborgen lag, und was erscheint, war schon immer da.[11]

Natürlich ist man beim Sammeln von Wissen in seiner Entwicklung alleine. Sehr oft wird dieses Entwickeln von den anderen Menschen negativ betrachtet. Man bezeichnet einen Studierenden, Suchenden als egoistischen, egozentrischen, versponnenen oder eigensüchtigen Menschen. Aber: Nur der, der nichts hat, kann nichts weitergeben und daher gar nicht beziehungsfähig sein!

Pathologisch:

1. Menschen, die nicht reiften, erscheinen wie die

* fiebrige Hast eines Schwerkranken oder
* eilige Gier eines Vergreisten.

2. Menschen, die im Reifen stehenbleiben, werden als reiche oder arme Persönlichkeiten bezeichnet – erhabener Asket, niedrige Egoisten, nur zur Befriedigung der gewöhnlichen, hochgezüchteten Individualität und Alltäglichkeiten zu gebrauchen.

2. Schritt: Ich gegen dich

Es ist das Stadium des Kämpfens, des Forderns. Das Du-Erlebnis erwacht. Ich bemerke, daß ich nicht alleine bin und stelle mir die Frage: Ich oder er?

---

[11] Fenz, E.: Von den menschlichen Beziehungen.

Haben Sie schon einmal zwei sechsjährige Buben beobachtet, wenn sie einander begegnen? Da steckt das Wort „Gegner" drin. Sie werden sich spielerisch bekriegen, sie werden einander zuerst fragend gegenüberstehen, sich miteinander auseinandersetzen, danach wahrscheinlich zusammenprallen und dann schließlich und endlich in die Entladungsphase gehen. Sie lernen Feind-sein muß Freund-sein werden.

Sie lernen aber bei diesem spielerischen Kampf auch, Widerstand zu bieten, um ihre eigenen Grenzen kennenzulernen. Diesen Widerstand muß man spüren lernen. Wo bin ich? Ich bin da! Wo ist der andere? Abwehren und nicht angreifen!

Pathologisch:

Stehenbleiben (oder regredieren) in dieser Phase heißt hyperergisch, hypergisch, anergisch zu reagieren und schließlich wie ein Kind im Frühstadium wieder oder weiter zu kämpfen bzw. seine Grenzen nicht erkennen oder akzeptieren zu lernen.[12]

3. Schritt: Ich wie du

Mit acht Jahren ist plötzlich wieder alles anders. Man liest ein Buch und möchte plötzlich so sein wie der Held. Man macht alles wie er: Man kleidet sich so, man geht so, man fühlt so, man identifiziert sich mit ihm, sucht sein Vorbild. Identifikationsphase.

Ins Leben zu treten heißt aber, jeden Tag die gleiche Arbeit zu machen, mit der gleichen Straßenbahn ins gleiche Büro zu fahren, und heißt nicht „Held sein". Man wird geprägt auf den Beruf als Beamter, Arbeiter oder Bauer. Man muß sich bemühen, so zu werden wie die Alten, so zu sein wie Leute, die das schon können, man muß lernen, pünktlich zu sein, strebsam zu sein, beamtet zu sein, höflich zu sein, brav zu sein. Aus dem Winnetou muß ein fügsamer Erwachsener werden.

Man wird Nachahmer und nicht Eigner. Man trägt für die Gesellschaft eine Schutzfarbe und wird wie sie. Wir betreiben zum Überleben eine Anpassung. Wir setzen den Nachahmungstrieb zur Verbesserung unserer Lebenslage ein, um nicht zum Außenseiter, Eigenbrötler, Überbordeten zu werden. Wir werden Volks-Darsteller – so wird der Mensch ein Mit-Mensch.

F: „Das Schicksal setzt den Hobel an und hobelt alle gleich"
„Der wechselt die Parteifarbe wie sein Hemd"
„Trost ist, daß es allen so geht" (Trostsprüche)

Es ist klar, daß in den Vorkriegszeiten, Kriegszeiten und Nachkriegszeiten die Notanpassung sehr hoch war. Denn je größer die Not, umso mehr halten die Leute zusammen. Man durfte sich keine Auseinandersetzung untereinander leisten, die Kalorien mußten sparsam verwendet werden, man war friedlicher

[12] Erinnert Sie das nicht so hie und da an die Aktionen unserer Klienten?

(Scheinanpassung). Man konnte nur das Dringlichste erledigen, um am Leben zu bleiben.

F: „Der Gescheitere gibt nach“

Dies bedeutet die Pensionierung des persönlichen Standpunktes mit dem Trostpreis der Ankennung des anderen. Diese Zwangsanpassung wird nach dem Lehrling-Meisterprinzip vollzogen. Meistens kommt es beim Erwachsenen zu einer äußerlichen Anpassung (Artigkeit) und inneren Selbständigkeit.

F: „Man bleibt sich treu“
„Gleich zu gleich gesellt sich gern“

Eine dieser Anpassungsformen ist die Kollegialität (Gleich-zu-gleich-Kameraden).

Die Menschen passen sich der Kollegenschaft an, solange sie in derselben Firma sind. Sobald dieses Arbeits- und Bezugsverhältnis beendet ist, sind ihnen alle egal.

Anpassung um 1930:

- ▶ Pflichterfüllung
- ▶ Pünktlichkeit
- ▶ für das Vaterland da sein
- ▶ Kameradschaft
- ▶ Leistung
- ▶ Einsatz für den anderen
- ▶ gemeinsamer Feind, auf den man projizieren konnte

Anpassung 1996:

Sind die Hits der Kids, ur-cool, affengeil, mega-in, geil, voll gut, scharf, Techno, leiwand, Grufti, überdrüber

Pathologisch:

Man wird zum Opfer der anderen. Man opfert sich artig auf, um nicht aufzufallen. Wer sich selbst opfert, ist eben gerne mit dem Tod per du. Man opfert sich für Vaterland, Schicksal, Kinder, Kaiser, Herrn, Chef, Gott, etc.

4. Schritt: Ich für dich

Als fertiger Erwachsener (das sind Menschen, die es sehr selten gibt) hat man genug Energiepotential übrig, um auch auf den Nächsten eingehen zu können. Man ist in der Lage, andere zu fördern.

Diese Haltung ist also die wahrhaft fruchtbare, die reife, die aufs höchste entwickelte Beziehung von einem zum anderen, der Zenit der Bezogenheit auf den anderen. Es ist gegenseitiges Helfen. Es ist eine fördernde Wechselwirkung. Vollendetes Partnertum besteht darin, daß zwei reife, ähnliche Gegenpole miteinander in Beziehung treten und sich in Wechselwirkung fördern.

4.4 Menschenbilder und Pflege

Aus der Mischung von noopsychischen und thymopsychischen Anteilen der menschlichen Psyche ergibt sich, daß der Mensch ein selbstbestimmendes Wesen ist, in Interaktion mit anderen und seiner Umwelt lebt, sich und seine Umgebung verändert, als „Täter“ agiert, und was er tut nicht vorhersagbar ist, außer er ist dement oder es kommt zu Massenhysterien.

Der Mensch ein selbstbestimmendes Wesen

Bei ihm sind Wille und Wollen und dadurch seine Verhaltensmuster streng spezifisch. Die Verhaltensmuster entstammen seinen Konditionierungen und seinen Copings. Er ist primär eigenständig durch seinen Willen und sein Handeln und bedarf so gesehen keiner Hilfe von außen.

F: „Selbst ist der Mann“

Der Mensch in Interaktion zwischen Menschen und Umwelt

Diese Interaktion betreibt er in Form seiner Prägungen und Erfahrungen sowie seiner derzeitigen Interaktionsmöglichkeiten (1–7, siehe Seite 179).

Die Schwierigkeit, mit anderen umgehen zu können, besteht darin, daß wir menschlich – oder besser gesagt – Menschen sind. Die Menschheit ist in Systemen fest integriert. Der Mensch, der nicht in das System paßt, fällt hinaus.

Der Mensch verändert sich und seine Umgebung kontinuierlich

Er paßt sich in seiner Lebensform dialogisch einem Wandel des Zeitgeistes an, solange er noch kann. Dies ist nicht nur bei seiner Entwicklung (seinem Aufbau), sondern noch mehr bei seinem biologischen Abbau zu erkennen.

Der Mensch verändert nicht nur sich, sondern auch seine Umwelt. Dies tut er mit allen ihm zur Verfügung stehenden Mitteln (technischen, chemischen, genetischen), und dies immer und zu seinen eigenen Gunsten. Er macht sich die Erde untertan (dies aber auch oft zu deren Nachteil). Er unterwirft sich dem Fluch der Technokratie, aber auch dem Irrglauben der Wissenschaften und weiß noch immer nicht den alten Satz der Folklore zu schätzen, der da lautet:

F: „Goldene Nockerln kann man nicht fressen.“

Viele Weltverbesserungsideen (zur Selbstverwirklichung der Mediziner und Pflegenden) sind nicht aus Menschenliebe, sondern aus Forschertrieb, Änderungsverhalten heraus entstanden. Man kann sie nicht mehr als der „Menschheit“ dienende Ideen bezeichnen.

Diese Veränderungen, die sich oft auch negativ auswirken, werden beim erwachsenen Menschen aus seiner Noopsyche gesteuert, also eigentlich von seinem Ego. Im täglichen Leben gibt es eine ständige Auseinandersetzung von Ego zu Ego.

Jedes Team, ja selbst jede von Menschen erfundene Struktur (Tagesstrukturen, Settings), das Nachlaufen hinter Konzepten, Pflegemodellen und Pflegediagnosen ist oft nichts anderes als der verschleierte Kampf von Ego gegen Ego. Erwachsene Menschen vergessen auf die Gefühle, schämen sich vor Gefühlen, lassen Gefühle nicht zu und verfachlichen sie (als Sonderform einer Ersatzhandlung).

Sind da nicht unsere Klienten, die fast nur mehr in der Gefühlswelt leben und sich den Folkloresatz *„Viel Wissen macht Kopfweh“* zu Herzen genommen haben, besser dran?

Der Mensch verändert aber auch den Menschen selbst. Durch den Kampf Ego gegen Ego versucht der Mensch sogar, andere Menschen zu ändern. Jeder beeinflußt jeden nach seinen eigenen Möglichkeiten und Copings.

Dies würde heißen, daß das menschlich Gemeinsame das „Ungemeinsame“ der Menschheit ist. So viele Menschen es gibt, so viele Menschenbilder und seelische Reaktionen gibt es. Es handelt sich daher nicht um eine Ganzheitlichkeit, sondern um eine systematische Unganzheitlichkeit. Aus dieser Unganzheitlichkeit der Menschheit heraus entstehen Einzelpersonen, sodaß der Mensch gleichzeitig auch Person ist.

Pflegerisch gesehen, kann es aber dann gar nicht den Patienten, den Bewohner, die Oma, den Opa geben, obwohl es so in der Pflegedokumentation steht, sondern maximal den Herrn oder die Frau XY.

Die Personen agieren seelisch mit ihren eigenen Copings individuell und ungemeinsam. Die Personen agieren zur Umwelt mit seelischen Mustern. Die Ungemeinsamkeiten ergeben sich individuell aus der singulären Biographie.

Der Mensch agiert als „Täter“

Wenn jeder Mensch nur oder vorwiegend aus egoistischen Gründen agiert (bewußt und unbewußt), dann ergibt sich im Umgang mit den anderen eine Art interaktive Humanität. Ich glaube, daß jeder zwischenmenschliche Bezug (ob nun positiv oder negativ) aktiv ist. Jeder beeinflußt jeden, sodaß jeder Umgang mit einem anderen immer ein psychisches Ereignis darstellt. Jedes Reden oder auch nur das Dasein ist somit auch Psychotherapie.

Prinzipiell ist der Mensch ein soziales Wesen (Gemeinschaftswesen). Diese Auffassung schließt aber nicht selbstverständlich humanistische Züge (genetisch oder kollektiv) mit ein.

Ich denke, daß es keine Religion (Sozialisationsversuche) geschafft hat und schaffen wird, daß sich der humane Gedanke gleichmäßig in der Gefühls- und in der Inhaltsebene verankert, sondern daß es eher zu einem Dualismus dieser beiden menschlichen Anteile mit allen ihren Ersatzhandlungen gekommen ist.

Beispiele:

► Altruistisch agierende Menschen können asozial sein.

- ▶ Ein schlechtes Gewissen gegenüber Betagten oder auch gegenüber der eigenen Mutter führt zu Berufenen in der Altenpflege.
- ▶ Mit humanen Slogans werden sogar Altersheime gefüllt – der Systemstand, der Bettenstand wird so erhalten.
- ▶ Das Recht auf Verwirrtheit wird als Menschenrecht verkauft, etc.

Demnach ist eigentlich alles menschlich (was auch immer das heißen mag)!

So ist es kein Wunder, daß mir oft ältere Menschen sagten:

F: „Nichts Menschliches ist mir fremd"
„Ich bin mit allen Wassern gewaschen"
„Ich bin nicht auf der Nudelsuppe dahergeschwommen"

Da alles menschlich ist, wird man im Alter anscheinend toleranter: Man nimmt zur Kenntnis, daß der Mensch „menschelt".

Der Mensch benötigt Menschen zur Veränderung anderer Menschen. Dies führt zum Denkansatz der humanen Menschlichkeit: Man benötigt andere Menschen, um sich messen zu können und nennt sie ja schließlich und endlich auch „Be-Gegner". Der Mensch ist ohne Menschen nicht lebensfähig, er braucht den anderen.

Und dies vor allem in schlechten Zeiten, in Hungersnöten, Kriegszeiten und bei Krankheit. Da der Mensch gerne Sicherheit hat, übt er prophylaktisch (für seine eigenen schlechten Zeiten), sozial und human zu sein. Man eröffnet eine Art Versicherung (Geb ich dir, gibst du mir!), man hofft innerlich darauf, alle guten Taten doppelt und dreifach zurückzubekommen.

F: Ich wünsche Dir ein langes, gesundes Leben!
Alles Glück dieser Erde!
Weihnachtsgeschenke erwarten Weihnachtsgeschenke.
Mütter hoffen, daß die Kinder sie später betreuen werden.

Man hofft, daß alles eines Tages zurückbezahlt wird. Man erhöht dadurch seine eigene Lebenschance, wenn man den Nachbarn hilft. Kollektiv gesehen, begab man sich ja immer schon aus diesem Grunde in eine Horde, in eine Gruppe, in die Fänge der Gleichgesinnten – man hoffte auf die Unterstützung der Sippe.

So gesehen, ist es kein Wunder, daß man die Hilfe zur Selbsthilfe erfunden hat oder sozialpsychiatrische Ideen entwickelt wurden. (Der Sozius, der am Motorrad hinten Mitfahrende wurde wiederentdeckt.) Diese Wiederentdeckung von humanethologischen Ansichten wurde zur sozial-humanen Pflegeideologie.

Immerhin wurde geschichtlich gesehen die kollektive Idee (der Geschenke) zu keinem anderen Zweck benötigt, als Abhängigkeit zu schaffen („Man hat etwas gut", das man bei Bedarf zurückfordern kann).

Der Mensch benötigt aber auch den anderen Menschen, um über sich selbst etwas zu erfahren, um sich selbst „erhöhen" zu können. *Ich-Wichtigkeit*, Selbstverwirklichung, ist nur mit und über den anderen möglich. Der Mensch braucht eben Bewunderer, Publikum. (Was wäre ein einzelner Schauspieler ohne Publikum, ein Lokführer ohne Lokomotive, ein Pfleger ohne Kranken?)

Aus Gründen der Ich-Wichtigkeit lebt der Mensch (Geltungstrieb). Gerade aber diese Ich-Wichtigkeit, Geltung zu haben und zu bekommen, geht im Alter verloren. Der Klient agiert daher mit einer aus einer unteren Entwicklungsstufe kommenden Ersatzhandlung und erreicht dadurch eine neue Wichtigkeit (manchmal sogar Aufsehen).

Beispiele der Ersatzcopings aus früheren Zeiten:

Ich bin desorientiert, weil ich nicht mehr Herr der Lage bin. Ich bin krank, gehe von Arzt zu Arzt, weil ich sonst nichts mehr kann. Ich bin wenigstens der böseste Klient an dieser Station, wenn ich will, der schlafloseste, der verwirrteste, der unhygienischste – und die Schwester schimpft.

Auch die Pflegeperson braucht ihre Ich-Wichtigkeit. Wenn die Pflegeperson aber im Leben überall unwichtig ist, dann kann es schon vorkommen, daß sie sich einen dümmeren Patienten für ihren Geltungstrieb sucht, um selbst wichtig zu sein. Dieser nun gezüchtete, angepaßte Klient darf auf keinen Fall besser werden. Denn dann müßte sich unsere Pflegeperson einen neuen Klienten züchten. Es ist also nicht verwunderlich, daß viele Klienten wie ein Kleinkind behandelt werden und sich schließlich und endlich in dieser regressiven Rolle gefallen.

Interessant ist natürlich auch, daß erst durch das Zusammenleben, durch das Agieren mit anderen Menschen das Phänomen Seele bemerkbar wird.

Fazit: „Alles ist menschlich“. Der Mensch ist so, wie er ist, nicht gut, nicht schlecht. Menschen sind so, wie sie sind, zu akzeptieren.

Dieses mein Menschenbild (ich bin enorm gefühlsbetont, oft lustig bis manisch) führt dazu, daß ich meine Toleranzgrenze gegenüber sog. auffälligen Menschen erhöhen kann. Dieses Erbe, mein Humor, meine Selbstironie führt bei genauerer Betrachtung bereits zu einem therapeutischen Vorgang.[13]

Veränderungen sind nicht vorhersagbar[14], doch zunehmend auf organisierte und komplexe Verhaltensmuster ausgerichtet. Gerade die psychogenen Antriebe (Elan vital)[15] bewirken ein Vorwärtsstreben. Jeder Mensch versucht eine positive Lebensbilanzierung zu schaffen.

Ego kontra Ego und der Zeitgeist der Pflege

Wie bereits erwähnt, kämpft der normale Mensch im Sinne von Ego gegen Ego. Dies führt zu Ersatzhandlungen des Überkompensierens, Intellektuali-

[13] Ich habe oft erlebt, daß ganz einfache Menschen, die keine Ahnung von Fachwissen haben, in der Pflege, in der Rehabilitation und im Umgang mit Verwirrten die Besten waren und sind.

[14] mit Ausnahme von Massenhysterien und ähnlichem

[15] siehe Lebensmotive von A–Z, Seite 139

sierens und schließlich und endlich wieder (wie so oft in der Geschichte) zu einer Art Überkultivierung. Fast immer in der Geschichte führte aber eine Überkultivierung zum Untergang einer Kultur. Die Zunahme des menschlichen Wissens hat in jeder Epoche zu Dekadenz geführt und in der Folge zum Verlust der Menschlichkeit; aber auch umgekehrt.

Die Menschen leben systemorientiert. Alle Lebewesen, auch Bakterien und die Stubenfliege, leben in unserem System. Wenn nun Bakterien aussterben oder – wie in unserem Fall – das Geld ausgeht, müssen wir Hinterbliebenen schauen, wie es weitergeht. Wir müssen das soziale Netz ausbessern, vielleicht sogar engmaschiger und stabiler aufbauen als das vorherige. Die Lebensgemeinschaft bleibt aber auf alle Fälle intakt.

Wir verändern derzeit den Weg des Lebens, und dieser ist nie gerade, sondern verläuft in Kreisen und ist immer auch (kybernetisch betrachtet) begleitet von „Untergängen“.[16]

4.5 Ordnung – Unordnung – Neuordnung

Die Pflege kann also in der heutigen Zeit nicht mehr nur der Frage nachgehen, *wie und was zu pflegen sei* (Bedürfnismodelle), sondern muß sich vielmehr noch mit der Frage „*Was nützt sie, wem nützt sie und warum pflegen wir?*“ beschäftigen (Ergebnismodelle).

In jedem Fall bleibt im Leben eine Vernetzung (egal, wie sie aussieht), solange noch Leben da ist. Netzerzeuger sind der Produzent und der Konsument.

Warum pflege (gerade) ich, und zwar so, wie ich pflege?

Ich würde diese Frage gerne in zwei Abschnitte unterteilt wissen und zuerst auf die Frage ***„Warum pflege gerade ich?“*** eingehen.

Die Frage, warum ich eigentlich überhaupt pflege, eröffnet eine Unzahl von Nebenfragen. Ich möchte hier nur einige von ihnen, mit denen ich mich besonders auseinandergesetzt habe, erwähnen:

Habe ich eigentlich ein Bedürfnis zu helfen?

Und wenn ja – wem?

Fühle ich mich gar (wie andere auch) berufen?

Habe ich wenigstens eine Neigung zu helfen?

Oder gar eine Pflegeneurose?

Bin ich altruistisch?

Oder bin ich gar versteckt aggressiv gegenüber Betagten?

Bin ich meiner Mutter etwas schuldig (und pflege daher andere)?

---

[16] Die sieben fetten Jahre der Pflege sind vorbei, es folgen eben sieben magere.

Wie schon erwähnt, glaube ich anhand meiner Erfahrung sehr daran, daß der Mensch an sich die Neigung zum Helfen (Kollektivgedächtnis) nur für die eigene Sippe hat. Alle anderen helfenden Dienste sind aber aufgezwungene kulturelle, soziale Lippenbekenntnisse, die emotional nicht zutreffen (Über-Wirklichkeiten).

Nun, warum helfe ich aber dann, und das vorwiegend Betagten?

Ich glaube daran, daß die *primäre Neigung zum Helfen* und damit das Bedürfnis zu helfen *geprägt* werden kann (sozialisiert werden kann), wobei die Grundvoraussetzung sicherlich darin besteht, wenigstens nicht asozial zu sein.

Meine Sozialisation zu helfen:

Mein Vater und meine Mutter waren schon bei meiner Geburt relativ „alte Menschen". Das heißt für mich, daß meine Umgebung, die weiteren Verwandten, Bekannten, der Freundeskreis meiner Eltern „Betagte" waren und damit mein Umfeld, meine primäre Prägung zu Alten positiv besetzt wurde. (Dies wurde noch dadurch verstärkt, daß ich als Einzelkind aufwuchs.)

Das heißt für mich, daß meine primäre und sekundäre Sozialisation durch und mit Betagten stattfand. Diese gaben mir vor allem Essen (ich war ja ein Nachkriegskind), aber auch Sicherheit (Wie geht man mit Sicherheit im Garten um, oder anders gesagt: Wie weicht man einer Mine, einer Bombe aus?)

Ich lernte unter den Alten als Junger sogar so etwas wie Geborgenheit kennen, wobei diese, räumlich gesehen, im Luftschutzraum stattgefunden hat. Ich lernte aber auch den Handlungsakt „Helfen" kennen, und zwar dann, wenn es gar nicht mehr anders geht.

F: In der Not rücken die Menschen näher zusammen.
Einer für alle, alle für einen.
Platz ist in der kleinsten Hütte.

Das heißt, ich lernte als Kind (in den Nachkriegstagen) die Hilfe zur Selbsthilfe kennen. Primär gesehen, war sich jeder selbst der Nächste; kam es aber zu einer Notsituation, zu einer Ausnahmesituation, dann, ja dann hat man auch zusammengeholfen, zusammengehalten. (Hilf dir selbst, sonst hilft dir keiner!) Wenn es hart auf hart geht, dann muß in der Gruppe auch manchmal „geholfen, gepflegt" werden.

Ich glaube, daß ich von Alten viel bekommen (aber nie zurückgezahlt) habe. Meine Modellerfindung, aber noch mehr die Übergangspflege ist eine Art Wiedergutmachung. Unabhängig davon wurde ich natürlich auch aus Gründen der Lebensfinanzierung Pfleger. Und vielleicht auch, wie ich schon sagte, weil ich primär nicht asozial bin.

„Warum pflege ich gerade so, wie ich pflege?"

Die zweite Frage möchte ich mit meinem erkenntnistheoretischen Ansatz erklärt wissen.

- Wie Sie schon wissen, wurde ich geprägt, nur dann zu helfen, wenn es wirklich nicht mehr anders geht. Dies habe ich von den Betagten selbst erfahren, erlebt, vor allem aber erfühlt.
- In meiner Nachkriegswelt war es nicht üblich, alle ATLs erfüllt zu bekommen. Die Wesentlichkeit der Lebensfragen war nicht Leben und Lebensqualität, sondern *banales „Überleben und das Handling dazu“.*[17]
- Ich persönlich war als Kind sehr viel krank, hatte viele negative Erfahrungen mit Spitälern und deren Bediensteten. (Einschränkend muß man hinzufügen, daß es sich um die Nachkriegszeit handelte.)
- Ich persönlich flüchtete schon als 6jähriges Kind dreimal aus Wiener Spitälern. Mein Hauptziel war „nur weg“, nur wieder in die Natur, nur wieder ins Milieu zurück. Diese Erfahrung als Kind zeigte mir, daß die Behandlung im Milieu eindeutig die gesündere (für mich) ist.
- Zusätzlich darf man nicht unerwähnt lassen, daß meine Prägungen nicht auf Hygiene, Sicherheit oder Ordnung ausgerichtet waren oder sind.

Ich denke, daß die hier nur stichwortartig erwähnten Hintergrundinformationen – wenn Sie so wollen, Metaparadigmen – mein Bestreben, die Pflege zu ändern, verständlich machen. Es ist verständlich, daß die Warm-satt-sauber-Pflege, die verwahrende Pflege, konträr zu meinen Lebensgewohnheiten und daher für mich unpraktizierbar war.

Was heißt „gesund sein“?

Je nach Forschungsrichtung und Aufgabe gibt es eine Unzahl von Termini zum Begriff „krank“ und „gesund“. Ich wähle als Grundlage die soziologische Auslegung nach PARSON. Er definiert Gesundheit als Zustand optimaler Leistungsfähigkeit für die wirksame Erfüllung der Rollen und Aufgaben, für die ein Mensch sozialisiert wurde.

Psychische und somatische Gesundheit ist meiner Ansicht nach primär genetisch programmiert, sekundär von mir selbst gesteuert (Krankheitsgewinn) und von der Umwelt beeinflußbar.

Krank:

Der Mensch ist nicht mehr in der Lage, seine dem Alter entsprechenden Aufgaben durchzuführen und fällt somit in ein unteres Coping-Niveau ab.

Ursachen:

- Ausfall eines Wertsystems, z.B. Verlust der Wohnung
- Coping-Verlust
- Ausfall eines Teils des gewohnten Lebensstils

---

[17] Ich kann aufgrund meiner Studien nachweisen, daß besonders Kriegs- und Nachkriegskinder (und ich meine hier beide Weltkriege) beim Auftritt einer Hirninsuffizienz rein gefühlsmäßig wieder in diesem Zeitgeist landen, und daher oft die reine Erfüllung der ATLs kontraindiziert ist.

- Verlust eines stabilen Selbstbildes
- Ausfall der Selbstheilungskräfte wie Wollen, Wille
- Unterforderung, Überforderung, etc.

Was heißt dann „krank sein"?

Gesundheit in meinem Modell (dabei ist natürlich vorwiegend die seelische Gesundheit gemeint) ist alles, was normal ist. Normal ist alles, was in einer bestimmten Region und Zeitgeistsituation üblich ist. Alles, was man üblicherweise (und daher jeder) tut oder läßt. Natürlich bestimmt die sog. Gesellschaft, „was man üblicherweise tut" und damit auch, was normal und was nicht normal ist.

So bestimmt ein Mensch über den anderen Menschen aufgrund seiner ihm eigenen moralisch-ethischen Wertvorstellungen.

Die Moral eines Volkes bestimmt, was noch toleriert wird, aber auch das, was nicht mehr toleriert werden kann.

So haben wir Pflegenden oft einen „gesellschaftlichen Auftrag", sog. psychisch nicht Gesunde entweder abzusondern (Heimaufnahme) oder wieder zu angepaßten normalen Bürgern (auch gegen den Willen der Klienten) zu therapieren. Schaffen wir diesen Auftrag der Anpassung oder Pseudoanpassung an die Gesellschaft nicht, wird der Mensch zum „Hilfsbedürftigen", und wir werden ermächtigt, ihn für die Dauer seines Zustandes unterzubringen.

Kranksein und Pflege bedeutet daher für mich, zumindest ideologisch gesehen, die Akzeptanz der Gesellschaft zu erhöhen (Was ist normal?). Dies ist unter anderem mit Öffentlichkeitsarbeit möglich. Sie soll in der Folge eine Toleranzgrenzenerhöhung im Umgang mit verhaltensgestörten Betagten erreichen, wobei die schwierigste Aufgabe darin besteht, die Toleranzgrenze des eigenen, in der Geriatrie arbeitenden Pflegepersonals zu erhöhen.

Wir haben als Gesundheitspflegepersonen die Aufgabe zu versuchen, den sog. Normalitätsanspruch, den die Öffentlichkeit fordert, zu erhöhen, denn Normalität ist eine soziale Konstruktion.

Immerhin beurteilen wir Pflegenden (auch im Sinne der psychogenen Pflegediagnose) Menschen. Von uns hängt es oft ab, ob jemand als auffällig, nicht tragbar an dieser Station, eigenartig, psychotisch usw. beurteilt wird.

Normalität ist aber – wie ich schon erwähnte – eine soziale Konstruktion, die eine soziale Ordnung als Scheinwelt widerspiegelt.

Und daraus resultieren Erstbeurteilungen wie: Du bist mittelmäßig! Du gehst noch! Du paßt nicht mehr in unseren Rahmen (Heim)!

Natürlich kann man dieses Thema auch philosophisch betrachten. Dazu würde ich mich gerne der Worte des großen Arztes PARACELSUS bedienen. PARACELSUS schreibt, daß jeder Mensch, jede Familie zwar ein einzigartiges Wunder der Schöpfung sei. Er sieht aber auch in der Krankheit jedes Menschen die Bilanz nicht nur seiner „urpersönlichen" familiären bzw. Milieugeschichte. Wenn man also dem Menschen helfend begegnen wolle, begegne man seiner geistigen Umwelt, seinen Mitmenschen und vor allem seiner Geschichte. Auf sie müßten die Heiler eingehen. Erst dann ändere er nicht nur die Symptome, sondern heile den Menschen. Die Menschen seien ein Ausdruck ihres Landes, ihres Raumes und der Geschichte ihres Raumes, und die Heilenden/Helfenden hätten dementsprechend kosmographisch beziehungsweise geographisch zu sein.

„Ich folgte also nur großen Traditionen, wenn ich mich bemühte, die singuläre, thymopsychische Biographie zur Reaktivierung des Lebenstriebes bzw. die Biographie zur Symptomlinderung zu verwenden."(K. PURZNER)[18]

Das Modell als Versuch, aus dem System auszusteigen

Ich denke, daß in der heutigen Zeit das Gesundheitssystem eigentlich ein Krankheitssystem, aber somit auch eine zutiefst menschliche Konstruktion darstellt. Jede Institution versucht sich mit der nächsten zu vernetzen, wobei alle somatische Pflege durchführen. Was hat man schon davon, wenn man die Krankheit pflegt?

Menschliche Konstruktionen sind aber wandelbar, das heißt, daß eine prinzipielle Änderung der Gesundheitssysteme möglich ist. Daß es möglich sein muß, rehabilitativ statt pflegerisch zu denken und zu handeln.

Mit meinem Modell versuche ich aus dem Krankheitssystem herauszukommen und ein auf dem Boden des Normalitätssystems beruhendes Gesundheitssystem zu kreieren.

So, wie für Automechaniker kaputte Autos wichtig sind, sind für Krankenpfleger kranke Menschen wichtig und alle Beteiligten werden versuchen, die Erkrankung in den Vordergrund zu rücken; dies ist die Grundlage des alten Gesundheits-(Krankheits-)Musters.

Heute kann man schon im Radio das „Biowetter" hören; man erfährt, daß einem der Kopf weh tun muß, daß man kreislaufmäßig nicht gut drauf ist. Das heißt, es wird versucht, schon durch Prävention neue Kunden zu züchten, um die Systembetten erhalten zu können!

Der neue Terminus „Gesundheitspflege"

Dieser ist prinzipiell positiv zu betrachten, aber nur dann, wenn er nicht wieder auf den Grundbegriffen der Medizin, der Krankheit, aufbaut.

Pflegeorientierung

Für mich heißt dies, daß es zu einer anderen Pflegeorientierung und -qualität kommen müßte. Pflegequalität darf nicht primär somatisch oder grundpflegerisch sein, sondern muß sich vermehrt mit seelischen Inhalten beschäftigen.

---

[18] In: Böhm, E.: Alte verstehen. Nachwort

Das heißt aber auch: Wir benötigen kein Mehr an Pflegepersonen und Pflege, sondern eine andere Pflege und damit auch oft eine andere Pflegeperson. Diese andere Pflegeperson benötigt eine andere Ausbildung, aber auch eine andere ethische Einstellung.

Forderung nach einer Gebrauchsethik für die Pflege

Ethik und Moral sind Werte, und ohne Werte gibt es keine Pflege. Wertprinzipien haben dann immer große Bedeutung, eine zentrale Rolle, wenn es um Lösungen von kollektiven Problemen geht. Man ändert kaum seine Umwelt ohne zwingenden Grund. Das mutet logisch an, denn die Ethik ist geprägt durch die Religion, die Philosophie und die jeweilige Finanzierbarkeit und wird nicht zuletzt auch von der eigenen Biographie beeinflußt. Das Allgemeininteresse beeinflußt die Werthaltungen jedes einzelnen.

Da die Änderung der Werthaltung durch die Änderung der finanziellen Lage, aber auch durch die Entstehung einer postchristlichen Zeit fortschreitet, muß auch die Pflege ihre Ethik und die daraus resultierenden Standards ändern.

Die von mir gemeinte Gebrauchsethik ist eine *Verantwortungsethik*; das heißt, daß jede Pflegeperson für ihr Handlungsresultat (Ergebnispflegemodell) verantwortlich sein muß. Die Pflegeperson wird zum Treuhänder.

Ethische Grundwerte müssen in der Lage sein, über die sog. moralischen Öffentlichkeitsstandpunkte hinauszugehen. Ich muß den Mut haben, zu meinen Werten zu stehen und diese auch gegenüber Institutionen, Machthabern, den Anstaltenträgern, etc. zu verteidigen.

Ich habe meine ethischen Werte mit vielen Feinden und zwei Disziplinaranträgen durchgekämpft. Ethik ist demnach auch Zivilcourage und nicht Anpassung an das „Normale“ (was auch immer das ist). Ich als Mensch sollte meine Weltanschauung vertreten können, sodaß ich mich gerne dem KANTschen Lehrsatz anschließen möchte:

„Handele so, daß die Maxime deines Handelns jederzeit Prinzip einer allgemeinen Gesetzgebung sein könnte.“

Das Vertreten von Werten erfordert allerdings Information und Wissen, ansonsten bleibe ich bei meinen singulären Prägungen und auch neurotischen, ethischen Anschauungen hängen.

Pflegen mit den Wertvorstellungen einer Gebrauchsethik heißt:

- daß die Pflegekraft (Persönlichkeit) so stark sein muß, daß sie auch den Partner am Leben läßt;
- überprotektes Verhalten ist kontraindiziert;
- Pflegen und leben heißt, daß die Wahrheit verkraftbar ist;
- Pflegen und leben heißt auch, daß der Mensch verletzbar ist und somatische wie psychische Verletzungen auch eine Persönlichkeitsentwicklung sein können;

- Pflegen und leben heißt zu akzeptieren, zu lernen, daß die Pflegeversicherung keine Vollkaskoversicherung ist;
- das Fachwissen muß die Herzensgüte überwiegen;
- der Aufgabenkreis muß festgelegt sein (Modell?);
- es ist etwas Gutes zu bewirken, statt etwas Gutes zu tun (K. DÖRNER);
- unrealistische Gefühle, Übertragungen und Gegenübertragungen sind einzustellen;
- atmosphärische Beschreibungen haben zu unterbleiben (z.B.: ist alkoholisiert);
- das Charisma der Kompetenz muß erreicht werden.

Das Pflegeziel, der Pflegeinhalt, muß eine psychogene Pflegequalität mitberücksichtigen. Das bedeutet, daß in der Betagtenpflege Spitäler und Heime zum *Aufleben und nicht zum Aufheben* ihrer Klienten da sein sollten!

4.6 Einordnung des Modells

Wie man erkennen kann, ist mein Modell eigentlich kein Modell im eigentlichen Sinne. (Modelle sind ja im allgemeinen sehr statisch und lassen eine Weiterentwicklung kaum zu). Ich würde daher mein Modell viel lieber als **dynamische Systemtheorie** bezeichnet wissen. Aber um nicht noch mehr Verwirrung bezüglich der heutigen Pflegeterminologie herzustellen, unterlasse ich zumindest im Moment dieses Vorhaben.

Vor der Fertigstellung des kybernetischen Inhaltes nannte ich mein Modell „psychogene Pflegediagnose", das heißt, die psychogene Pflegediagnose war das erste Forschungsziel und -ergebnis.[19] Ich denke noch immer, daß gerade eine Pflegediagnose das Herzstück eines Pflegeprozesses, aber auch eines Modells darstellen sollte.

Heute würde ich sagen, daß bei dem beschriebenen Modell – vorerst als Diagnose benannt – der Unterschied zur Pflegediagnose nach NANDA (North American Nursing Diagnosis Association) darin liegt, daß ich die Hintergründe, *warum* es zu der jeweiligen Diagnose kommen muß, erforscht habe. Diese Hintergründe und Kausalitäten beziehe ich *nicht* aus pathophysiologischen Grundlagen, sondern aus zeitgeistphänomenalen Situationen. Dies war und ist eine Beschäftigung mit *Gesetzmäßigkeiten im Verhalten von Betagten* sowie mit den sich daraus logisch ergebenden pflegerischen Handlungen (*Impulse*, vgl. Arbeitsbuch).

Das Modell ist nun das Ergebnis eines multidimensionalen Sehens der jeweiligen Problematik von Verhaltensauffälligkeiten (aus der thymopsychischen Biographie), seiner Hypothesenbildung und Interpretation sowie des sich daraus ergebenden Handelns mit einer aus den psychogenen Parametern vollziehbaren Evaluierungsmöglichkeit.

---

[19] „Pflegediagnose nach Böhm", Recom Verlag

Die **therapeutische Wirkung** beruht auf:

- ▶ dem Rekurs zu den identitätsbildenden biographischen Erfahrungen,
- ▶ Ich-stärkenden Maßnahmen,
- ▶ der stärkenden Kraft der Erinnerung,
- ▶ der stärkenden Kraft der Sicherheit, die sich für den Klienten aus seinem Milieu heraus ergibt sowie
- ▶ der Substitution von verlorengegangenen Copings.

Meinen eigenen Wissenszuwachs holte ich mir durch oftmalige Wiederholungen (des Regelkreises) sowie durch deren Überprüfung im Sinne von Richtigkeit und Irrtum. Bei vielen Patienten mußte ich bei den ersten Durchgängen (im Sinne des Regelkreises, siehe S. 157) auch Irrtümer erkennen.

Gerade Wiederholungen und Überprüfungen waren es, die zu Wissenszuwachs und zur Weiterentwicklung des Systems führten. Die vordergründigsten Fehler bestanden in:

- ▶ dem zu geringen biographischen Material,
- ▶ einer überhöhten Auffassung, daß die Außenanamnese sinnvoll sei,
- ▶ falschen Hypothesen (da wir damals noch ohne Geschichtsunterricht agierten).

Dies läßt an der Abteilung den praxisrelevanten Schluß zu, daß vorwiegend in der ersten Zeit der Umsetzung des Modells eine durch Praxisanleiter (Ausgebildete nach meinem Modell) begleitete Übungszeit vorangehen sollte, um Irrtümer zu reduzieren.

Pflegeforschung in meinem Sinne heißt daher auch andauernde Veränderung des Systems. Gerade Gefühle, Affekte, Verhaltensauffälligkeiten, etc. stehen eben nicht still und bedürfen einer andauernden Revision. (Denken Sie nur an sich selbst, an Ihre Veränderungen im Laufe der Jahre und daran, welche durch besondere Schlüsselreize ausgelöste Handlungen Sie eines Tages als Klient in einem Heim setzen werden? Vielleicht laufen Sie den ganzen Tag mit einem Walkman an den Ohren herum oder Sie suchen einen Computer oder gar ein Skateboard auf der Station! Fest steht, Ihre Verhaltenseigenarten werden sich auf alle Fälle sehr stark von denen der heutigen Klienten unterscheiden.)

Schlüsselwörter, die beim Auf- und Ausbau meines Systems – ich möchte fast sagen als Neologismen – geprägt wurden, lassen sich in ideologische, berufspolitische, aber auch rein fachliche Termini unterteilen:

- Warm-satt-sauber-Pflege
- Verwirrt nicht die Verwirrten!
- Ist heute Montag oder Dezember?
- Wir pflegen Menschen und nicht Betten!
- Helfen mit den Händen im Hosensack
- Gebrauchsethik

- Wir Pflegende bessern das Befinden, der Arzt die Befunde.
- Wenn man für Patienten alles erledigt, dann sind sie erledigt.
- Fachpflege statt Herz
- Seelenpflege
- Übergangspflege
- Psychobiographisches Pflegemodell
- Coping, Folklore, Story
- Psychogene Pflegediagnose
- Die Seele muß vor den Beinen reaktiviert werden.
- Symptomspezifische Pflege
- Daheim-Gefühl
- Emotionale Erreichbarkeitsstufen – psychogenes Coping

Entwicklungsbegriffe:
- Praxisanleiter
- psychobiographisches Modell
- thymopsychische Biographie
- Re-Aktivierung
- symptomlindernde Pflege
- Re-Dekompensationshilfe
- psychogene Erreichbarkeitsstufen (Interaktionsstufen)

4.7 Abklärung des Begriffes „Pflegediagnose"

In der Entwicklung meines Pflegemodells habe ich den Weg von der Übergangspflege zur psychogenen Pflegediagnose und schließlich und endlich zum Modell beschritten. Das heißt, daß sich die Pflegediagnose schon 1989[20] aus der BÖHMschen Übergangspflege heraus ergab – und zu dieser Zeit war in Europa noch keine Rede von den Pflegediagnosen nach NANDA usw.

Ich begründete damals meine Pflegediagnoseformel wie folgt:

BÖHMsche Pflegediagnoseformel:

Die Pflegeanamnese
+ ärztliche Diagnose (die ich damals noch als wichtig erachtete),
+ Status auf der Abteilung (physisch, psychisch, sozial),
+ Biographie
+ differentialdiagnostischen Ausgang
ergibt die *Pflegediagnose.*

[20] „Pflegediagnose nach Böhm", Recom Verlag

Heute würde ich sagen, daß eine psychogene Pflegediagnose obligatorisch in meinem Modell verankert ist. Pflegediagnostisch zu arbeiten, bildet einen Teil des Modells; nämlich jenen Anteil, in dem die erhobene Biographie der heutigen Verhaltensstörungen interpretiert wird.

4.7.1 Der Forschungsweg[21]

Da mein beruflicher Ausgangspunkt die „psychiatrische Pflege" war, mußte ich meinen Forschungsweg nach sozialpsychiatrischen Inhalten und Wertvorstellungen ausrichten.[22] Die Forschungsrichtungen können somit in einen *ideologischen* und einen *fachlichen Inhalt* unterteilt werden.

a) Ideologischer Forschungsanteil

Als Forschungswege standen einander 1979 in der Psychiatrie und Psychogeriatrie *vier abgrenzbare Haltungen* und Denkrichtungen und daher gangbare Wege gegenüber:

1. die phänomenologische Beschreibung, Katalogisierung, nosologische Differenzierung seelischer Störungen (E. KRAEPELIN, K. SCHNEIDER, E. KRETSCHMER, K. JASPERS) mit Bindung an die Philosophie (Existenzphilosophie);
2. die neuroanatomische, biochemische Denkweise mit Bindung an die Naturwissenschaft;
3. die sog. dynamische Psychiatrie mit Bindung an die Psychologie des Unbewußten (S. FREUD, A. ADLER, C. G. JUNG);
4. und erst in letzter Zeit die Forschungsebene der Sozialpsychiatrie mit der Betrachtungsweise aus der Soziologie und Sozialpsychologie.

Ich persönlich habe mich vor allem für die sozialpsychiatrische Idee begeistern können; ich habe allerdings auch fragmentarische Umsetzungen aus der dynamischen Psychiatrie installiert.

In der Praxis wurde die Erforschung und der Einsatz von Reversibilitätstheorie und Normalitätsprinzip zum ideologischen Ansatz.

b) Fachlicher Forschungsanteil

Wesentlich schwieriger als eine ideologische Forschungsrichtung zu finden, war es, mich für eine sozialpsychiatrisch orientierte Subsumationsrichtung zu entscheiden. Ich konnte zwischen fünf (mir bekannten) epidemiologischen Untersuchungsrichtungen auswählen:

1. Untersuchungen von hospitalisierten Klienten;

---

[21] Hans STROTZKA, „Einführung in die Sozialpsychiatrie", Rowohlts deutsche Enzyklopädie 1965

[22] Dies führte mich zur Einführung der „Übergangspflege nach Böhm", die in den Büchern: „Ist heute Montag oder Dezember?", Psychiatrieverlag und „Bausteine der Gesundheits- und Krankenpflege", Maudrich, Wien, 2000, beschrieben ist.

2. Faktoren der seelischen Gesundheit; das ist das Studium der Dynamik von Personen in der Gesamtheit ihrer Umgebung;
3. Verhalten in der kleinsten Gruppe (K. LEWIN, J. L. MORENO), aber auch gruppendynamische Aspekte;
4. Community Mental Health, psychiatrische Fürsorge und Rehabilitation;
5. kulturanthropologische Sichtweise und Forschungsrichtung.

Diese Hintergrundrichtungen brachten mich rasch dazu, mich vermehrt mit der *Biographie* zu beschäftigen. Ich mußte allerdings sehr bald feststellen, daß die normal übliche Geschichte sowie die „oral history" (mündlich erzählte Geschichten) keine ausreichende therapeutische Maßnahme darstellten (Ausnahme: gerontologische, also gesunde Betagte).

Dies führte dazu, daß ich noch weiter in das Fachgebiet der Biographie eindringen mußte, die ein Teilbereich der Sozialwissenschaft ist. Unter biographischer Forschung werden alle Forschungsansätze und -wege der Sozialwissenschaft verstanden, deren Datengrundlage (oder Daten neben anderen) die Lebensgeschichte ist. Biographie und Lebenslaufforschung gibt es also, seit es Menschen gibt.

Abweichungen im BÖHM-Modell

Mein Ziel bestand und besteht darin, die heutigen Probleme unserer Klienten mit ihrer streng spezifischen Biographie in Zusammenhang zu bringen. So ist es kein Wunder, daß gerade die thymopsychische Biographie, die Folkloreforschung sowie die Prägungsphänomenologie die eigentlichen Wissensvermittler mit therapeutischem Erfolg wurden.

Es mußten dabei die biographischen Gesetzmäßigkeiten den Problemen im Hier und Jetzt oder – wenn Sie so wollen – den symptomatischen Gesetzmäßigkeiten gegenübergestellt werden.

Ich möchte gerade an dieser Stelle betonen, daß es nicht möglich ist, mit biographischer Arbeit organische Störungen zu reparieren, daß es aber sehr wohl möglich ist, mit biographischem Material Verhaltensauffälligkeiten (Probleme), unter denen der Klient oder seine Umgebung leidet, weitgehendst zu stabilisieren (Begleitsymptome). Der Hauptsinn liegt sicher darin, klienteneigenes Material als Re-Dekompensationshilfe heranzuziehen (Substitutionstherapie aus der Biographie).

Die normale Biographieforschung ist eine datenerhebende Forschung. Sie beschäftigt sich in der Auswirkung nicht mit thymopsychischem Material. Sie trennt in der Interpretation kaum Vorstellung von Erinnerung. Sie kümmert sich kaum darum, psychogene oder auch tiefenpsychologische Inhalte mitzubearbeiten. Das ist auch nicht ihre Aufgabe. Sie beschäftigt sich eher mit noopsychischem Material.

Gegenüber der reinen Biographieforschung (biographischer Ansatz) grenze ich mich wie folgt ab:

1. Abgrenzungsbereich

Wie wir schon wissen, ist aber gerade noopsychisches Material bei dementiellen Veränderungen ungenügend, sodaß ich mich vorwiegend mit thymopsychisch-biographischem Material auseinandersetze. Dieses stammt nicht mehr aus dem Neugedächtnis, sondern aus dem Altgedächtnis, Tertiärgedächtnis, Kollektivgedächtnis (siehe S. 97) sowie aus Deckerinnerungen[23]. Es ist nicht durch Über-Ich-Normen oder Ersatzhandlungen überlagert.

Ich bin der Ansicht, daß im Alter die „wahren" Geschichterln zutagekommen und diese nicht mehr durch normale Ersatzhandlungen, sondern durch *pathologische Ersatzhandlungen* (kindlich, regressiv) verarbeitet werden. Die Lebenslügen verändern sich. Es werden sozusagen tiefere Schichten der singulären Biographie „erlebter", „gefühlter" – ob sie auch bewußter werden, möchte ich bezweifeln.

2. Abgrenzungsbereich

Das Arbeiten aus dem thymopsychischen Bereich heraus bringt mit sich, daß man die historische und singuläre Biographie mit der Lebensereignisforschung (*„Life events"-Forschung*[24]) in Verbindung bringen muß. Ich glaube daher daran, daß erst in der Dekompensation (nicht unbedingt Demenz) tatsächliche „Life events"-Forschung betrieben werden kann.

3. Abgrenzungsbereich

Ich betrachte die *Folklore* (Wissen des Volkes) als Trost- und Ersatzhandlung; dieses Wiederaufnehmen von Trost- und Ersatzhandlungen sowie Sprüchen ist Regression und stellt auch pflegediagnostisches Hintergrundmaterial dar. Ich bin davon überzeugt, daß sich beim Zurückziehen (der Regression) in frühere Situationen und Zeiten (und dies meist nur fragmentarisch und nicht den ganzen Menschen betreffend) Handlungen ergeben, die sich mit dem heutigen Zeitgeist nicht mehr decken, und so der Klient als „abnorm" bezeichnet wird. Dies kann bis zum Morbus Alzheimer gehen.

Geht man in der Folkloreforschung noch weiter zurück, landet man schließlich bei der Signal- und Küchensprache, die an sich sehr stark an ethologische Verhaltensmuster erinnert (vgl. Arbeitsbuch).

Es ist leicht zu erkennen, daß mein Anhaltspunkt die psychiatrische Anthropologie wurde. Diese ist ja der Ansicht, daß durch fixierte Wertsysteme und Kindererziehungstechniken bestimmte Persönlichkeitsmerkmale, die dem gesamten Kulturbereich gemeinsam sind, geprägt werden. Ich versuchte in den Anfangszeiten meiner Forschungstätigkeit vor allem meine psychologischen sowie individualpsychologischen Grundkenntnisse zu erweitern und in der Praxis dieses Wissen der Folkloresituation und den jeweiligen Zeitgeistphänomenen (unserer Klienten) gegenüberzustellen. Die Zeitgeistphänomene

---

[23] Deckerinnerung: zudeckende Erinnerung von meist negativen Situationen (Freud)

[24] siehe auch Kapitel Biographie-Erhebung, Seite 169

und Folkloresituationen in der Forschung setzte ich mit den Geburtsjahrgängen 1900–1925 fest.[25]

Wissenschaftliche Subsumation		*Verhalten der Klienten*
Fremdforschung		***Eigenforschung***
Dynamische Psychiatrie		Regression als Ersatzhandlung
Life events-Forschung	die ersten	Konditioniertes Lernen
	25 Lebensjahre	
Sozialpsychiatrie	eines Menschen	1–2 Zeitgeistphänomene
Reversibilitätstheorie		Dialekt
Sozialanthropologie		Küchensprache
Milieutherapie		
Psychosomatische Grundthesen		3–4 Prägung
Persönlichkeitsschichtlehre		5–7 Humanethologie
Ersatzhandlungen		Signalsprache

Bei dieser Vergleichsforschung der ersten 25 Lebensjahre eines Menschen und den sich daraus ergebenden thymopsychisch-biographischen Veränderungen, den Copings, ist zu bedenken, daß auch wir Pflegenden eine Biographie und damit Copings (in verschiedenen Höhen) haben. Diese biographischen, emotionalen Anteile setzen wir bewußt und unbewußt für oder gegen den/die Klienten ein.

Dieser Gedankengang veranlaßte mich, eine Vergleichserhebung (Coping-Erhebung) zwischen den Generationen durchzuführen.

Untersuchung von Einstellungen, Wertvorstellungen und Mentalitäten bei Patienten und Personal

Mundarbeitergeneration	*Brotarbeitergeneration*
Die Biographie und Bedürfnisse sowie Copings der heute 20jährigen …	… stehen der Biographie und den Bedürfnissen sowie Copings der heute Betagten fast behindernd gegenüber.
Jugendliche lieben Müsli …	… Betagte Schmalzbrot mit Zwiebel.
Jugendliche lieben neue Baustile …	… Betagte altes Holz, etwas Schmutz, etc.

„Die Auswirkung der Vergleichserhebung ergab eine Differenziertheit der therapeutisch-rehabilitativen Kultur.“ (K. PURZNER) [26]

In der Praxis steht die Brotarbeitergesellschaft und ihre Copings der Mundarbeitergesellschaft und ihren Copings fast gegenpolig gegenüber, sodaß eine

[25] In der Folge hat sich herausgestellt, daß die ersten 25 Lebensjahre von Bedeutung sind.
[26] In: BÖHM, E.: „Alte verstehen“, Nachwort

sog. Beziehungspflege ohne geschichtliche Grundkenntnisse unmöglich erscheint.

Zur Erforschung dieser Werte benötigte ich eine Unmenge an Klientenbiographien (heute sind es allein aus meiner Klinik über 12.000!), aber auch eine Ansammlung an Zeitgeistphänomenen selbst, die ich mir aus Literatur vom Flohmarkt und ähnlichem zusammensuchte. Durch die Gegenüberstellung der selbsterhobenen thymopsychischen Biographien und der Flohmarkt-Literatur (eben Literatur von damals) sowie dem derzeitigen Verhalten der Klienten ergaben sich folgende Spontanfragen, die es zu beantworten gab:

- ► Ist die thymopsychische Biographie der Schlüssel für die im hohen Alter auftretende Symptomatik?
- ► Ergeben Folkloresituationen für Klienten einen Schlüsselreiz?
- ► Wenn ja, sind diese positiv, negativ oder ambivalent besetzt?
- ► Lösen eingesetzte Schlüsselreize Symptome aus oder sind sie als symptomlindernd zu betrachten?
- ► Macht das Gespräch aus der Biographie Angst oder Freude, unabhängig davon, ob die Erkrankung als primäre oder sekundäre Demenz diagnostiziert wird?

Zum Großteil konnte festgestellt werden, daß beim Einsetzen von biographischen Impulsen (vgl. Arbeitsbuch), die den Zeitgeistphänomenen entsprachen, sehr viele gesetzmäßig auftretende Verhaltensmuster erkannt werden konnten. Was darauf schließen läßt, daß das Wiedereinsetzen von alten, vertrauten, bekannten Schlüsselreizen zu einem konditionierten Grundsatzverhalten führt.

Schlüsselreize	***Reaktion***
bekannte alte Gerüche	beruhigende Wirkung
Sätze aus der Prügelsprache	Reaktivierung
heimatliche Kost aus 1920	mehr essen

Viele Reaktionen der Klienten können mit den Erreichbarkeitsstufen (siehe Seite 179) in Verbindung gebracht werden.

Verhalten	***Erreichbarkeitsstufen***
• intuitiv-ethnologisches Verhalten	**7, 6**

Bei einem negativen Schlüsselreiz

- agiert der sympathikotone Typ mit Angriff,
- der parasympathikotone hingegen mit Sich-Totstellen.
- Viele Klienten agieren in derselben Signalsprache, wenn sie Angst haben (mit vegetativer Symptomatik).

- frühkindliches Verhalten **5**
- kindliches Verhalten **4**

Viele Reaktionen von verhaltensauffälligen Betagten erinnern an Copings von Kindern in einer bestimmten Entwicklungszeit.

- jugendliches Verhalten **3**

Einige Muster erinnern aber auch an die erste oder zweite Pubertät oder an die Trotzphase (Tab. 1). Sie treten meist passager auf und verschwinden wieder, wenn man sie nicht beachtet.

Tabelle 1: Verhaltensmuster von Kindern und Alten im Vergleich

Psychologische Sicht der Ich-Wichtigkeit	***Folkloremuster***
Wer kennt nicht Kinder, die sich mit Indianerfedern, mit Schmuck von der Mama wichtigmachen.	Wer kennt nicht Betagte, die sich Tücher umwickeln, zwei Mäntel anziehen, um wieder jemand zu sein. Man macht sich durch den Muttertag, Vatertag wichtig.
Verhalten aufgrund der Stimmungslabilität	
Wer kennt nicht die Tatsache, daß das Lachen und Weinen bei Kindern ...	... sowie bei Betagten sehr eng beisammen liegen.
Verhalten bei sozialer Kompetenz	
Ein Kind mit etwa vier Jahren putzt und imitiert die Mama.	Der Betagte ohne Lebenssinn putzt und wischt im Heim wieder wie ein Wilder, er sucht soziale Kompetenz.
Ein Kind mit etwa vier Jahren sammelt in einem Sack alles ein, was herumliegt.	Auch der Betagte sammelt wieder, jedoch statt Menschen Gegenstände: Er sammelt „Werte“, Sicherheit, Beziehungen zu Gegenständen, weil es an Menschen mangelt.
Verhalten durch Vergessen	
Kinder vergessen, aufs WC zu gehen, auf die Rechenaufgabe, auf das Nachhausegehen. Es ist eben unwichtig.	Es scheint so zu sein, daß Betagte immer dann auf ihre Über-Ich-Normen und ihre Rationalität beim Handeln vergessen, wenn der Grund unwichtig ist. Der Klient vergißt, verkennt seine jetzige Gattin, weil er immer nur die erste geliebt hat. Er vergißt die Adresse des Heims, weil sie unwichtig ist. Mütter vergessen oft ihre Töchter, aber kaum ihren Sohn (der als Gattenersatz fungierte).

Natürlich wird der Betagte nicht wieder zum Kleinkind – er hat ja immerhin eine Biographie hinter sich. Aber fraktionell kann er das eine oder andere Coping schon aus einer unteren Lade wieder hervorholen.

4.7.2 Das Forschungsziel

a) Ideologisches Ziel

1. Ziel der Forschung war es, einen neuen, anderen „Sinn" und somit eine andere Ethik in die Krankenpflege einfließen zu lassen. Dies verlangte eine Änderung der Einstellung und Ideologie in der Seele des Personals.
2. Die Berufsphilosophie sollte die „auffälligen Verhaltenseigenarten" unserer Klienten als biographisch bedingte und nicht als dementielle Veränderungen sehen und akzeptieren lernen.
3. Aus einer sehr somatisch orientierten Ansicht soll eine psychogene Sichtweise entstehen.

b) Fachliches Ziel

1. Es mußten Ziele gefunden werden, die zu einem Aufleben, zu einer Vigilanzsteigerung beitragen können.
2. Es mußten Ziele gefunden werden, die zu einer Symptomlinderung (ohne Psychopharmaka) führen.
3. Die Ziele müssen nachvollziehbar, vor allem aber evaluierbar sein. Zu diesem Zweck wurden in der Folge die Problemparameter kreiert.

4.7.3 Die Zielgruppe der Forschung

Die primäre Zielgruppe waren psychogeriatrische Klienten. Zur Untersuchung wurden also nur Klienten mit psychischen Schwierigkeiten herangezogen. Es handelte sich dabei fast immer um Klienten, die aufgrund ihrer schlechten Gedächtnisleistungs-Testergebnisse (fragmentarisch) durch unsere Psychologen mittels Mini-Mental-State, Syndromkurztest nach ERZIGKEIT, MWT (Mehrfachwortwahltest), GDS (Global Deterioration Scale) bzw. durch das Pflegepersonal im Sinne des FAST (Functional Assessment Staging) Ressourcenerhebungen (ATLs) überprüft wurden.

Die Überprüfung ergab, daß die Hirninsuffizienz (noopsychisch gesehen) schon so weit fortgeschritten war, daß normale effiziente Gedächtnistrainings als Settings ausgeschlossen werden konnten. Klar war dabei jedem, daß Gefühlsstörungen – wissenschaftlich gesehen Verhaltensstörungen – nicht meßbar sind und daher die Psychologie als Fachdisziplin Therapien und Untersuchungen ablehnt, wenn sie nicht streng meßbar sind.

Dies veranlaßte mich als Laien, der nicht primär der Wissenschaft verpflichtet ist, eigene Parameter, die den Gefühlsstatus wiedergeben sollten, zu kreieren. Diese Parameter, die ich BÖHMsche *Erreichbarkeitsstufen* bzw. *Interaktionsstufen* nenne, werden in einem eigenen Kapitel ausreichend erklärt (siehe Seite 179).

4.7.4 Der Zielkatalog

Allgemeine Ziele

- Befindensverbesserung für Klienten
- Reaktivierung bei Patienten im Rückzug
  (Es muß dabei das für die jeweilige Person Richtige und damit das maximale Aktivierungspotential durch seelische Reize gesucht werden.)
- Einführung einer „psychischen Pflegequalität" (und von Pflegestandards)
- Entlassungsfähigkeit von psychogeriatrischen Klienten
- Erreichung eines Übergangspflege-Vorbereitungsstatus
- Erreichung einer Wohnheimfähigkeit
- Durchsetzung von Menschenrechten
  (Menschen dürfen nicht beschränkt werden; alle zur Regression führenden Pflegeformen sind zu unterlassen.)
- Verringerung der Pflegetage
- Kostensenkung bei gleichzeitiger Qualitätssteigerung
- Reduktion der Rückfallsituation (Drehtürpsychiatrie)
- Erhöhung der Arbeitszufriedenheit des Personals (Psychohygiene)
- Senkung der Krankenstände
- Senkung der Materialkosten (z.B. Windeln)

Heute hat sich das Modell sogar auf geriatrische *und* gerontologische Institutionen und deren Patienten/Klienten und Bewohner ausgedehnt.

Gerontologisch-geriatrische Ziele

In Heimen kommen als zusätzliche Ziele in Frage[27]:

- regressionsverhindernde Pflege
- das Setting der Heime auf das Daheim-Gefühl auszurichten (auch baulich)
- ein Aufleben statt eines Aufhebens zu gewährleisten
- Erhöhung des Kreativitäts- und Spontaneitätspotentials
- Befindlichkeitsverbesserungen für Personal und Bewohner
- Senkung der Pflegeabhängigkeit („lebende" Klienten sind billiger als liegende)
- Evaluierung erreichter Ziele
- Wegnahme des Krankheitsgewinnes (ist billiger als Somatisieren)
- Erfüllung der Forderung: Hilfe zur Selbsthilfe
- Senkung der Materialkosten (Nachweis)

---

[27] Erst in der zweiten Ausbaustufe/-linie wurden auch Impulse für sog. geriatrische und gerontologische Klienten (von meinen Kolleginnen M. Riedl und M. L. Jerabek sowie in der Folge auch einigen anderen) erforscht.

- teilweise Senkung der Pflegegebühren und Pflegetage
- Einführung einer sinnvollen Kurzzeitpflege
- Transferierungsverminderung
- Trend zur vermehrten vorbereiteten Entlassung mit Begleitpflege (Übergangspflege)

Ziele für Pflegepersonen

Modelle geben einen Halt, einen Sinn in der Pflege, machen sie zu einem selbständigen Beruf und wirken somit der traurigen Situation einer Institution im Hier und Jetzt entgegen. Sie sind Maßnahmen, mit denen man von Ersatzhandlungen und Projektionen – wie Arztpflege, Nachtkästchenpflege, Flucht vom Krankenbett – zurück in die Pflege gelangen kann, in die wir alle einmal wollten. Sie sind Mittel, für die Pflege wieder Zeit zu gewinnen. Die „späte Freiheit" der Betagten benötigt Zeit, über die wir aber bei einer Grundpflegequalität normalerweise nicht verfügen.

Das Modell ist auch ein Mittel gegen eine zu hohe Medikation, da ein Mehr an Pflege ein Weniger an Medikation bedeutet. Das Modell fördert darüber hinaus die Ich-Identität des Pflegers und damit des Klienten, denn eigenverantwortliches Arbeiten erhöht die Berufszufriedenheit, und das ist mehr als die Erhöhung unseres Gehalts. Durch ein Mehr an Kompetenz und Öffentlichkeitsarbeit wird eine Steigerung des Berufsimages erreicht. Nur wir selbst können unseren Berufsstatus erhöhen.

Das psychogene Pflegemodell soll zur Professionalisierung der Pflege beitragen und die psychogene Pflege dabei in den Vordergrund rücken.

Zielvorgabe

Schon allein meine Zielvorgabe, Eigenständigkeiten in der psychischen Pflege zu finden (bzw. zu konstruieren), stellte mich vorerst einmal vor die Frage, *was* denn eigentlich psychische, seelische Pflege sei bzw. *welche Art* der Pflege wir Ausübenden per Gesetz überhaupt durchführen könnten.

Ich denke, daß jede Form von Reden an sich schon eine Art Psychotherapie ist; man beeinflußt mit Reden andere Leute. Dies tut ja im Grunde auch ein Friseur oder eine Kosmetikerin. Wo liegt dann der Unterschied zu uns?

Betreiben wir vielleicht

- *Theologische Seelsorge?*
  Sie beachtet den ganzen Menschen und sorgt/befürsorgt all sein Leid. Grundthese der pastoralen Seelsorge ist „Schafherde und Hirte".
- *Lebensberatung?*
  Diese Form ist kommerziell durch das Gewerberecht vergeben und entspricht daher nicht ethisch-pflegerischen Wertmustern.
- *Personenzentrierte Pflege?*
  Hilfreiche Beziehung, Wertschätzung, erfordert das Mittun des Klienten,

fällt also bei Erkrankungen mit Therapie- und Krankheitsuneinsichtigkeit aus.

- *Homöopathie?*
  Personotrope Medizin, also Medizin für eine bestimmte Person in ihrer Gesamtheit, in all ihrer Unverwechselbarkeit, in ihrem individuellen Schicksal, in ihren bestimmten Ausprägungen und mit den Einflüssen, denen sie ausgesetzt ist. Die Homöopathie versucht, diese ganz bestimmte Person in ihrer Einmaligkeit in der Welt zu erfassen. Es gibt nur gesunde oder kranke Menschen, nicht ein gesundes oder krankes Organ.
- *Psychohygienische Maßnahmen?*
  Diese sind aber ebenfalls nur für Gesunde geeignet und daher als Prävention gedacht.
- *Humane Medizin?*
  Vermenschlichung, rücksichtsvolle Handhabung von Apparaten, freundlicher Umgang.
- *Co-therapeutische Pflege?*
  Meistens im Sinne von Mithelfen bei psychotherapeutischen Maßnahmen, als Helfer der Psychologen oder von paramedizinischem Personal.
- *Sozialarbeit?*
  Besorgen von Pensionen, Heimplätzen, Straßenbahnfahrscheinen
- *Psychotherapie?*

Nun ich denke, wir machen aus den oben angegebenen Möglichkeiten eine Mischung. Um aber professionell arbeiten zu können, müssen wir die Möglichkeiten vermehren und vorwiegend auf schon anerkannte Methoden zurückgreifen.

Pflege sollte nicht täglich das Rad neu erfinden.

Es gibt Machtkämpfe darüber, wer Psychotherapie betreiben darf und wer nicht, wobei feststeht, daß gerade auf diesem Gebiet sehr viel an Scharlatanerie betrieben wird. Es gibt Menschen, die den inneren Drang spüren, sich helfend (auch aus eigener Erkrankung heraus) und verstehend einem anderen zuzuwenden, und oft fühlen sie sich als Psychotherapeuten.

Aus diesem Grund werden verschiedene Definitionsbegriffe angeschnitten, um klarzumachen, daß sich Pflegediagnose, Übergangspflege usw. nicht in dem Bereich der aufdeckenden oder psychotherapeutischen Linie befindet und sich von macht- und standespolitischen, aber auch von kommerziellen Fragen ausklammert.

Unter den vielen Definitionen des Begriffes Psychotherapie kann man gewisse Gemeinsamkeiten erkennen: „*Psychotherapie ist ein geplanter interaktioneller Prozeß; sie bessert Verhaltensstörungen, Leidenszustände (auch verdeckte), sie behandelt Behandlungsbedürftige. Die Heilungsdurchführung erfolgt mittels verbaler, aber auch mittels averbaler Mittel.*“ (H. STROTZKA, 1978)

Das Pflege-Handling in meinem Modell würde ich heute als Mischung zwischen Casework und mäeutischem Konzept sehen.

- *Casework*

Ist eine von vielen Methoden der modernen Sozialarbeit und hat als etablierte Arbeitsform die längste Tradition. Florence HOLLIS (1971) versteht Casework als „psychosoziale Pflegemethode“, welche sowohl die innerseelischen als auch die äußeren sozialen Umstände für gestörtes Verhalten in Betracht zieht und sich bemüht, den Menschen zu befähigen, seine Bedürfnisse umfassend zu befriedigen und in seinen zwischenmenschlichen Beziehungen angemessen zu handeln.

Nach John FEUERMANN (1969) ist soziale Einzelhilfe ein Prozeß, der von bestimmten Sozialdiensten angewendet wird, um Menschen zu helfen, mit ihren Problemen im sozialen Bereich besser fertig zu werden.

Wenn Casework auch eine besondere Form von Individualhilfe ist, dürfen wir nicht vergessen, daß der Mensch ein soziales Wesen ist und wir ihn in jenen Voraussetzungen mobilisieren müssen, welche ihm eine bessere Anpassung im Rahmen seiner Umwelt ermöglichen (Übergangspflege). Man versucht den Klienten einzubeziehen, um zu einer echten Problemlösung zu kommen (Pflegediagnose).

BANG (1959) meint, daß ein sehr wesentliches Detail im Rahmen der Casework-Methode die Erstellung einer *Falldiagnose* am Beginn jeder Fallarbeit ist. Es muß versucht werden, die Ursachen, welche zu diesem Notfall geführt haben, zu erkennen, warum sie nicht von dem Betreffenden alleine gelöst werden können und welche problemlösenden Möglichkeiten (*Impulse*) zur Verfügung stehen.

- *Mäeutisches Pflegekonzept*

Wie bereits erwähnt, ist mein Modell nicht an der Sichtweise der primären Hirnleistungsschwäche (und den Gedächtnistrainings) orientiert, sondern vielmehr an der emotionalen Schiene unserer Klienten. Daher würde ich nach den neuesten Pflegeterminologien mein Modell am ehesten in das aus Holland stammende „Mäeutische Pflegekonzept“ einreihen.

Die Holländer verstehen unter mäeutischem System eine Art „erlebnisorientierte Pflege“. Moderne Nachfolger wie Cora VAN DER KOOIJ versuchen nun, dieses Konzept mit der Validation des SNOUSELEN und dem assoziativen R.O.T. (Sinnesaktivierung) in Verbindung zu bringen.

Abweichung des BÖHM-Modells

Der Begriff „mäeutisch“ geht auf SOKRATES, den Urheber des Begriffes der weiblichen Intuition, zurück und soll begrifflich die Geburtshilfe der weiblichen Intuition, die Fachdidaktik und die Organisation der Pflege miteinander verbinden. SOKRATES benutzte den Begriff „Mäeutik“, um im Dialog durch geschickte Fragen aus dem Gesprächspartner authentische Antworten und Einsichten herauszuholen.

Die Holländer verwenden heute diesen Begriff in der Bedeutung von Nähe, Intimität, Sicherheit und Geborgenheit.

Ich kann mich mit dem ersten Teil der Ansicht, der „Erlebnissituation" identifizieren. Im zweiten Teil finden sich in meinem Modell allerdings Unterschiede. Ich glaube, daß man nicht nur im Sinne der Intuition oder der Gefühle pflegen sollte, sondern daß vielmehr die Gefühle der Klienten eine fachliche Beantwortung durch das Personal erfahren sollten. Und das bedeutet, daß ein Studium der biographischen Szene unerläßlich ist.

Die Befragungssituation nach C. R. ROGERS[28] sehe ich ebenfalls als nicht ganz zutreffend, da unsere Klienten ja auf den verschiedensten Ebenen ihrer Gefühle anzutreffen sind und daher die Erhebung, die Interaktion auf der jeweiligen Erlebnisebene stattzufinden hat.

Forschungen auf der Ebene von Gefühlen sind schwierig, da Gefühle an sich nicht meßbar sind. Unser Parameter kann daher maximal eine Befindensverbesserung für den Klienten im Sinne eines geänderten Verhaltens beschreiben. Diese wird – wie Sie bereits wissen – mit Hilfe der Interaktionsstufen 1–7 gemessen (siehe Seite 182).

4.8 Klassische und BÖHMsche Pflege-Handlings

Die Pflegemaßnahmen, Standards, Qualitäten werden heute in **klassische** und **psychobiographische Methoden** unterteilt.

a) Die klassische Methode

der Pflegeimpulse umfaßt die Grundpflege, die Behandlungspflege sowie eigenständige Pflegeaufgaben.

Die Literatur zu den klassischen Methoden spiegelt allerdings noch immer Überlegungen wider, daß alle Abbauerscheinungen des Gehirns auf Gedächtnisspeicherstörungen (Noopsyche) zurückzuführen sind – und damit führt sie zur Irreversibilitätstheorie.

Daraus ergeben sich in der Praxis folgende ***Setting-Angebote:***

1. Diverse *Trainingsprogramme*, zugeschnitten auf das tägliche Leben:
   - Orientierungstraining
   - lebenspraktisches Training
   - Straßen- und Verkehrstraining
   - Kochtraining, etc.
2. *Paramedizinische Methoden:*
   - Beschäftigungstherapie

---

[28] Rien VERDULT versucht die Gesprächstherapie von C. R. ROGERS (Client Centered Therapy) in geänderter Form für Demenzpatienten umzusetzen.

- Arbeitstherapie
- physikalische Maßnahmen

3. *Soziotherapeutische Methoden:*
   - Streichelzoo
   - Angehörigengruppe
   - Gesprächsrunde
   - Zeitungsrunde
   - Patientenparlament

b) Die psychobiographische Pflege

baut auf der Gefühlslage und der Biographie des alten Menschen auf. Das vorliegende Buch zeigt die Unterschiede zu anderen Methoden auf.

5. Theorieableitung

Die Theorieableitung setzt eine eigene Theoriebildung voraus.

Meine Theoriebildung läßt sich von meinem ersten Buch[29] über alle meine Publikationen verfolgen. Mir ging es immer darum, das „Warum pflege ich?“ zu erforschen, vor allem aber darum, das problematische, auffällige Verhalten von psychogeriatrischen Klienten nicht den Theorien der sog. primären Demenzen unterordnen zu wollen. Dies brachte mich methodisch zur Routine-integrierten-Aktionsforschung schlechthin (K. PURZNER)[30]. Mein beruflicher Lebensweg, aber auch meine Forschungen führten mich dazu, folgende Theorien als Subsumationsmuster zu verwenden:

- Dynamische Sozialpsychiatrie
- Reversibilitätstheorie
- Sozialanthropologie
- Milieutherapie
- Prägungsforschung
- Humanethologie
- Psychosomatische Medizin
- Persönlichkeitsschichtlehre
- Ersatzhandlungen

5.1 Dynamische Psychiatrie und Sozialpsychiatrie

Die primäre Pflegeausrichtung in diesem Modell orientiert sich an Prof. P. BERNER und dessen psychischem Unterteilungsschema von Leitsymptomen und Begleitsymptomen sowie deren unterschiedlichem Sitz in der Thymopsyche bzw. Noopsyche.

Diese Unterteilung der Seele (Tab. 2) deckt sich mit meinen immer wieder verwendeten Sätzen:

„Es stirbt der Geist und nicht das Gefühl.“

„Heute werden die Menschen älter als es ihre Seele verkraftet.“

Da ich als primären Ausgangspunkt meiner Forschung die Unterteilung nach BERNER verwendete (aber auch, wie ich schon erwähnte, Parameter benötigte), dauerte es nicht lange, bis ich auf die Idee verfiel, das Prägungsphänomen der ersten Lebensjahre zu durchleuchten. Dies führte dazu, daß ich immer mehr auf sehr kindliche Abwehrmechanismen stieß. Diese erinnerten mich an BERNERs thymopsychisches Verhalten, sodaß der nächste Schritt darin bestand, die Kinderzeit in vier Anteile zu zerlegen und diese wieder einer siebenstelligen noothymopsychischen Skala zu unterwerfen.

---

[29] „Krankenpflege – Brücke in den Alltag“, Psychiatrie Verlag 1985

[30] In: Böhm, E.: Alte verstehen, Nachwort

Tabelle 2: Unterteilung der Seelenfunktionen nach BERNER

Noopsyche / Störungen	***Leitsymptome***
Bewußtsein	Beeinträchtigung des Kurz- und Langzeitgedächtnisses
Orientierung	Beeinträchtigung des abstrakten Denkens
Sensorium	Beeinträchtigung des Urteilsvermögens
Mnestik	andere Beeinträchtigungen der kortikalen Funktionen
Intelligenz	Aphasie, Apraxie, Agnosie
Gedächtnis	Beeinträchtigung der ATL aus physischen Gründen
Denken	Beeinträchtigung, Verwahrlosung aus physischen Gründen
Tests Mini-Mental-State (FOLSTEIN) Syndromkurztest nach ERZIGKEIT MWT (Mehrfachwahl-Wortschatztest) FAST (Functional Assessment Staging – ATL) !!!	

Thymopsyche / Störungen	***Begleitsymptome***
Stimmung	Veränderungen der Persönlichkeit
Befindlichkeit	depressive Verstimmungen
Affekte	gestörtes Sozialverhalten
Antrieb	Schlaf-wach-Rhythmusstörung
Psychomotorik	Nachlassen der ATL aus psychischen Gründen
Triebe	Vernachlässigungen aus psychischen Gründen
Vegetativum	
Tests GDS (Global Deterioration Scale) BÖHMscher Erreichbarkeitsparameter	

Benehmen/Verhalten			**Ich-Interaktionsstufen** (erforscht von G. ROTT)
12–25jährige	➔	*noopsychisch* ➔	16 bis jetzt
6–12jährige	➔	*thymopsychisch* ➔	10 bis 16
3–6jährige	➔	*thymopsychisch* ➔	3 bis 10
1–3jährige	➔	*thymopsychisch* ➔	1 bis 3

Die sich daraus abzeichnenden emotionalen Erreichbarkeitsstufen decken sich (fast) mit der (erst viel später publizierten) von der WHO erarbeiteten Global Deterioration Scale (GDS). Die in Tabelle 3 gezeigte Skala wurde ursprünglich von REISBERG, FERRIS, DE LEON und CROOK (1982) beschrieben und beinhaltet ebenfalls 7 Stufen.

Deutlich ist allerdings zu erkennen, daß REISBERG von pathophysiologischen Begriffen ausgeht, wohingegen ich Situationen des Lebens zur Beurteilung heranziehe.

5.2 Reversibilitätstheoretischer Ansatz (ideologischer Ansatz)

Es kann der Begriff der Demenz nicht länger im alten Sinn eines irreparablen Defekts aufrechterhalten werden, sagte L. CIOMPI. Diese Aussage führte auch in Europa zum Reversibilitätsdenken.

Tabelle 3: Gesprächsebenen und „Gefühlserreichbarkeit“

BÖHMsche Erreichbarkeitsstufen nach thymopsychischen Mustern zur Erhebung und therapeutischen Pflege (empirische Pflegeforschung)		***Global Deterioration Scale (GDS) nach REISBERG, FERRIS, DE LEON, CROOK zur Diagnose (wissenschaftliche Subsumtion)***	
Aktivieren 1 Sozialisation	Erlebtes aus der primären und sekundären Sozialisation	*1. Stadium*	kein kognitives Defizit
Aktivieren 2 Mutterwitz	je Region und Milieu	*2. Stadium*	leichtes kognitives Defizit bzw. leichtes anamnestisches Defizit
Re-aktivieren 3 psycho-soziale Grundbedürfnisse	aus dem Leben Verinnerlichtes	*3. Stadium*	leichter kognitiver Ausfall
Re-aktivieren 4 Prägungen	ritualisierte Muster aus Aphorismen, Sprüche. Was macht mich wichtig (als Bauer, Bürgerlicher, Arbeiterkind)?	*4. Stadium*	mäßiges kognitives Defizit mit ausgeprägtem Defizit in den folgenden Bereichen: – schlecht informiert über aktuelles Geschehen – Erinnerungslücken – Konzentrationsschwächen – kann komplexe Aufgaben nicht mehr bewältigen
Re-aktivieren 5 Triebe	höhere/niedere Antriebe, Motive	*5. Stadium*	mittleres kognitives Defizit, beginnende Demenz
Re-aktivieren 6 Intuition	Aberglaube, Volkstum, Brauchtum, Talisman, Rituale, Mythen, magisches Denken	*6. Stadium*	schweres kognitives Defizit, Phase der mittleren Demenz
Re-aktivieren 7 Urkommunikation	erste Lebensjahre, Urängste, Urvertrauen	*7. Stadium*	sehr schweres kognitives Defizit

Als multidimensionaler Ansatz brachte dies eine Änderung der Struktur psychischer und somatischer Ideologien und Inhalte. In der Folge entstanden negative Halo-Effekte bewirkende Diagnosen, wie z.B. die senile Demenz.

Die Behauptung, daß jemand an M. ALZHEIMER leide, kann die Idee der sekundären Demenzen fördern, also Gesundheits- statt Krankheitsideologien unterstützen. Daß ich diese Ideologie mit Begeisterung aufgegriffen und verfolgt habe, ist wohl klar; immerhin läßt ja die biographische Auslegung Reversibilität zu.

5.3 Sozialanthropologischer, kulturanthropologischer Ansatz

Ist eine Verbindung zwischen Ethologie und Tiefenpsychologie, bei der relativ einfache, fixierte Wertsysteme und Kindererziehungstechniken bestimmter Persönlichkeitsmerkmale als gemeinsames Kulturgut (kollektiv) erforscht werden und wurden.

5.4 Milieutherapeutischer Ansatz

Aufgrund der Pawlow'schen Reflexlehre wurde die reine Milieutheorie von COMTE und TAINE aufgestellt (diese gilt allerdings heute als überholt).

Milieu ist die Bezeichnung für die allgemeinen äußeren Lebensumstände und Bedingungen (klimatische, wirtschaftlich-soziale, gesellschaftliche Umweltbedingungen, etc.), die den Menschen beeinflussen.

5.5 Prägungsforschung und konditioniertes Lernen[31]

Prägung sagt, daß ein angeborener Auslösungsmechanismus nicht von vornherein wirksam ist, sondern erlernt wird (konditioniert). Wenn bei mehreren Menschen dieselben Merkmale stärker ausgeprägt sind, kann man diese als typisch bezeichnen, so als ob sie wirklich alle aus ein und demselben Prägungsmoment hervorgegangen wären: Dicke, magere, heißblütige Südländer, kühle Nordländer, Frau und Mann.

Die *erste Typenlehre* stammt von HIPPOKRATES. Er begründete die Temperamentenlehre. In der Folge haben sich viele Autoren mit Typen und Typenprägungen beschäftigt.

E. KRETSCHMER unterschied je nach vorherrschendem *Temperament*:

Zyklothyme	*Schizothyme*
geschwätzig Heitere	vornehm Feinsinnige
ruhige Humoristen	weltfremde Idealisten
stille Gemütsmenschen	kühle Herrennaturen
bequeme Genießer	trockene Lahme
tatkräftige Praktiker	

C. G. JUNG änderte die Typen in *Extrovertierte* und *Introvertierte*.

Typologie und Lebensauffassung, Weltanschauung

nach G. SIMMEL	nach E. SPRANGER
Heilige	theoretische Menschen
Künstler	ästhetische Menschen
Denker	religiöse Menschen
	ökonomische Menschen
	Machtmenschen
	soziale Menschen

Typen nach A. ADLER und dessen Schüler KÜNKEL:

Das menschliche Kind ist von Natur aus relativ minderwertig, denn es ist ja völlig auf die Hilfe der Erwachsenen angewiesen. Es stellt täglich seine Ohn-

[31] Prägungs- und Sozialisationsforschung (K. LORENZ)

macht fest, sodaß es zu schablonenartigen Überkompensationen kommt und diese geprägt, konditioniert werden.

So kann auch der Geltungstrieb bei Alten *aktive oder passive Symptome* zeigen:

- verweichlicht
- verhärtet
- aktiv
- passiv

Die Praxis von ADLER und KÜNKEL ist eher auf die Erziehung – „Individualität" der Prägungen – ausgerichtet.

Jedes Verhalten ist die Summe aus kognitiven, emotionalen und motorischen Vorgängen. Lernen bedeutet, daß ein Individuum auf einen bestimmten Reiz eine bestimmte Reaktion zeigt, sodaß viele Reaktionsweisen oder – wie ich sie nenne – Copings als erlernt beschrieben werden können.

Im Alter lernt man Wichtiges von Unwichtigem zu unterscheiden. Wobei „wichtig" und „unwichtig" im Alter anders bewertet wird als in der Jugend.

Auf einen Reiz folgt eine Reaktion.

REIZ (S)	*REAKTION (R)*
Frage	Antwort
Richtig beantwortete Fragen ...	... ergeben das Gefühl der Freude.
Der dunkle Keller ...	... erzeugt Angst in Form von Herzklopfen, etc.[32]
Angst ist somit biographisch erlernt:	– Phobien – Angst vor einem Spital – Angst vor ärztlichem Personal, etc.
Reize ...	... erzeugen Phänomene.
Folklore:	
– „Die brauche ich nur zu sehen,	und mir geht die Galle über."
– „Ich betrete die Anstalt,	und mir wird schon schlecht."
– Angst vor einem Bett ...	„... denn im Bett sterben die Leut'."

In den Beispielen (siehe Arbeitsbuch) werden Sie sehen, daß sehr viele Reaktionen unserer Klienten auf **frühere konditionierte Verhaltensmuster** zurückgehen (und richtige wie falsch erlernte Reaktionen zu beobachten sind).

Als konditioniert kann man aber auch Erwartungen bezeichnen, sodaß jede von Patienten falsch interpretierte Situation zu einer **Fehlerwartung, Fehleinstellung** und damit auch zu einer **inadäquaten Reaktion** führen kann (Abb. 8).

[32] Der Pawlow'sche Hund ist als klassisches Konditionieren in die Literatur eingegangen.

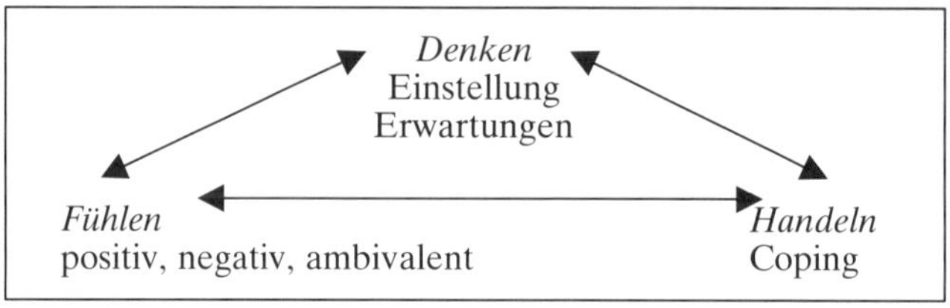

Abb. 8: Das Lernen von Gefühlen

Diese Verhaltensstörung im Alter passiert deshalb, da die in der Noopsyche gespeicherten Einstellungen und Erwartungen, die für die Erzeugung eines Gefühls notwendig sind, nicht ordnungsgemäß entschlüsselt werden können bzw. Schlüsselreize aus der Biographie nicht unbedingt den Erwartungen der Klienten entsprechen.[33]

Gerade diese von uns nicht erwarteten Reaktionen führen in der Pflege zur Frustration auf beiden Seiten.

Schlüsselreiz	***Erwartungshaltung***	***Reaktion***
Wir geben dem Klienten sein so geliebtes Schmalzbrot.	Er erwartet Schmalz von früher mit etwas ranzigem Geschmack.	Da es nicht ranzig schmeckt, also seinen Vorstellungen nicht entspricht, reagiert er mit Zorn statt Freude.

5.6 Humanethologie

Beziehungen erlernen

Wir lernen Mensch zu sein, beziehungsfähig zu werden.[34]

Signalsprache

Menschen, die aufgrund einer Einschränkung nicht mehr reden können (Status post Apoplexie, Apraxien, etc.) oder aufgrund ihrer verminderten Hirnleistung keine Mitteilung mehr geben können, kommunizieren mit uns in ihrer gewohnten „Signalsprache".

Diese ist vom Pflegenden zu erlernen, da das Nichterkennen des Signales Angst oder Aggressionen hervorruft. Wir können diese Signalsprache, die unserem Verhaltenskodex entspricht, aus der Pantomime lernen.[35]

Angeborene Verhaltensweisen beim Menschen

Menschliches Verhalten (in unserem Sinne Interaktionsstufe 6 und 7, siehe S. 189/192) scheint primär biologisch zu sein. Alle Kulturen, die EIBL-EIBELS-

[33] kognitive Emotionstheorie nach SCHACHTER
[34] Diese Beschreibung finden Sie im Kapitel „Menschen- und Weltbild" ab Seite 32.
[35] Samy MOLCHO „Körpersprache der Kinder", Claude BONNAFONT „Die Botschaften der Körpersprache"

FELDT durchstreifte, also auch jene, die von unserer Form der Kommunikation noch keine Ahnung haben, agieren gleich. Ihre Gemütsregungen sind ganz ähnlich den unseren, sie geben dieselben mimischen und gestischen Zeichen ab, die ich heute als Signalsprache oder Daheim-Gefühl bezeichne.

Daß sich die Verhaltensmuster in weit entfernten und historisch unverknüpften Gesellschaften wiederfinden, ist ein Indiz dafür, daß sich dieses Grundrepertoire an Verhaltensformen zwischenmenschlicher Kommunikation unabhängig voneinander, nämlich auf der Basis der allen Menschen gemeinsamen Biologie entwickelt hat.

Auch bei der Beobachtung des Verhaltens von zerebral dekompensierten Klienten kann man weltweit die gleiche Signalsprache, die Pantomime beobachten.

Anscheinend entzweit die Menschheit nur die Sprache. Die Körperhaltung bringt zum Ausdruck, was in einem Menschen wirklich vorgeht.

Sehr viele Signaläußerungen gehen auf einen bestimmten, ebenfalls gleichbleibenden Schlüsselreiz zurück. Wir erkennen unsere Klienten an der Signalsprache.

Der Mensch (und auch das Tier) entwickelt sich in **zwei Phasen**:

Die frühe Phase

ist nach innen gerichtet. Das Kind erlebt Belohnung und Schutz sowie Sicherheit.

In der zweiten Phase

wendet man sich nach außen, man sucht alleine seinen Weg. Die Mutter beschränkt ihren Schutz auf ernste Gefährdungen.

Pathologisch:

Zu enge Bindung bringt unselbständige, mit einem Tick versehene Menschen hervor. Man wiederholt etwas rhythmisch, bis man Sicherheit hat. Dieses rhythmische Bewegen

- erinnert an den mütterlichen Herzschlag,
- Schaukeltick.

Bei ***Normalen*** kommt dieses Phänomen in Streßsituationen vor:

- Man trommelt mit Bleistift auf Tisch,
- krampft rhythmisch die Handtasche,
- läßt seinen Körper nach links und rechts fallen,
- marschiert unruhig herum,
- streicht sich über den Bart, das Kinn.

Hier einige Beispiele der Signalsprache (ohne besondere Ordnung)

Kindchen-Schema

Jeder Mensch fällt instinkthaft auf das Kindchen-Schema herein. Wir und unsere Klienten lieben alles, was große Augen hat. Baby-Puppe und Teddybär, ja selbst Schwestern mit großen Augen werden daher geliebt.

Mutter-Kind-Signale

Mutter-Kind-Bindungen sind stammesgeschichtlich. Das Kind klammert sich an die Mutter, die Mutter an das Kind. Sie bilden die erste Interaktionsgemeinschaft und verhalten sich spiegelbildlich. Diese Bindung führt aber sofort zum Nachteil – der Trennungsangst, die bei den Klienten folgende Symptome zeigt:

- Patienten weinen, schreien, fühlen sich alleine
- Saugen bei Angst, Beruhigungssaugen
- Daumenlutschen, Rauchen, Trinken

Weinen als Signal

Man ist normal, sicher, wenn man als Signal weint.

- Weinen ist ein starkes Signal, das kaum jemand aushalten kann.
- Es rührt meistens von echter Not her!
- Weinen kann aber auch Trotz, Protest, etwas erzwingen wollen sein. Dann sollte man jedoch nicht trösten, denn der Erfolg verstärkt, und das Symptom wird in der Folge unkorrigierbar.

Babysprache

Wird von Mutter zu Kind, vom Kind zur Puppe eingesetzt. Auch alte Kranke werden oft mit dieser Babysprache angesprochen.

Babysprache ist erweiterte Fürsorge; daher sollte man in der Pflege die Babysprache (Omi, Opa usw.) vergessen!

Signal der Reizüberflutung

- Patient dreht den Kopf weg
- auch bei Angst vor etwas Neuem

Wiederholungsrituale

Schmerzhafte Zuwendung erhöht die Flucht zur Mutter (Kind oder Klient glaubt, „das kann meine Mutter nicht tun“ und kommt öfter).

- Schmerz und Angst verstärken das Bindungsverhalten.
- Schwester nach Trauer will pflegen.

Suchen nach Sicherheit

Betagte, die kein Urvertrauen haben, ohne feste Bindung sind, haben Angst vor allem Neuen. Die Angstschwelle ist zu groß, da sie schlechte Erfahrungen haben, aber keinen Fluchtort.

- Sie suchen Sicherheitsobjekte;
- Mutter-Ersatz-Objekte;
- weiche Lappen, Schmuseobjekte, Kuscheltiere;
- Fremdeln („Achtmonatsangst"):
- bei Annäherung eines Fremden furchtsames Weglaufen zu Bekannten oder zur Mutter, um Schutz zu suchen;
- Scheu vor Fremden ist ein Dilemma zwischen Neugier und Ängstlichkeit.

Selbständigkeit/Unselbständigkeit

Eltern müssen Grenzen setzen, um die Machtverhältnisse zu klären, aber die Selbständigkeit zu fördern. Überbesorgtheit führt zur Verunsicherung des Kindes.

- Es lernt nicht, sich anzupassen und zu warten.
- Einzelkinder, Wechselkinder

Signale beim Kontakt zu Fremden

Kontaktanbahnung ist ein komplizierter Moment. Einerseits will man andere kennenlernen, andererseits hat man Angst vor Fremden, daher ist im Gesicht oft beides zu erkennen.

- aufforderndes Lächeln, aber verbissen
- Blickkontakt und Wegdrehen des Kopfes
- Anblicken und Lächeln (effektivste Aufforderungssignale)

Signal bei Konflikten

- sinnlose Übersprungshandlungen
- Vögel putzen sich, wenn ein Gegner kommt
- Mensch kratzt sich am Kopf, wenn er mit seinem Gegenüber schimpfen will. Ist der Trieb zu groß, wurde zu lange abstinent gelebt, wird die gesamte Kette ausgelassen, und es kommt sofort zur Endhandlung (Ejaculatio praecox).
- Oder es werden, weil zwei innere Antriebe da sind, beide auf einmal wirksam (Flucht und Angriff). Dies ergibt eine sinnlose Handlung.
- Im Kampf wird plötzlich Gras gezupft (Triebtausch).
- Krawatte richten, Zigarette anzünden

Signale der Alpha-Position

Entstehen sie durch eine angeborene Neigung?

Welchen Einfluß haben Erziehung und Kultur?

- überlegene Kraft durch Aggression
- „Hackordnung am Hühnerhof"; jeder peckt jeden, bis er der erste ist.

- Dominanzstruktur findet sich bei allen Lebewesen!
- Zu zweit ist man stärker als alleine!
- Gruppe von Pflegern gegen aggressiven Patienten
- Patient geht aus dem Felde, kein Kampf

Der Alpha-Klient braucht heute Kompetenz, Information, Intelligenz neben Kraft.

Signale in der Spiel- und Basteltherapie

Sind wie die Rangordnung unter Kindern:

- Streit um Spielzeug (Konflikte, Aggressivität, Recht des Stärkeren)
- dominant aggressive Kinder: zeigen von Haus aus aggressiveres Verhalten, ärgern grundlos andere, stänkern
- Anführerkinder: nehmen am Wettbewerb teil, imponieren viel häufiger als andere, greifen aber kaum an. Sie sind konstruktiv; ihre Anhängerschaft wird größer als bei nur aggressiven Kindern.
- Alpha-Menschen werden angeschaut. Wenn ein Chef da ist, schauen alle zu ihm. Ist er weg, werden die Beta-Personen angeschaut, dann bekommen sie Zuwendung und die Chefposition. Sie steigen im Ansehen, wenn sie mit Rangniedrigeren zusammen sind.
- schwache Schwestern/arme Patienten

Signal des Wichtigmachens

Es geht darum, auf sich aufmerksam zu machen:

- mit Aggression
- durch Anmalen, Kleidung, etc.
- durch Wissen
- Verhaltensweisen, die zum Erfolg führen, wurden geprägt.

Mädchen	***Buben***
Frieden stiften, um zu beschützen	Ranghöhere fördern
unterstützen Schwache	unterstützen Starke
Ignorieren von ranghöheren Frauen	Kampf um Platz
Streben nach Ansehen	Streben nach Macht
Sammlerin	Jäger

Spiele

Spiel ist eine freiwillige Handlung, eine Beschäftigung und ersetzt den Verlust der Mutter, ist demnach eine Ersatzhandlung aufgrund eines Defizits.

- Spielgesicht: gerundeter, offener Mund
- Ich will nichts anderes als mit dir spielen!
- Frauenbindungen und Spiele
- Männerbindungen und Spiele als Sozialisation

– Buschkinder haben freie Spielwahl; trotzdem identifizieren sie sich mit ihren Geschlechtsgenossen.
– „Angeborenes Verlangen“
– Frauen bevorzugen Tanz, Rhythmusspiele
– Spiele geben die Möglichkeit, von der familiären Prägung zur sekundären Sozialisation zu gelangen.
– Ist man Einzelkind, Kindergartenkind? Hat man Geben und Nehmen gelernt?

Signalsprache „Kampf“

– Demutsgebärde beim Tier: heißt Tötungshemmung
– beim Menschen: mitleidheischend
– abhängig von Tonfall und Tradition

Signale der Neugier

Neugier ist als Erkundungsverhalten bekannt. Ist ein Mensch nicht neugierig, dann ist er „weg vom Fenster“. Man benötigt Neugier für den Nahrungstrieb (Was hat der da im Teller?), aber auch zur Selbstverteidigung (Wer kommt da?). Alle jungen Affen sind neugierig, aber ihre Stärke schwindet im Alter (dann werden sie Opfer).[36]

– Man muß sich mit Vorsicht nähern!
– Vielleicht sollte man aus dem Wege gehen!
– Wenn wir aus dem Weg gehen, versäumen wir etwas?

Dies macht man, bis man genug Erfahrungen gesammelt hat, dann nimmt das Interesse am Leben ab.

Kinder sind besonders neugierig:

F: Sie haben sich aufgeführt wie eine Herde wilder Tiere.

Impuls:

Kinder und Menschen in der Interaktionsstufe 6 und 7 (siehe S. 189/192) lieben alles, was laut ist, was sich bewegt: Ballons, die durch den Raum fliegen, feuchten Sand, der sich leicht formen läßt, Zeichnen, Trommeln, Tanzen.

Signalsprache der Nahrung

Früher waren wir Jäger. Heute können Männer nicht mehr Jäger spielen, aber sie spielen „Arbeiten gehen“. Arbeiten heißt wagen, planen, jemanden rücksichtslos zur Strecke bringen.

Man jagte in Jagdgemeinschaften – natürlich männlicher Art –, und dies macht man noch heute. Jagen ist aber ein Spiel, das mit Glück zu tun hat. Man jagte nie mit den stärksten Waffen, sondern ließ auch dem Tier eine

[36] Jede Antwort auf eine Frage läßt sofort eine neue Frage entstehen. Neophilie (Liebe zum Neuen)

Chance. Daher wurde das Glück beim Jagen zum Glücksspiel schlechthin umgewandelt (Ersatzhandlung).

- Männerklubs, Abzeichen, Uniformen
- Selber essen macht fett!
- Wir essen warm (wie die frische Beute), die Temperatur wird simuliert.

In Spannungszuständen versuchen wir ein „Übersprungsfressen" als Spannungslöser (Beispiel: Kaugummi – zur Spannungslösung).

Signale der Körperpflege (sozial)

Körperpflege bei den Tieren ist die Putzhandlung.

Ein Affe, der putzen möchte, signalisiert seine Absicht einem anderen, der vielleicht geputzt werden möchte, mit einer ganz charakteristischen Mimik: schnelles Schmatzen mit der Lippe.

Die soziale Körperpflege ist auf gegenseitige Hilfe abgestellt; freundlich-friedliche Stimmung des Schmatzens.

Signale, „Mensch" zu sein

Nachmachen einer Klammerreaktion des Kleinkindes als Signal-Lächeln statt Schmatzen.

- Ersatz für die Einladung zum Putzen
- Putzsprechen (grooming, talking)
- höfliches Plaudern
- Verstärkung des begrüßenden Lächelns
- Ersatz für sozialen Körperkontakt
- weiterer Ersatz: Flauschiges zum Anziehen, Pelze, Samtkissen, Plüsch, Friseurbesuch
- Heute setzt man als Ersatz berufsmäßige „Putzer" ein: Friseure, Pflegepersonal, Masseure usw.

Putzverhalten

- Tätowierungen, Auszupfen der Haare, Maniküren, Durchstechen der Ohrläppchen
- medizinische Betreuung
- medizinische Fürsorge
- Hauptausdruck ist animalisches Körperpflegeverhalten
- Verlangen nach Körperpflege bei jeder kleinen Unpäßlichkeit
- stärkere Aufmerksamkeit

Jedes Symptom wird zum Signal:

Die Schauspielerin bekommt Halsweh, der Boxer Muskelkrämpfe; umgekehrt hätte es keinen Sinn.

Freundliche Hilfestellung wirkt schon. Ist das Bedürfnis nach Pflege stark, nimmt auch die Krankheit zu (hilflos im Bett); die Wirkung ist verhaltensbedingt.

Wir alle sind in einem solchen Ausmaß sowohl verhinderte Pfleger als auch verhinderte Gepflegte. Die Befriedigung, die das Sorgen für einen Kranken verschafft, ist ebenso tief verwurzelt wie das Bedürfnis, selbst gepflegt zu werden. Manche haben ein derart großes Krankenpflegebedürfnis, daß sie das Kranksein des Patienten in die Länge ziehen, damit sie nur ja ihrem Pflegetrieb recht ausgiebig Genüge tun können.

Die Beziehung zwischen Pflegenden und Gepflegten steigert sich schließlich so weit, daß eine Situation geschaffen wird, in der ein chronisch Kranker ständige Fürsorge braucht (und erhält).

Heilung ist – wie ein Wunder – durch die Trennung von Pflegenden und Gepflegten möglich.

5.7 Psychosomatische Sicht Alternder – RADEBOLD-Theorien

Vorwiegend durch E. RINGEL (1991), später durch H. RADEBOLD wurden die psychosomatischen Erkrankungen des Betagten beschrieben. RINGEL meint, daß sehr viele Alterserkrankungen durch falschen Lebensstil entstünden und daß der Lebensstil der betroffenen Persönlichkeit von ausschlaggebender Bedeutung sei.

Vorwiegend handelt es sich dabei um:

Essentielle Hypertonie: Menschen, die ständig einer ungewöhnlich hohen Spannung ausgesetzt sind oder waren, die sich aufopfern und stets in Pflichterfüllung stehen, haben einen erhöhten Blutdruck zu erwarten. Solche Menschen standen biographisch gesehen in der Kindheit oft unter besonderem Druck der Eltern (Vater eher psychotoxisch als Mutter). Sie haben nie gelernt, sich gegen diesen Druck zu wehren.

Der *Herzinfarkt* ist aus psychosomatischer Sicht und tiefenpsychologisch interpretiert eine Erkrankung bei Menschen, die einen besonderen Lebensstil an den Tag legen. Die Kindheit dieser Patienten ist oft ein Ringen um die Liebe der Eltern, die bedroht erscheint. Um nicht aufzufallen und um die Liebe nicht zu verlieren, wird alles eingesetzt, was man zu bieten hat.

Karzinom: Wenn die Lebensgeschichte in einer scheinbar hoffnungslosen Situation ist, reagiert man mit einer Art Selbstmord. Manche Patienten erzeugen aufgrund eines Verlustes, zum Beispiel des Partners, einen neuen Partner – ein Karzinom.

Psychosomatische Dekompensationen: Nach RINGEL gibt es bei Menschen, die isoliert sind, akute psychosomatische Dekompensationen, die zum Rückzug und Todestrieb entarten. Er beschreibt vorwiegend Todesfälle, die plötzlich im Spital auftreten, weil sich der Patient, der an sich schon isoliert war, plötzlich und zusätzlich unnütz und ausgeschlossen vorkommt. Diese Patienten sterben mit wenigen körperlich begründbaren Symptomen.

Die Umweltpsychologie beschreibt sehr häufig Fälle, in denen nachgewiesen wird, daß selbst eine Heimeinweisung (als Coping-Beraubung) zur Verschlechterung des Gesamtbildes und dadurch erst zur Multimorbidität führen kann. Die Heimaufnahme ist ja ein Entzug der eigenen Kontrolle. Dieser Kontrollentzug („Ich steuere mein Leben, ich bin, ich kann") kann unter Umständen zur Hilflosigkeit beim parasympathikotonen und zur Agitiertheit beim sympathikotonen Typ führen.

Vor allem den symptomspezifischen Anteil in der Demenz habe ich an den Thesen von RADEBOLD und seiner psychosomatischen Sicht des Alters subsumiert. Der primäre Gedankengang von RADEBOLD ist der, daß im Alter Neurosen wieder verstärkt auftreten und daß gerade die Regression häufig eine Ursache der zerebralen Dekompensation darstellt (H. RADEBOLD, 1997).

5.8 Persönlichkeitsschichtlehre

Sigmund FREUD unterteilte die Persönlichkeit in drei Stufen, die er *Es*, *Über-Ich* und *Ich* nannte.

Unter dem ***Es*** versteht FREUD den unteren triebhaften Pol der Psyche (dessen Inhalt jedoch unbewußt bleibt). Er ist teils archaischer, teils individueller Natur und wird von Triebregungen und Wunschtendenzen beherrscht, die zunächst ohne Beachtung der Realisierungsmöglichkeiten auftreten, sodaß Konflikte mit dem Ich und Über-Ich entstehen.

Das ***Über-Ich*** hat gegenüber dem Ich die Rolle eines Zensors bzw. eines Richters und läßt Wünsche des Es in unveränderter oder abgewandelter Form zu oder verwirft sie gemäß den gegebenen Maßstäben. Das Über-Ich ist die Vertretung aller moralischen Beschränkungen, der Anwalt des Strebens nach Vervollkommnung, kurz das, was uns von dem sogenannten Höheren im Menschenleben psychologisch greifbar geworden ist. Auch die Tätigkeit des Über-Ich bleibt unbewußt. Es ist somit Vertreter des moralischen Gesetzes, das zugleich die Einhaltung der Gesetze überwacht. Diese Über-Ich-Normen wurden, vorwiegend auf dem Land, durch die Nachbarschaftshilfe aufrechterhalten. Die Nachbarn wurden bei Streitigkeiten in der Familie informiert, und so wurde ein öffentliches Urteil erzwungen und erreicht. Man hat erzieherisch eingegriffen, wenn es Mißstände gab. Man hat zum Beispiel, wenn eine Frau ihren Mann geschlagen hatte, das Dach des Hauses abgedeckt – wer sich vor den Schlägen seiner Frau nicht hüten kann, der soll sich auch vor dem Wetter nicht schützen können. Man sperrte Eheleute in einen Turm mit nur einem Messer, einer Gabel und einem Bett ein, bis sie gelernt hatten, sich zu vertragen.

Das Ich in der psychoanalytischen Theorie ist schließlich der Mittler zwischen Individuum und Realität sowie zwischen Es und Über-Ich. Ihm obliegt die Wahrnehmung der Außenwelt und die Anpassung. Wahrscheinlich soll dieses Ich mit dem 25. Lebensjahr emanzipiert sein.

Stellt man nun die Realität und den Umgang damit um 1900 der Schichtlehre gegenüber, dann ergibt sich häufig folgendes Lebensbild aus dieser Zeit: Um 1900 wie auch heute sind die Menschen mit einem Trieb (Es) auf die Welt gekommen. Schlüsselreize führten dazu, daß der Trieb ein Begehren auslöste. Allerdings konnte man um diese Zeit fast keinen der Triebe wirklich stillen, denn:

- Der Nahrungstrieb konnte kaum befriedigt werden, weil zu wenig zum Essen da war.
- Die Sexualität konnte sich nicht frei entfalten, aus Angst vor unerwünschten Kindern und der Prüderie im bürgerlichen Milieu.
- Der Aggressionstrieb ließ sich ebenfalls kaum ausleben, da man in ständiger Angst vor Entlassungen leben mußte (hohe Arbeitslosigkeit – da war man mit der Überkompensation schon besser aufgehoben; man schuftete bis zum Umfallen).

Das bedeutet, daß das Ausleben des Trieblebens mit einem dazugehörenden *Lustgewinn* kaum durchzuführen war; man mußte – ob man wollte oder nicht – „angepaßt" sein. Weil man sich aber nicht alle Freuden des Lebens nehmen lassen wollte, griff man verstärkt auf die verschiedensten *Ersatzhandlungen* zurück: sich Bescheiden, Religiosität, Opfer bringen, Ertragen.

Um den Trieb gar nicht erst „auszulösen", werden Schlüsselreize verhindert. Man weiß zum Beispiel aus der Literatur, daß Gefühlsüberschwang oder Zärtlichkeiten zwischen Bauersleuten unmöglich waren. Keiner näherte sich dem anderen zum Austausch von Zärtlichkeiten. Liebe ist den Bauern etwas Ungeziemendes, Albernes, Vernarrtes. „Was sollen die Leute denken", war die Reaktion. So wurde sehr häufig als Ersatzhandlung sublimiert: Sexualität mit Macht getauscht (FREUD), überkompensiert (ADLER) oder per Folkloremaßnahmen beantwortet.[37]

F: „Nichts geht über den Hausfrieden", sagt der Bauer, und prügelt seine Frau.
„Das Nötigste zuerst", sagte der Bauer, dann prügelte er seine Frau und ließ das Pferd im Graben liegen.
„Es ist bloß meine Frau ertrunken, ich dachte schon meine Kuh!"
Es raucht in allen Küchen.
Liebe geht durch den Magen.

Über die *Folklore* drückte man alles aus, was in der Gesellschaft toleriert wurde. Für sich selbst wählte man vorwiegend *Trostsprüche* als Ersatzhandlungen. Es ist eine Tatsache, daß man um 1900 bis 1925, prägungsphänomenal gesehen, ob man nun wollte oder nicht, heiraten mußte, um versorgt zu sein. Um das Dorfansehen genießen zu können, mußte man eine brave, angepaßte

[37] siehe Verwendung von Aphorismen als einem therapeutischen Grundsatz nach BÖHM (Aphorismensammlung siehe Arbeitsbuch)

Frau werden: Liebe hin oder her, das nackte Leben mußte gerettet werden. Auch die ehemals in die Ehe gezwungene Frau konnte ihre Triebe nicht leben, diese aber wohl umfunktionieren. Sie mußte sich ja förmlich einreden, daß ihre Ehe gut sei, daß der Gatte der beste sei, den sie je bekommen konnte. Und so mußte sie letztendlich daraus den Schluß ziehen, daß der „eigene Herd Goldes wert" war. Natürlich mußte sie sich auch einen rund 20 Jahre älteren Mann nehmen, denn die Jungen hatten ja nichts. Wenn die Realität nicht zu ihrer Gefühlswelt (Triebwelt) paßte, griff sie (wie auch heute noch) zu Ersatzsprüchen und befriedigte sich mit dem „Trost", daß es ja den anderen noch schlechter gehe.

Auch die Männer haben teilweise Frauen geheiratet, die nicht unbedingt ihren sexuellen Wünschen entsprachen. Der Mann hatte jedoch meistens die Möglichkeit, statt der Trostsprüche die Überkompensation in der Berufswelt zu suchen. Dem Mann in der einfachen Gesellschaft ging es meist darum, in seinem Dorf, Bezirk oder in der Familie tüchtig zu sein. Schaffte er dies in der Firma nicht, wählte er z.B. das Gasthaus, um der tüchtigste Trinker, Kartenspieler usw. zu sein.

Trostsprüche sind Ersatzhandlungen im Sinne des Modells und werden auch heute noch von unseren Klienten verwendet. Es sind eben nicht nur Redensarten, sondern Gefühle, die aus einer bestimmten Zeitepoche und aus einer bestimmten Milieusituation heraus wirken. Sie sind streng volks- oder religionsspezifisch und können positive oder negative Gefühle erzeugen.

Im Kapitel Erhebung (siehe S. 169), aber auch bei den Impulsen im Arbeitsbuch werden wir sehen, daß man diese Volkssprüche auch heute noch als Reizmittel zur Vigilanzsteigerung einsetzen kann.

Alan DUNDES (1985) behauptet, daß man sogar den Charakter eines Volkes bzw. einer Nation aus den verschiedenen „Sprüchen" herauslesen kann. Untersuchungen des Nationalcharakters (und ihrer Ersatzhandlungssprüche) bestehen darin, daß die Materialien bereits existieren, bevor der Forscher mit seiner Untersuchung beginnt. In jenen Gegenden, in denen die Sitten recht hoch gehalten wurden, gibt es demnach auch die meisten Ersatzhandlungssprüche. Statt der Sexualität wird eben der Brauch, der häusliche Herd, die Sitte hochgehalten.

5.9 Ersatzhandlungen als Coping-Muster

Abwehrmechanismen nach VAILLANT (1993)

Nach VAILLANT gibt es verschiedene Abwehrmechanismen (bei FREUD Ersatzhandlungen genannt), die er als „Immunsystem der Seele" bezeichnet. Gerade diese Abwehrmechanismen kann man in der Praxis des Modells wiedererkennen und als normale bis schwere Verhaltenseigenarten beschreiben (vgl. Tab. 4).

Tabelle 4: Unterteilung der Abwehrmechanismen nach VAILLANT

Abwehrmechanismen	***Verhaltensstörung im Alter***
Reife Abwehrmechanismen: Altruismus Sublimation Unterdrückung der Kontrolle Antizipation oder Vorwegnahme Humor	*keine* Verhaltensauffälligkeiten
Neurotische Abwehrmechanismen: Verschiebung Rationalisierung Intellektualisierung Verdrängung Reaktionsbildung	*leichte* Verhaltensstörungen
Unreife Abwehrmechanismen: Projektion Phantasien Hypochondrie passive Aggression/Selbstbestrafung Ausagieren	*mittelschwere* Verhaltensstörungen
Psychotische Abwehrmechanismen: wahnhafte Projektion Verleugnung Realitätsverzerrung	*schwere* Verhaltensstörungen

6. Verwendete Untersuchungsmethoden

Bei der Untersuchung im Modell stehen einander die *Objektivität* des Verhaltens und die *Subjektivität* des Erlebens gegenüber.

Wenn der Geist nicht mehr weiter weiß, begibt er sich auf die Ebene der Intuition; wir handeln per Gefühl. So, wie der Säugling, der ohne weiteres durch seine Emotionen und sein Allmächtigkeitsgefühl die gebildete, wissende Mutter außer Kraft setzen kann, setzt der Klient mit seinem Gefühl aus der Tiefe seiner Seele auch uns Pflegende außer Kraft. Er gewinnt wie der Säugling alle Spielchen. So ist die Krankenschwester genauso ohnmächtig wie die Mutter: Wenn sie der Säugling (der Klient) tyrannisieren will, dann schafft er es auch. Er erreicht alles, was er will: Hat er jetzt Durst, wird dieser gestillt, weint er, weil kein Licht im Kinderzimmer brennt, wird es wohl oder übel aufgedreht werden müssen.

Die Gefühlsbetonten, aus dem Bauchraum heraus Agierenden gewinnen immer (manchmal auch KollegInnen). Die Pflegeperson steigt aus mit dem uns schon bekannten Burnout-Syndrom, wenn sie nicht die Reaktionen und Aktionen des Klienten kennenlernt.

Gerade aber zur Emotion ist sehr wenig in der Literatur zu finden. Dies stammt daher, daß bis heute keine eindeutige systematische Messung (und daher Forschung) von Gefühlen und Einschätzungen existiert. Die Qualitäten kommen von Klienten und müssen so genommen werden, wie sie sind, ob sie nun objektiv stimmen oder nicht. Niemand kann nachmessen, wie gefühlt wird.

So war auch ich gezwungen, die wenigen Arbeiten über Affekte, Angst und Gefühlszustände, Angstsignale, libidinöse Emotionen, Emotionsreihen, über Ärger, Zorn und Wut, die man als objektbezogene Arbeiten bezeichnen könnte, heranzuziehen (Tab. 5).

Tabelle 5: Zusammenhänge zwischen Affekten, physiologischen Reaktionen, Ausdrucksmustern und Auslösern

Affekte	*physiologische Reaktionen*	*Ausdrucksmuster*	*Auslöser*
Furcht	Körper kalt	Gesicht	Gefahr, z.B. allein zu sein
Trauer	Körper kalt	Weinen	Beziehungsprobleme
Freude	Wärmegefühl	Lachen, Lächeln	wird am häufigsten durch Beziehungen zu anderen Personen ausgelöst; ferner durch Leistungssituationen
Ärger	Hitzewallungen	Sprachart	durch Interaktionen mit Fremden, die sich nicht an die übliche Norm halten
Scham, Schuld			herabgesetztes Selbstbild
Abscheu			wird von anderen Personen ausgelöst

Heute weiß man, daß Gefühle wahrscheinlich im limbischen System im Gehirn liegen, welches zugleich als Alarmanlage fungiert. Dieses System prüft unentwegt alle Reize aus der Umgebung und läßt einen Menschen abrupt innehalten, wenn ihm irgend etwas nicht ganz geheuer ist. Gehemmte Menschen haben vermutlich ein besonders empfindliches limbisches System, das bei geringstem Anlaß die Notbremse zieht. Daher reagieren sie auch mit einem besonders hohen Puls und besonders vielen Streßhormonen auf schon geringe seelische Belastungen.

Wie auch immer, unsere Klienten erfassen oft mehr als wir selbst. H. STROTZKA (1990) sagte, daß ein Patient oft allein aufgrund der Sprachart, Sprachgeschwindigkeit und Körpersignale die Einstellung des Pflegers erkennen kann, ohne daß er den Inhalt des Gesprochenen verstehen muß. So sind durch diese Ausdrucksmuster dem Klienten, aber auch dem Pfleger Türen und Tore zum gegenseitigen Erkennen eröffnet. Emotionen werden im täglichen Umgang mit unserer Umwelt ausgelöst und lösen selbst bestimmte Ausdrucksmuster aus. Diese Reaktionen dürften einen universellen, biologisch festgelegten Ablauf haben.

Um Verhaltensstörungen einerseits nachweisen bzw. ihre Änderungen auch festhalten zu können, bediente ich mich folgender *Untersuchungsmethoden:*

1. Wahrnehmung (Sehen)
2. Assoziation zum Zeitgeist und zu Ersatzhandlungen sowie der Signalsprache
3. Interpretation aufgrund des aus dem Zeitgeist stammenden Normalitätsprinzips
4. Hypothesenbildung in der Subsumation von Theorien (Ableitungen)
5. Pflegeintervention
6. Evaluierung (aufgrund des Regelkreises)

7. Evaluierung

Erfolgt mit

- den BÖHMschen Interaktions- oder Erreichbarkeitsparametern sowie anhand der Entlassungszahlen (dzt. über 12.000 Klienten vom Psychiatrischen Krankenhaus Wien);
- Diplomarbeit Maria RIEDL;
- Diplomarbeit Wenzel LUKAS;
- anhand des Nachweises über verminderte Pflegetage sowie einer Statistik der Materialkostensenkungen.

8. Begleitforschung

Abgeschlossene Projekte: Projekt des Krankenanstaltenverbundes (KAV), Margit ERNST, Wiener Krankenanstaltenverbund; Sozialstation Tempelhof Berlin; Diplomarbeit von Maria RIEDL mit wissenschaftlicher Begleitung; Diplomarbeit von Alois WALLNER mit wissenschaftlicher Begleitung; sowie zahlreicher anderer Kolleginnen und Kollegen.

In Arbeit befindliche Projekte: Erweiterte Forschung durch die Einführung des Modells an einer psychogeriatrischen Station; Projektleiter Walter KRIZ.

9. Praktische Nützlichkeit und soziale Signifikation

In ganz Europa befinden wir uns in einer tiefgreifenden Umbruchphase, die auch vor der Pflegesituation keinen Halt machen wird. Es ist ein gesellschaftlich-kultureller Umbruch, der sich vor allem mit dem Zusammenbruch des sozialen Netzes bemerkbar macht. Das Projekt des sozialdemokratischen Wohlfahrtsstaates, das die unterschiedlichen Markt- und Lebenschancen der Menschen durch Sozial- und Bildungspolitik aufzufangen versuchte und sich an die gesamte Gesellschaft als Zielgruppe wendete, kann als beerdigt gelten.[38]

Heute sind

- Generationskonflikte,
- Zweidrittelgesellschaft,
- Änderung des Pensionssystems,
- Rationalisierungsideen in Betrieben und der Pflege,
- Personalüberstand statt Pflegenotstand[39] und
- innergesellschaftliche Spaltungen

in Mode und führen in der Folge

- zur Forderung nach dem mündigen Bürger[40],
- zur Forderung nach Nachbarschaftshilfe
- und Selbsthilfegruppen.

Somit wird die kollektive Haltung in sozialen und pflegerischen Fragen verändert:

- ▶ Gutes tun wird ohne Geld nicht mehr möglich sein. (Das heißt aber auch, wenn das Geld ausgeht, geht die Barmherzigkeit der Träger aus.)
- ▶ Dies ergibt vorwiegend beim jungen Menschen, der an die „sieben fetten Jahre" gewöhnt war, unheimliche Probleme in seiner eigenen Psyche und Pflegerseele. (Gerade in den fetten Jahren sind zunehmend zentrale bürgerliche Tugenden wie Verzicht, Sparsamkeit, Selbstdisziplin zerfallen.)

Heute wird als gangbare Gegenmaßnahme der *Neokonservativismus* mit der ideologischen Wiederbelebung traditioneller Werte als Bewältigungsveruch ausprobiert.

In der Pflege bedeutet dies, einen Wertewandel von der reinen Selbstverwirklichung zu den Motiven der Leistung und der Qualität zu versuchen; wobei wir eine Qualitätsbeurteilung im Sinne einer

- Hotelleistungsqualität,
- Behandlungspflegequalität und
- eigenständigen Pflegeaufgaben-Qualität

zu versuchen haben.

---

[38] H. Keupp: „Psychosoziale Praxis in einer sich spaltenden Gesellschaft", Boltzmann-Institut Wien

[39] Wobei sich hier auch eine Spaltung zwischen Leistungsfähigen, -willigen, Qualifizierten und Ausgegrenzten bemerkbar macht.

[40] auch im Sinne der Hilfe zur Selbsthilfe (Orem, Levine)

Dem heutigen Zeitgeist entsprechend müßten die Gesundheitskosten gebremst werden, wobei auch die Gehalts- und Pflegeaufwandkosten (inkl. Windeln usw.) miteinzuschließen sind.

In der Praxis ist mein Modell (in der Folge) kostensparend. Und wie werden die Kosten gesenkt?

- ▶ durch eine Verkürzung der Verweildauer,
- ▶ dadurch, daß wir beweisen konnten, daß eine seelisch-rehabilitative Pflege billiger ist als die Apparatemedizin,
- ▶ durch Verminderung der Krankenstandstage des Personals aufgrund gesteigerter Arbeitszufriedenheit,
- ▶ durch Verminderung der Materialkosten (z.B. Windeln) usw.

Fazit:

Die heutige Zeit birgt eine Chance in sich, die Pflege neu zu gestalten und mehr von realen Grundstrukturen und Inhalten auszugehen.

Die *soziale Signifikation* meines Modelles ergibt sich aber auch aus der banalen Tatsache, allein im Psychiatrischen Krankenhaus Wien bis jetzt mehr als 12.000 psychogeriatrische Klienten mit einer Durchschnittsaufenthaltsdauer von 14,2 Tagen wieder rehabilitiert zu haben.

10. Kulturelle Kongruenz

Kultur besteht darin, bewußt alles zu vergeistigen, zu kultivieren. Wir Menschen machen Kulturpflanzen, Kulturtiere, Kulturobst und Kulturmenschen. Wir bändigen jeden Naturtrieb und damit unser eigenes Leben durch Geist und Logik (Sublimierung).

Keine Pflanze aber kann den Boden verleugnen, aus dem sie wächst. Wird eine Pflanze (oder ein Mensch) hinausgedrängt aus der Natur, in die sie hineingeboren wurde, verkümmert sie (bzw. er).

Wenn nun Menschen durch ihre Eigenart nicht mehr kultiviert erscheinen (Demenzsyndrom), unterwerfen wir sie einer kultivierten Tagesregel (Tagesstruktur), einem kultivierten Regelheim, einer mit Tagesstruktur versehenen Kulturpsychiatrie.

Wahrscheinlich ist die richtige Mischung aus Hirn und Herz eine Grundvoraussetzung, um lebensfähig, lebensaktiv, lebensnah bleiben zu können. Emotionen und Institutionen sowie die Generationen müssen einander wieder näherkommen. Passiert dies als multikulturelle Auswirkung, bin ich davon überzeugt, daß man die Zahl der heute auffälligen Betagten senken könnte.

11. Umsetzung in die Praxis

Mein Modell kann je nach Ausbildungs- und Pflegepersonalstand in vier Qualitätsebenen umgesetzt werden:

1. Gerontologische Impulse (klassisch)
2. Biologische Veränderungen werden therapiert; Normalitätsprinzip
3. Plus-Minussymptomatik
4. Symptomspezifisches Verhalten

Ab der Umsetzungshöhe 3 können Institutionen um eine Zuerkennung des **„psychogenen Pflegequalitätssignums"**, verliehen durch die *AGPK (Angewandte geriatrische und psychiatrische Krankenpflege),* ansuchen. Dieses wird nach Überprüfung und entsprechend positivem Ergebnis für zwei Jahre verliehen.

12. Nachteile des Modells

Alle zehn Jahre muß der Interpretationsanteil im Hinblick auf die geänderten nachrückenden Jahrgänge erforscht werden, wobei aber der Regelkreis nicht behindert wird.

Wir benötigen dazu Personal mit sozialgeschichtlichem Interesse. Solange dies nicht in den Pflegeschulen Einzug hält, ist eine Umsetzung des Modells nicht möglich.

Ich habe versucht, die österreichische Krankenpflege auf diesem Wege auch mit einem Pflegemodell zu versehen, das weit über die Grenzen Österreichs hinausgeht und in mehreren Institutionen nachempfunden wird. Das Modell ist von einer Pflegeperson für Pflegepersonen kreiert und soll uns die Berechtigung im Umgang mit der Seele eines Klienten geben und uns professionalisieren. Es soll nachlehr- und nachlernbar sein; zu diesem Zweck habe ich ein BÖHMsches Fortbildungsinstitut gegründet, das heute an 16 Schulen unterrichtet. Der Abschluß der Ausbildung erfolgt durch ein Zertifikat, mit dem man als Praxisanleiter für dieses Modell agieren kann.

Ich schenke Dir diesen Baum
(Harald Braem)

Ich schenke
dir diesen Baum. Aber nur,
wenn du ihn wachsen läßt, da wo
er steht; denn Bäume sind keine Ware,
die man einfach mitnehmen kann. Sie keimen
und wurzeln in unserer Erde, werden hoch
wie ein Haus und vielleicht sogar älter als
du. Ich schenke dir diesen Baum, das Grün sei-
ner Blätter, den Wind in den Zweigen, die Stim-
men der Vögel dazu und den Schatten, den er
im Sommer gibt. Ich schenke dir diesen Baum,
nimm ihn wie einen Freund, besuche ihn oft, aber
versuche nicht, ihn zu ändern. So
wirst du sehen, daß du
viel von ihm ler-
nen kannst.
Eines Tages
sogar seine
Weisheit und
Ruhe. Auch wir sind nämlich Bäume,
die in Bewegung geraten sind.

Teil II
Seelenphänomenologie – Orientierung im Modell

1. Heimaterde

Im Alter ändert sich der Mensch nicht mehr oder nur selten; er gleicht einem Baum, der mit seinem Stamm, seinen Ästen eine feste Gestalt angenommen hat. In der Jugend ist der Mensch wie ein junger Baum, bei dem man wohl vermuten kann, wie der Stamm wachsen wird, ob gerade oder krumm. Man kann aber noch nicht mit Sicherheit sagen, wo die Zweige stärker kommen und welche Richtung sie einschlagen werden.

Im Alter ist der Charakter mehr ausgeprägt, und die Seelenzustände sind gleichsam kristallisiert. Die Neigungen des Menschen, die guten und die schlechten, sind dem Baum zur zweiten Natur geworden. Die Entwicklung des Baumes wird also von vielen Bedingungen bestimmt, und der Boden, auf dem er wächst, ist seine „Heimaterde".

1.1 Die Seele als verborgene Lebenskraft

Was ist denn Seele eigentlich, und warum wird es immer nötiger, sich mit ihr zu beschäftigen? Ein Beispiel: Wenn wir uns vorstellen, wir könnten alles um uns herum entfernen, sogar das Weltall, alles Vorstellbare, einfach alles – so bliebe doch etwas übrig, das wahrnimmt, daß alles weg ist. Machen Sie den Versuch und entfernen Sie gedanklich zuerst Ihren Körper, dann den Raum, der um Sie herum ist, danach die Erde usw. Es geht nur solange, bis nur noch das übrig ist, was wahrnimmt. Dieses „Über-Sinnliche" ist immer noch da, wenn alle Sinne abgeschaltet sind, es liegt über den Sinnen – wir nennen es Seele. Wir können wahrnehmen, daß etwas ist (Intuition) – selbst mit geschlossenen Augen und zugehaltenen Ohren nehmen wir wahr, wenn ein Mensch den Raum betritt.

- Wir fühlen, ob das, was ist, für uns angenehm oder unangenehm ist: *fühlen/subjektiv bewerten.*
- Wir können es beschreiben – *denken/erkennen* – und wissen dann, was es ist.
- Wenn wir es berühren – *empfinden/Körperlichkeit* – reagieren wir mit unserem Körper darauf.

Die Seele lebt durch die äußere und innere Wahrnehmung. Die äußeren Reize stellen optische, akustische und taktile Einflüsse dar, die innere Wahrnehmung wird von unserer eigenen bildreichen Vorstellung gestaltet. Wir sind sozusagen in uns und im Dasein.

Beispiel:

Wir nehmen unter vielen Menschen einen wahr, erfassen ihn intuitiv.	Wahrnehmung/Intuition
Unsere Seele reagiert auf diese Botschaft.	Aktivierung/Fokussierung des Bewußtseins
Wir fühlen diesen Menschen und stellen fest, daß er sehr angenehm ist.	Fühlen/Gefühl/Wertung
Unser Denken sagt uns, ob es ein Mann ist oder eine Frau, ob er/sie jung oder alt ist, etc.	Denken/Objektbeschreibung
Es entsteht eine erotische Spannung und das Bedürfnis, den anderen zu berühren.	Empfinden/Körperreaktionen/Bedürfnis-erweckung
Wir verlieben uns.	Die Seele reagiert, wir blühen auf, erleben Freude.

Mit der Phantasie, einem anderen Aspekt unserer Seele, können wir unsere Wahrnehmungen, Gefühle und Empfindungen sozusagen bearbeiten und verändern. Diese Phantasie bezieht ihre Nahrung aus der reichen Innenwelt, der Bilderwelt unserer Seele. Wir können uns auch aus der Assoziation von vielen Geschichterln oder Stories des Lebens etwas vorstellen, und schon passiert in und um uns etwas ganz Seltsames. Wir ändern unsere Einstellung und können uns das Leben plötzlich positiv vorstellen. Wir sehen ein hübsches Mädchen und spüren etwas: Verliebtheit. Wir hören das Presto einer Sonate, und unser Herz schlägt schneller. Und beim Adagio umgekehrt. Wir werden bei manchen Arbeiten schon beim Zuschauen müde. Man vermag zu fühlen, was fremde Leute tun, ja sogar was mit ihnen geschieht.

Nicht zuletzt hängt unsere Stimmung auch mit der Stimme zusammen. Man redet in hoher Stimmlage, wenn man heiter ist, muß sich aber bemühen, keine rauhe Stimme zu bekommen, wenn man verstimmt ist. Energische, begeisterungsfähige Menschen sind viel weniger anfällig für Infektionen als depressive oder sensible Personen. Mit Beschwörung kann man Warzen wegbekommen, mit Entspannungsübungen sich entspannen, ist man traurig, läßt man den Kopf hängen, ist man glücklich, strahlt man – im wahrsten Sinne des Wortes.

Dies und noch viel mehr kann die Seele. Dies und noch viel mehr nennt man be-seelt, be-lebt sein.

1.2 Erinnerung, Gedächtnis und Psyche

Wir haben uns bisher mit dem Inhalt meiner empirischen Pflegeforschung beschäftigt. Nun werden wir die Gefühle, um die es in den Erreichbarkeitsstufen 1–7 (siehe S. 179) ging, mit Erinnerungen bzw. verinnerlichtem Material in Verbindung bringen.

Allgemein wird behauptet, daß alte Leute sich vom Getriebe der Gegenwart zurückziehen und vorwiegend in der Erinnerung leben. Dieselben alten Leute aber klagen, daß ihr Gedächtnis immer schlechter werde. Also wird wohl unter „Erinnerung“ nicht ganz das gleiche zu verstehen sein wie unter Gedächtnis. Beides bezieht sich auf Vergangenes. Ein *Gedächtnis* hat man für Daten, Hausnummern, Jahreszahlen, Gesichter oder für Vokabeln, die man auswendiggelernt hat.

Dem Wort *Erinnerung* aber hört man schon an, daß es mehr im Inneren wurzelt. Auswendiglernen oder mechanisch behalten kann man das Gleichgültigste, oder man kann es eben nicht mehr. Was man sich aber innerlich angeeignet hat, besteht nicht in bloßen Tatsachen, die einem zu Gesicht oder zu Ohren gekommen sind. Bei der Erinnerung handelt es sich um Bestandteile des eigenen Lebens, also um Tatsachen, die eine positive oder negative Bedeutung haben und dem Lebenszusammenhang als sinnbestimmend zugeordnet sind.

Erinnern ist der Bezug auf Innen, man erinnert sich an Gewesenes, mag es nun erledigt sein oder noch immer aufregend, mag es beglückend sein oder quälend: Der alte Mensch kann dem Schicksal nicht entfliehen, sich mit Erinnerungen zu beschäftigen, es sei denn, er will sie bewußt in die Flucht schlagen, oder er wird desorientiert oder stirbt. *Gedächtnis* (rationale Leistung) und *Erinnerung* (emotionale Aktion) ergeben zusammen gesehen *Lebenszusammenhänge* aus den *Geschichterln*, aus der *Folklore* und den *Copings* unserer Klienten und uns selbst. Wir werden in der seelischen Pflege also zu „Erinnerungstherapeuten“.

Obwohl es fraglich ist, ob die Vergegenwärtigung von Vergangenem immer mit Glücksgefühlen verbunden ist, wollen wir mit der *positiven Psychobiographie* beginnen. Ganz unbemerkt treibt unser Inneres ein wenig Schönfärberei, z.B.: Eine Reise, die nur hätte schön sein sollen, ist durch anhaltende Zahnschmerzen verdorben worden, die erwartete Post von daheim blieb aus, die Hitze war unerträglich und der Lärm vor dem Hotel unerhört. Aber dies ist alles versunken und vergessen. Geblieben sind nur die Bilder der herrlichen Landschaft, des frohen Hinauswanderns, der Eindruck unvergleichlicher Kunstwerke. Die Erinnerung läßt die Originalerlebnisse nicht unverändert. Sie färbt um, und zwar überwiegend in helle Farben. Sie wählt aus und läßt, wie der Künstler, manches überhaupt weg, was zur Sache gehörte. Die Selektion erfolgt ganz unbewußt nach verschiedenen Gesichtspunkten:

- Handelt es sich um Dinge, die in der Vergangenheit angestrebt wurden, so bleibt das Nebensächliche fort.
- Handelt es sich um verstorbene Freunde, so werden ihnen Bilder von den blühenden Ranken der Sympathie gemalt.
- Alles was Heimat war, wird in der Erinnerung so schön, wie eigentlich gar kein Fleck der Erde sein kann.

So, wie es die Schönfärberei gibt, gibt es natürlich auch die Schwarzfärberei in unserer Erinnerung. Das ist jene, die nicht von der guten, sondern von der schlechten alten Zeit spricht. Es werden meist unbewältigte Aufgaben selektiert, die noch im Raum stehen, also Lebensbilanzierungen, in denen die

Gesamtbilanz schlecht abschneidet, d.h. *negative Psychobiographien*. Man begreift, daß man eigentlich gar nicht wirklich gelebt hat, daß man etwas versäumt hat, das nicht mehr nachzuholen ist. Dies zählt zu den intimsten Erinnerungen.

Die Seele der Betagten ist vorwiegend als *Erinnerung an Gefühle* und die sich daraus ergebenden Auswirkungen zu betrachten. Es gilt, die Betagtenseele durch Erinnerungsarbeit zu *reaktivieren* und nicht ein Realitätsorientierungstraining im Hier und Jetzt durchzuführen.

Das Herzstück der Böhm'schen Seelenpflege beruht auf gefühlsbekannten Lebensstrategien und Coping-Mechanismen unserer Klienten auf der Ebene des derzeitigen „Seelenstatus" mit der Pflegemöglichkeit, Ehemaliges, Bewußtes, Gespeichertes wieder hervorzuholen und abzurufen. Das heißt mit anderen Worten: Aufleben durch Wiederbeleben von Alterlebtem.

Psychobiographische Inhalte sind vorwiegend *Stories, Folkloresituationen, Moralprägungen* und *Copings*, wie sie schon im vorangegangenen Kapitel beschrieben wurden. Sie sind das Basismaterial zur Erstellung der Pflegediagnose, da sie die Gefühlsaspekte des einzelnen widerspiegeln. Fast uninteressant sind hingegen Gedächtnisdaten wie Geburtsdatum, Beruf usw., da diese nicht verinnerlicht wurden, sondern im Gehirn gespeichert sind.

Die *Folklore* drückt sich sehr häufig in geprägten Begriffen aus – „Erziehungssprüche" oder auch „Prügelsprache" genannt, weil sie zur Erziehung der Kinder beitrugen. Derartige Sprüche sind so tief in unserer Seele verwurzelt, daß es möglich ist, über sie wieder einen Zugang zum alten, in sich gekehrten Menschen zu finden (Jahrgang beachten!). Sie stellen eine wesentliche Möglichkeit dar, über das gesprochene Wort zu reaktivieren. So kann man z.B. einen Klienten, der organisch gesehen aufstehen könnte, aber liegenbleibt, da er sich im Rückzug befindet, mit dem Prügelsprache-Satz: „Na, stehlen Sie heute wieder dem Herrgott den Tag?" aus dem Bett bringen, ohne daß man ihn angreifen muß. Dies ist ein sehr effektives Beispiel dafür, wie reaktivierende Pflege auf der Grundlage der Folklore funktioniert (viele ähnliche Beispiele sind im Arbeitsbuch zu finden).

Die *Moral* ist ebenfalls ein Aspekt, der als Interpretationsbasis dienen kann. Denn gerade aufgrund der Vielschichtigkeit von Moralvorstellungen können im hohen Alter sehr oft Probleme entstehen. Wie bereits erwähnt, gibt es unter anderem die Volksmoral, Berufsmoral, christliche Moral. Wenn irgend etwas nicht zu den Moralauffassungen der Beurteiler paßt, wird der Beurteilte als unmoralisch oder unpassend verurteilt. Dies ist auch meistens bei unseren Klienten der Fall; sie passen mit ihrer heutigen Sichtweise der Dinge nicht in die heutige Moral des wissenschaftlichen, kaufmännischen, scheinangepaßten Lebens.

Abgebaute Klienten, die einen niedrigen Minimental-Status aufweisen und sich praktisch nicht mehr für Hirntrainingsprogramme eignen, werden mit Trainings der Emotionen, besser gesagt, dem Wiedererwecken von Emotionen nach den *7 emotionalen Erreichbarkeitsstufen* (siehe S. 182) betreut. Wesentlich dabei ist, daß wir unsere Klienten weder über- noch unterfordern, und dies sowohl emotional als auch rational.

Schulleistungen sind nicht alles, und Intelligenzleistung ist nicht Leben. Leben und Gefühlserfahrung sind das, worum es in unserem Modell geht. Auch wenn die heute 85jährigen dement sind, würden sie in einem nächsten Krieg mit ihren Daseinsbewältigungsstrukturen überleben, diejenigen mit einem hohen Minimental-Status nicht. Letztere würden somatisch verhungern, aber dafür geistreich bleiben!

Die mentale Forschung ist somit, zumindest teilweise, eine soziale Diskriminierung. Unsere Therapeuten trainieren ja jene Anteile des Gehirns, die man in der Speicherfunktion Noopsyche nennt (linke Hirnhälfte). Diese Areale sind aber, wie wir erkennen können, von Haus aus mehr oder weniger insuffizient. Daher überfordern wir den psychogeriatrischen Klienten und machen das insuffiziente Gehirn noch insuffizienter. Die Klienten regredieren schneller oder gehen gar in den Destruktionstrieb über und werden aggressiv (ihr Coping). Ausnahmen sind jene Klienten, die immer schon gebastelt oder gesungen haben, oder jene, die eben nur gerontologische Fälle sind.

Ich möchte an dieser Stelle nochmals betonen, daß Klienten, die sich in einer Übergangsphase befinden (biologisch veränderte Betagte, pseudoneurasthenische Syndrome), natürlich auch mit kognitiven Trainings belastet werden können. Psychogeriatrische Klienten oder eben überforderte Klienten (Coping-Verlust nach Heimaufnahme) sollten daher mit emotionalem Training nach Böhm (rechte Hirnhälfte) beginnen und, wenn es therapeutisch möglich ist, im Anschluß daran auch rationale, kognitive Trainings erfahren.

Das Modell erhebt nicht den Anspruch, alle psychogeriatrischen Patienten heilen zu können, sondern will Verhaltensänderungen beim Klienten erzeugen und eine Kompensationshilfe aufgrund von Leistungen der rechten Hirnhälfte sein. Ich bin der Ansicht, daß bei vielen Menschen beispielsweise Neurosen ein Antriebsmittel bzw. Lebensmotiv sein können. Für denjenigen, der ein Leben lang von seiner Neurose, seiner Verhaltensstörung usw. lebte, stellt diese für ihn persönlich sein spezifisches Coping dar. Nur er kennt sich damit aus, und wir sollten sein „So-sein" begreifen lernen, um damit umgehen zu können.

Die vom Arzt häufig als Symptom bezeichneten Eigenarten werden vom Modell aus seiner Prägungsgeschichte heraus nicht für krankheitswertig erklärt, sondern maximal für pflegewertig, wenn sich der Klient – innerlich im Jahre 1900 lebend – im Jahre 1999 nicht zurechtfindet. Durch die Vergegenwärtigung von alten Materialien werden positive oder negative Gefühle ausgelöst, und somit wird eine Vigilanzsteigerung auf psychischer Ebene erreicht.

Eines der vielen seelischen Phänomene – aber auch ein erklärbares – ist das Gedächtnis an sich. Wir haben Erinnerungen oder Vorstellungen. Wir betrachten die Welt mit unseren Sinnesorganen und können über diese Eindrücke aufnehmen. Wir haben Empfindungen (Input). Diese Empfindungen klingen im Hirn nicht einfach ab – es bleiben Spuren zurück, die wir, wenn wir bei Bewußtsein sind, wieder zurückrufen und uns erneut vorstellen können. Vorstellungen sind es, die wir aus dem Dunkel des Erinnerungsschatzes ins helle Bewußtsein rufen können. Es sind unterschiedliche Erinnerungen, z.B. Bewegungs-, Gehörs- oder Geschmackserinnerungen, Gesichtsvorstellungen, etc. Diese vermischen sich mit unseren Gefühlen und Willensentscheidungen und leben als Vorstellungen weiter. Sehr oft haben wir zum Beispiel unsere Schulmappe irgendwo anders gesehen; tausendmal sahen wir sie, fühlten wir sie in anderen Bildern, und alles wurde gespeichert, sodaß zu guter Letzt bei einem Wiederaufrufen alle alten Erinnerungsbilder zu einem einzigen verschmelzen und reproduziert werden. (So ist es auch vorstellbar, daß beim Desorientierten das Jahr 1994 und 1920 durcheinander kommen.)

Nun schlagen sich Vorstellungsbindungen nicht nur von einem geistigen Inhalt zum nächsten, sondern auch zum übernächsten usw. Man nennt solche Verbindungen „Assoziationen". Interessant ist, daß rückläufige Assoziationen besser lernbar und wieder vorstellbar sind als vorwärts gerichtete. So ist es zum Beispiel leichter, wenn man eine Zahlenreihe vorwärts gelernt hat, diese dann auch rückwärts aufzusagen. Erinnern wir uns nach längerer Zeit an das Wahrgenommene, so zieht infolge jener geistigen Verbindung der eine Gedanke den anderen, das eine Wort das andere ins Bewußtsein nach. Wir gehen im Wald spazieren, und plötzlich werden wir an ein lange zurückliegendes Weihnachtsfest erinnert, bei dem uns der Duft im Zimmer erfreute. Der eben wahrgenommene Tannenduft im Wald läßt uns aus dem Erinnerungsschatz eine alte Duftvorstellung ins Bewußtsein rufen, die mit der von heute verschmilzt. Wenn wir uns dadurch in jene Weihnachtszeit zurückversetzen, entstehen die mannigfachsten Bilder in unserem Kopf; die Gaben, der Weihnachtsbaum, die freudigen Augen werden wieder erlebt.

Nach heutiger Ansicht gibt es, wenn man das Gehirn als Computer betrachten will, nicht nur – wie wir früher gelernt haben – ein *Neugedächtnis* und ein *Altgedächtnis*, sondern noch viel tiefere Erinnerungsschichten, die man als *Tertiärgedächtnis* und *Kollektivgedächtnis* bezeichnet (F. VESTER 1975). Seit diesem Erklärungsversuch (der teils belächelt wird, teils anerkannt ist) wissen wir erst, warum einiges empirisch funktioniert, ohne daß wir verstehen wieso.

Das Modell sieht den Gedächtnisspeicher, die Datenbank unserer Klienten, in vier Stufen unterteilt:

1. Kurzzeitspeicher (Kurzzeitgedächtnis): Informationen aus den einzelnen Sinnesgebieten gelangen in einen Speicher mit begrenzter Behaltensleistung (beim visuellen Wahrnehmen ca. 30 Sekunden). Mangelndes Interesse, fehlende Assoziationsmöglichkeiten oder störende Zusatzwahrnehmungen lassen diese Erstinformationen wieder verblassen.

2. *Langzeitspeicher (Altgedächtnis):* übernimmt unter entsprechenden Bedingungen die Informationen aus dem Kurzzeitspeicher. Es kommt zu einer Informationsaufnahme; man prägt sich etwas ein.
3. *Tertiärgedächtnisspeicher (Alltagsgedächtnis):* Nach Irmgard KERN (1992) und Rudolf LUHR (1992) kann man tiefer sitzende Speicherungen als Alltagsgedächtnis bezeichnen. Es soll sich um jene gespeicherten Materialien handeln, die laufend benötigt und als „Routine" angesehen werden können. So ist es auch zu erklären, daß unsere alten Damen trotz nicht vorhandenem Neugedächtnis keine Schwierigkeiten haben, ihren Allesbrenner im Milieu einzuheizen, ohne dabei einen Brand auszulösen. Sehr stark im Tertiärgedächtnis geprägte Situationen können z.B. sein: Gedanken als Kind, Träume, Phantome, Gelüste, Hirngespinste, heimliche Sünden, gestohlene Freuden.
4. *Kollektivgedächtnis* ist die Bezeichnung für die Annahme, daß bestimmte gemeinsame Erfahrungen oder Vorstellungsinhalte einer Gruppe durch Vererbung der entsprechenden Gedächtnisspuren entstanden sind. Diese Annahme schreibt auch VESTER nieder. Er beschreibt, daß Zellen im Kern ebenfalls eine Art Gedächtnis besitzen. Es ist die in unseren Genen gespeicherte Erbinformation, ein Reservoir von Befehlen, Programmen und Erinnerungen in jeder Zelle, das die zahlreichen Lebensvorgänge speichert.

Nun ist es natürlich nicht so zu verstehen, daß man die Gedächtnisspeicherkästchen einzeln abrufen kann, sondern daß sich im täglichen Leben vielmehr alle Kästchen und so auch die Erinnerungen und Vorstellungen vermischen. Bei klarem Bewußtsein werden die Hauptanteile der Mischung im Neugedächtnis liegen, bei Desorientierten eher in allen Schichten der Speicherung. In der Praxis können gerade die tief unten gespeicherten Materialien am ehesten wieder aufgerufen werden, da sie emotional behaftet sind und mit Konditionierung wenig zu tun haben. Wer kennt nicht die Situation der alten Gräfin (heute Patientin), die am liebsten mit „Euer Wohlgeboren" angesprochen werden möchte, aber nicht weiß, was es heute mittag zu essen gab? Wer kennt nicht den Klienten, der das Hier und Jetzt im Spital mit einem Wirtshaus verwechselt und nach dem Ober ruft, dessen Namen er noch kennt? Es ist uns ferner bekannt, daß Betagte in Grenzsituationen wieder das Allmächtigkeitsgefühl des Säuglings annehmen und statt der Mutter nun uns mit Tränen tyrannisieren usw. Es scheint so zu sein, daß in unseren Klienten mehrere Personen zu Hause sind. Je nach Abbaugrad gewinnt die immer tiefer sitzende Person die Oberhand.

Auch in uns leben mehrere Einzelpersönlichkeiten und werden bis an das Ende unserer Tage überleben. In bezug auf das Leben im Altersheim heißt das, daß der sogenannte Generationskonflikt überall, aber wahrscheinlich in einem Heim am deutlichsten spürbar ist. Hier betreut eine Freizeitgeneration von ca. 25jährigen eine Mußarbeitergeneration von 80- und 90jährigen, die noch eine 60- oder 70-Stunden-Wochenarbeitszeit hatte. Allein schon aus dieser Situation heraus wird die sogenannte Bedürfnispflege zur Farce. Wer soll schon die Bedürfnisse einer heute 85jährigen verstehen, begreifen oder gar erfüllen?

Wenn wir nur ein wenig von den Alten verstehen wollen, müssen wir schon – wenn wir ihre Bedürfnisse ernst nehmen – die Biographie, das Daheim wenigstens kennenlernen, wenn wir sie schon nicht verstehen. Wir müssen ihr gelebtes Leben begreifen lernen, die Geschichte historisch, regional, vor allem aber singulär nachvollziehen können. Erst dann können wir von Bedürfnispflege und Ganzheitlichkeit sprechen.

1.3 Wissen oder Glauben?

Seit vielen Jahrzehnten gibt es den Streit zwischen den Weltanschauungen, ob die Seele eher mit Glauben oder mit Wissen in Zusammenhang gebracht werden könne oder ob gar beide Anteile im seelischen Leben „ganzheitlich" zusammengehören.

F: „Glauben heißt nichts wissen."

Glauben und Wissen verhalten sich für viele ähnlich zueinander wie Feuer und Wasser; sie sind unvereinbare Gegensätze. Welche Gegenüberstellung, wollte man dies auf das Verhältnis von Glauben und Wissen übertragen! Warum bekämpfen sich Hund und Katze oder – was dasselbe ist – Religion, Glaube, Emotionalität und Wissenschaft?

Die Wissenschaft stützt sich auf den Verstand. Verstand heißt im Lateinischen Ratio. Daher nennt man die Einstellung des Wissenschaftlers rational. Ist aber der Verstand der einzige Weg zur Erkenntnis? Für viele nicht, denn wo kämen denn der Glaube, die Todesangst, die Gespenster, der Geisterglaube, die Intuition oder gar der Instinkt her? Diese nennt man das Irrationale. Viele Menschen sind von Haus aus irrational eingestellt und Verstandesargumenten unzugänglich.

Der Verstand vermittelt uns Wissen, wertvolles tiefes Wissen. Das Irrationale aber wird zum Erlebnis, zur felsenfesten Überzeugung. Der Glaube an etwas schöpft seine Erkenntnisse aus der Irrationalität. Er braucht keine Beweise, denn solche sind ja schon Rationalisierung. Seine Wurzeln reichen tiefer. Deshalb betrifft das Pflegemodell mehr die unteren Schichten, also die Gefühlswelt.

Der Autor H. LHOTZKY (1917) will in der Einfachheit, im fühlenden Leben den Sinn des Lebens erkennen und meint: „Lebe ganz einfach dein Menschenleben, und je schlichter du lebst, umso klarer werden dir die Ziele im Leben. Das Rätsel Mensch läßt sich nur lösen, wenn man Mensch ist." So gesehen ist es kein Wunder, wie „gut" manche unserer abgebauten Klienten leben können, sie leben sinnlich und passen nicht mehr in unsere heutige rationale Zeit.

Auch Naturvölker deuten die unerklärlichen Dinge durch die Annahme seelischer Kräfte. Die Frage nach den verborgenen Ursachen führt sie zur allgemeinen Naturbeseelung. Animismus bezeichnet man diese Form des Glaubens und der Naturdeutung. Man kann, wenn man will, auch Geisterglauben dazu sagen. In zahlreichen Überlieferungen und Sagen lebt er fort.

Ich habe im Laufe meiner Pflegeforschung den reinen Glauben an die Wissenschaft sowie an den reinen Glauben verloren. Ich denke, das Leben ist sehr einfach und liegt in der Mitte; bei dementen Patienten und schlichten Menschen – Gott sei dank – mehr im unteren Abschnitt. Es gibt eben nicht nur kausales Wissen durch die Naturwissenschaft mit allen erklärbaren Wurzeln zu Ursachen und Wirkung. Es gibt im Menschen auch etwas „Kreatürliches", Unergründbares – etwas, das man Sinnhaftigkeit nennen sollte.

Alle Copings, Prägungen, Erfahrungen sind sinngebend und damit zweckmäßig für den jeweiligen Menschen. Diese Zweckmäßigkeiten möchte ich mit meinem Pflegemodell darstellen. Manche seelischen Vorgänge, z.B. die des Instinkts, aber auch des Glaubens, der Urkommunikation, der einfachen Lebensantriebe sind zwar zweckmäßig, aber nicht immer wissenschaftlich erklärbar. Sie sind alternative, ergänzende Maßnahmen.

1.4 Die Volksseele

Auch die Volksseele redet nur von der Erfüllung der Bedürfnisse Betagter und zeigt in Wirklichkeit emotionale Verhaltensweisen. Denn man hat, wie in den folgenden Sprüchen zu erkennen, Betagte nie geliebt oder gebraucht, sondern – ganz im Gegenteil – früh unter der Erde sehen wollen.

Folklore:

Zehn alte Weiber, elf Krankheiten.
Das Alter geht vor, sagte Eulenspiegel und stieß seine Mutter die Treppe hinunter.
Das Alter ist ungelehrig.
Das Alter ist geschwätzig.
Alte Besen wirft man ins Feuer.
Altes Dach ist schwer zu flicken.
Ein alter Narr wird selten klug.
Ein alter Pelz ist selten ohne Läuse.
Einen alten Baum soll man nicht verpflanzen.
Alte Leute, alte Häute.
Alte Leute sind wunderlich; wenn es regnet, wollen sie Heu machen.
Alte Leute werden wieder Kinder.
Alte Leute fressen auch gerne frischen Speck (junger Partner).
Alte Böcke haben harte Hörner.
Alte Esel will niemand loben.
Alte Röhren tropfen gern.
Alte Fehler halten fest.
In alten Geleisen geht es sich sicher.

Landsprüche: Wer nicht arbeitet, soll auch nicht essen.
Alte Leute und alte Schuhnägel kommen in den Tegel (Tiegel).
Alti Leut und alti Haut san Flicken net wert.
Ein alter Mann und ein altes Pferd sind nichts wert.
Eine alte Frau und eine alte Kuh sind immer noch wozu.
Eine alte Mutter im Haus ist wie ein Zaun rum.

Wie im folgenden Lied ist die Liebe zu unseren Betagten zu verstehen. Einerseits haben die Betagten rational gesehen keinen Tauschwert mehr. Andererseits müssen wir sie lieben, weil uns dies unsere Über-Ich-Norm ritualisiert vorschreibt. Jedes Zuwiderhandeln wird mit einem schlechten Gewissen bestraft. Es ist interessant zu sehen, wie viele Leute ein schlechtes Gewissen beim Gebrauch des Worts „Alte" statt „Betagte" haben.

„Ob ich will oder nicht, Du bist mein Schicksal,
denn alles Schöne verdank' ich nur Dir;
in meinem Herzen, da steht es geschrieben
ich muß Dich lieben, ob ich will oder nicht!"

Die „Volksseele" – wir selbst – befindet sich Tag und Nacht im schlechten Gewissen. Wir glauben, wir könnten den Alten etwas schuldig sein. Trotzdem zeigen Sprichwörter aus der Folklore, daß es um die Liebe zu Betagten nicht so arg bestellt ist. Immerhin gibt die Disengagement-Theorie (siehe S. 261) den Menschen das Recht, wenigstens ein bißchen böse auf die Alten zu sein, weil sie immerhin bösartig, klebrig, andersartig sein können.

1.5 Soziale Instinkte

Bei allen in Gruppen lebenden Geschöpfen, die Menschen der Frühzeit inbegriffen, haben das Zusammenwirken und die Einigkeit der Gruppe ihre Wurzeln zum Teil im Instinkt. Ameisen oder Bienen haben eine Gemeinschaft zum Überleben. Das Gemeinschaftsleben ist mechanisch, präzise, statisch. Bei den Menschen ergab sich derselbe Instinkt aus Gründen der Nahrungssuche und der Jagd, dem Überleben schlechthin. Der Instinktmechanismus führte dazu, daß man in der Familie zusammenhielt (Sippenbildung), aber alle anderen Sippen bekämpfte.

In der Entwicklung des Menschen versuchte man die Stammessitten/das Gemeinschaftsgefühl als Instinkt zu erklären. Da die kulturelle Entwicklung immer weiter voranschritt, verflachte der Instinkt; man mußte eine neue Form der Loyalität (des Zugehörigkeitsgefühls) finden und begründete die Einheit des Glaubens. In ruhigen Zeiten können wir es uns leisten, unseren Nächsten zu hassen, aber in Zeiten der Gefahr müssen wir ihn lieben, weil wir ihn brauchen oder weil das Gefühl einer gemeinsamen Gefahr uns verbindet. In normalen Zeiten hat der Fahrgast im Autobus nichts für den Nachbarn übrig, aber bei Bombenangriffen umso mehr, man fühlt sich plötzlich nebeneinander sicherer.

Der einigende Faktor ist der gemeinsame Feind (Projektion). Gibt es keine Feinde (Protestanten, Christen, Russen, Amerikaner usw.) oder keine, die Sippe einigende Gefahr, ist ein Zusammenschmieden der Menschen nicht erforderlich. Wenn wir alle Kinder Gottes sind, dann bilden wir eine große Familie. In der Praxis jedoch waren jene, die einem bestimmten Glauben angehören, schon immer der Ansicht, daß die anderen, die nicht dazugehören, keineswegs Kinder Gottes seien, sondern Kinder des Teufels, und schon beginnt der altbewährte Mechanismus, der des Hasses gegen Stammesfremde, wieder zu funktionieren. Viele Menschen sind im Krieg glücklicher als im Frieden. Beamte, die in den Krieg mußten, hatten plötzlich das Gefühl, ihrer Über-Ich-Norm entfliehen zu können, und sagten: „Jetzt lebe ich, wie die Natur es will."

Sympathikotone Patienten brauchen Abenteuer (Impulse), daher muß man den sogenannten „friedlichen" Menschen Ersatzhandlungen des Kampfes bieten, um das Leben lebenswert zu machen: Sportwettkämpfe, Identifikationsmuster im Film, Kultur und Wissenskämpfe, Tagträume von Pseudoabenteurern (jeder kraftvolle Mensch sehnt sich nach etwas, was mit „Glanz" bezeichnet werden kann). *Parasympathikotone* Patienten hingegen brauchen Sicherheit, Religion, Leben nach dem Tod, ein schönes Heim, Ruhe und Ordnung.

2. Prägungen

2.1 Daheim-Gefühl

Die Erinnerung, das Haftenbleiben im Altgedächnis oder noch tiefer, ist sehr häufig eine Flucht aus der Welt eben in diese „gute alte Zeit", wo man noch jeden kannte, wo jeder mit jedem sprach, wo Dialektausdrücke, aber auch Gerüche vertraut, bekannt und sicherheitsgebend waren. Es kann aber auch der vielleicht späte Versuch sein, doch noch ein psychosoziales Wohlbefinden zu erreichen.

Wenn man von der angenommenen Tatsache ausgeht, daß die meisten Reaktionsmerkmale und Handlungsimpulse sowie Erlebnisverarbeitungsphänomene aus der Kindheit und Jugend in das Alter mitgenommen werden und erst dadurch die persönliche Individualität entsteht, die uns nicht nur unser Ich, sondern auch unsere Sicherheit gibt, ist es keinesfalls mehr verwunderlich, daß man gerade im Alter auf bewährte (aber auch schlechte) Daseinsbewältigungsstrukturen und Copings zurückgreift.

Im Senium bzw. in jeder das Hier und Jetzt belastenden Situation (Krise) wird auf das Früher als identitätssichernde Funktion zurückgegriffen. Wer kennt nicht die Situation, wo sogar junge Menschen Freunde einladen, denen sie ihre Bilder oder Dias vom letzten Urlaub zeigen? Oder die Situation, wo selbst Junge in folkloristischer Zeremonie Weihnachten usw. spielen? Sich an der Vergangenheit zu orientieren, dürfte also auch in jungen Jahren eine Hilfe in Krisensituationen sein. Die Vergangenheitsorientierung und deren Wiedererweckung, d.h. die reaktivierende Pflege kann so gesehen nicht mit einer Lebensbilanzierung in Verbindung gebracht werden, sondern ist – ganz im Gegenteil – eine Lebensmaßnahme.

Aus dieser Tatsache läßt sich schließen, daß es sich bei Klienten, die vorwiegend in der Alt- und Tertiärgedächtnisleistung stehen, nicht unbedingt und immer um einen zerebralen Abbauprozeß handeln muß, sondern daß die Fixierung (auf die gute alte Zeit) auch ein ganz gewöhnliches Prägungsphänomen sein kann. Auch wir ertappen uns immer wieder dabei, daß wir alte Erinnerungsbilder entstehen lassen. Es erscheint sogar logisch, zurückblickend durch die Welt zu gehen, denn was ist denn nach vorne noch zu erwarten?

Das würde aber heißen, daß das Leben im Altgedächtnis kein Symptom des kalendarischen Abbaus darstellt, sondern daß es sich um eine positive Fixierung handelt, bei der er/sie sich an Vorfälle des Lebens, aber noch mehr an das Daheim von früher „gerne erinnert", ganz egal wie dieses Daheim ausgesehen hat. Das Daheim hat immer etwas Vertrautes in sich. Dies könnte aber auch heißen, daß Menschen, die sich nicht gerne erinnern (Sünden, Vergehen, Über-Ich-Normbrüche), aus dem Altgedächtnis heraus paranoide und angstbesetzte Symptome (Tatreue und Folgereue) entwickeln, wenn sie mit einem Auslösungsmoment von früher in Kontakt geraten.

Mit dem Erinnern wird die noch vorhandene kommunikative Fähigkeit stimuliert. So gesehen muß das Arbeiten aus der singulären, regionalen und historischen Biographie als psychogene *Urkommunikation*, als emotionale Basisstimulierung betrachtet werden. Vor allem jene Klienten, die sich in ihrem Leben mehr in den unteren Speicherebenen aufhalten, sind nachweisbar erstens selbstbewußter, zweitens zufriedener (gute alte Zeit) und drittens sicherer (da mit positiven Reminiszenzen ausgestattet) als solche, die eine eher negative Lebensbilanz ziehen (H. PETZOLD 1979).

Die Forschung von Charles N. LEWIS zeigt, daß die Fähigkeit, sich zu erinnern, nicht nur normal ist, sondern notwendig und wünschenswert. *„Ich erinnere mich gerne" ist demnach das Gefühl aus meinem Daheim.* Dieses Daheim ist davon abhängig, von welcher Speicherebene wir das Material beziehen. Normale Betagte werden eher ihr Daheim in der Sozialisationsebene, andere wieder in ihrem Mutterwitz sehen und erkennen können, Dekompensierte vielleicht ihr Daheim und das Heute als heilloses Durcheinander der „Jahre" empfinden, und total Hospitalisierte (Destruktionstrieb, im Rückzug befindlich) überhaupt nur noch auf die ersten Lebensjahre zurückgreifen können.

„Ich erinnere mich gerne" heißt also, auf die verschiedenen Ebenen der Gefühlsäußerungen einzugehen. So werden die noch nicht ganz verwirrten Patienten Erinnerungen an die Kindheit, stärker Abgebaute an die Phantasien ihrer Kindheit haben (Tab. 6):

Tabelle 6: Erinnerungen an die Kindheit

Noch nicht ganz Verwirrte	***Stärker abgebaute Patienten***
Kinderkram	Gedanken
Habseligkeiten von früher	Träume als Kind
alte Kleider	Phantome
Schuhe, die man geschenkt bekommen hat	Hirngespinste
erste Weihnachten	Begierden
Schleifen im Haar	Gelüste
Pfeil und Bogen	heimliche Sünden
U-Hakerl	gestohlene Freude
Kittröhrchen	
Spiel im ausgebombten Haus	
Sammeln von Altmetall	

Nicht nur schöne, sondern auch traurige Erinnerungen werden in der heutigen Psychotherapie als biographische Ansätze verwendet. So beschäftigt sich die *Reparenting-Therapie* zum Beispiel mit traurigen Erinnerungen. Man meint damit, daß der Mensch immer eine traurige Ausrede für sich selbst und sein Leben finden wird und sich auf diese beruft: „Warum bin ich so, wie ich bin? Warum nicht glücklicher, nicht zufriedener?" Diese werden auf die Eltern (und sonstige Personen aus der Biographie) projiziert. Es gibt traurige Ausreden wie: „Weil ich von meiner Mutter nicht geliebt wurde, bin ich so. Weil für mich keiner Zeit hatte, bin ich so. Weil mein Vater nie anwesend war, bin ich so."

Inner-Child-Therapie (1994) ist eine in Amerika entstandene Therapieform, in der uns unsere Kindheit aus dem Schädel quasi herausgeprügelt wird. Die Menschen werden gezüchtigt, symbolisch gestillt, oder sie tragen während der Therapie Windelhosen.

Säuglingsforschung in der Psychotherapie (Österreichische Gesellschaft für Autogenes Training, 1996): In Österreich wird es modern, Babyobservation für die Ausbildung zur psychotherapeutischen Kompetenz zu betreiben. Sie schult in besonderer Weise die Sicht für primitive (infantile) Bewältigungsmechanismen, also Basiswissen des von mir empirisch erforschten Abbaustufen-Konzepts. Babybeobachtung sensibilisiert dafür, das Baby im Patienten (und in uns) zu sehen und mit diesem Baby umgehen zu lernen.

Wir können unseren Demenz-Patienten diese Verhaltensformen nicht mehr erklären, sondern, ganz im Gegenteil, wir steigen in diese ein. Feststeht, daß das Daheim mit allen Prägungen und Gefühlen positiver oder negativer Art sein kann und singulär zum jeweiligen Klienten gehört. Um das Erzeugen von solchen altvertrauten Gefühlen geht es bei der Reaktivierung.

Man wird erkennen, daß das Wort „Daheim" nichts mit dem „Heim" gemeinsam hat. Das heißt, kein Heim kann das Daheim imitieren, nachahmen, weder baulich noch inhaltlich und schon gar nicht durch jugendliche Bedienstete. Pseudoversuche sind das Backen von Weihnachtskeksen, das Einkochen von Marmelade, das Basteln oder das Singen – wobei diese Maßnahmen richtig sind, wenn man gut bürgerlich erzogen wurde, jedoch ganz gegenteilige Wirkungen bei Angehörigen ehemaliger Arbeiterfamilien auslösen.

Das Daheim in der Gefühlswelt unserer heutigen Betagten liegt in der Situation von 1900–1925 oder in der Möglichkeit, die Klienten in einer unserer Stufen der Emotionen von 1–7 (siehe S. 179) wieder erreichen zu können. Dazu ist es aber erforderlich, das Daheim unserer Klienten zu kennen bzw. das Milieu, die Familienstruktur zu erfahren. Es ist notwendig zu wissen, ob die Mutter Wärme gab, ob sie die liebende, alles beherrschende Hausfrau war, zu der die ganze Familie aufschaute, ob der Vater wirklich derjenige war, den man sich wünschte, ob er Kraft hatte, Tapferkeit zeigte, also ein Vater war, von dem die Kinder mit Stolz sagten: „Das ist mein Vater." Oder ob es sich gar um einen Trunkenbold handelte, der die Mutter schlug. Aber wenn das so war, dann ist auch das mein Daheim, so, wie ich es kannte, erlebte, erfuhr und somit speicherte. Oder ob alles, was man sagt, in der Realität genau umgekehrt verlaufen ist.

Viele Menschen sprechen ihre biographischen Inhalte in einer Art Tagtraumphantasie aus („... hätt' ich gern"). Sie berichten uns von ihren Erlebnissen, die nie so waren (sondern meist das Gegenteil), d.h. von ihren Wunschvorstellungen. Die Realität wird umgedreht zu einer Selbsttäuschung oder Lebenslüge, von der man lebt. Es geht nicht darum, die Patienten in ihrer Welt zu stören, sondern nur um die Kenntnisnahme. So wissen wir, daß sich viele Mädchen einen lieben, braven Vater wünschten, dieser aber nie da war, oder aber, weil er nie da war, verherrlicht wurde, und daß Wunschträume, Tagträume ihre Geschichtsphantasien irren ließen. Unabhängig von dem, was sich der Klient aus dem Zeitgeist heraus vorstellt oder gewohnt ist, er/sie will es wieder. Bekommt man es nicht, wird man aggressiv, flüchtet oder wird wie früher ein Zappelphilipp.

Wir bekommen unser Daheim-Gefühl von unserer Mutter gleich nach dem ersten Schrei mit auf den Weg, ob wir nun wollen oder nicht. Wir erleben unser Zuhause, ob wir wollen oder nicht. Ob nun das Gefühl dazu paßt – positiv zu positiv, negativ zu negativ –, ist eine andere Frage. Dieses Gefühl, das in uns gemacht wird, können wir allerdings nicht beeinflussen, wohl aber die Reaktion (unser Coping), die wir aufgrund unseres Gefühls wählen oder auch nicht.

So lernen wir als Kind zum Beispiel, was „bei uns zu Hause" normal ist, welche Handlungen in Ordnung sind, welche Gefühle in diesem Haushalt unerwünscht, unwillkommen sind. So lernen wir auch, von unseren Eltern abgeschaut, die Welt positiv, optimistisch oder pessimistisch, durch eine dunkle oder helle Brille zu betrachten. Wir schauen uns praktisch von unserer Umgebung unsere Lebenseinstellung ab (Prägung) und werden uns ein Leben lang wie ein Musterkatalog benehmen. Wir lernen zu spielen und vor allem, womit wir spielen (Kriegsspielzeug oder Puppen). Wir lernen die Umgangssprache, und wir lernen, Ministranten zu sein oder Rote Falken. Wir lernen, bestimmte Lieder zu lieben – später reden wir von „unserem Lied".

Wir erfahren von unseren Eltern in der ersten Sozialisationsphase Rat und Hilfe in menschlichen Angelegenheiten. Bei somatischen Beschwerden suchen wir keinen Arzt, bei Geldangelegenheiten keine Bank, bei einem juristischen Problem keinen Notar auf, nein, bei allen Problemen die Eltern. Sie werden und sind unsere Berater, ob gut oder schlecht und ohne Diplom. Wir lernen von ihnen den Umgangston der Küche oder das verlogene Wort aus dem Wohnzimmer. Wir schauen ab, ob wir kerzengerade oder gekrümmt gehen sollen, ob wir immer weinen oder immer lachen sollen. Wir lernen die Kartoffelsuppe zu lieben oder zu hassen. Wir lernen Lebensrollen anzunehmen oder abzulehnen, je nachdem, ob wir uns mit unserem Vor-Schauspieler identifizieren können. Und wir lernen, was Haß ist und was Liebe sein soll.

2.2 Das Daheim und die Familie

Drei Dinge bilden das Wesen der Familie: Ernährungs-, Wohnungs- und Erziehungsgemeinschaft. In der Familie kommen die natürlichen Unterschiede zur Geltung, der Unterschied von Mann und Frau, des Alters, der Kraft und

Schwäche, der Hilflosigkeit und Hilfsbedürftigkeit, der Erfahrung und Unerfahrenheit, des Könnens und des Lernens.

Das ganze Haus war nach innen gekehrt (Burgenland-Stil). So blieb die Familie in sich geschlossen. Man lernte, die Eigenarten des anderen zu ertragen, es herrschte ein ständiges Geben und Nehmen. In der Stadt ist die Familie zersprengt. Die Kinder werden bald dem Kindergarten, der Straße oder fremden Leuten übergeben. Sie sind sich selbst überlassen.

Familie betrifft jeden von uns. Sie ist somit nicht allein das Thema von Soziologen oder Psychologen, sondern – und das ist wesentlicher – ein rein menschliches. Zeichen der Liebe wurden erfunden und gesetzt. Erst seit dieser Zeit gibt es das übertriebene Familienglück mit Festterminen. Festtermine wurden demnach eine ritualisierte Form des „Ich-hab-dich-so-gern"-Spiels. Die Kinder mußten dieses Spiel mitspielen, um ja nicht die Liebe der Eltern zu verlieren. „Ach, leben Sie recht lange, lieber Vater", „Wir sind Ihnen so gut, liebe Mutter" waren traditionelle Sprüche zum Geburtstag der Eltern. Den Gipfel bildeten sicher der Muttertag und das Weihnachtsfest.

Was die Eltern spielten, wurde den Kindern (auf-)geprägt. Diese glaubten nun wirklich, daß jeder jeden liebt und daß ritualisierte Feste schön sind. Daher wird auch heute noch das Familienfest hochgehalten, obwohl viele kein wirkliches Gefühlsinteresse zeigen. Gespielte Gesichter, theatralisches Verhalten wird sehr oft praktiziert. Für das tatsächliche Gefühl ist das Spiel kein Maßstab. Bürgerliche Rituale sind gefühlsbetonte, nicht mit Gefühl erlebte Situationen geworden, denen man nicht entkommen kann.

Wir in der geriatrischen Pflege interessieren uns dafür, wie damals eine Vaterfigur, eine Mutterfigur oder gar der Lachonkel unsere heutigen Klienten prägten bzw. emotionalisierten und somit die Leitschiene des Lebens installierten. Es geht aber immer darum, die echten Gefühle zu interpretieren und nicht die gespielten Mußhandlungen aufzudecken. Man mußte beim Geburtstag „Ich liebe meinen Vater" spielen; dieses tief geprägte Spiel bleibt erhalten. Das dazugehörende Gefühl kann aber genau das Gegenteil sein, und um dieses geht es bei der Interpretation.

Familien sind der Ort, an dem Menschen geprägt werden, an dem die Leitschiene (Coping) für das Leben hergerichtet wird. Familie bedeutet für den einen den Lebensmittelpunkt, einen Ort der Geborgenheit, für den anderen eine Horrorvorstellung und ein Thema, mit dem man nichts zu tun haben will.

„Daheime" sind demnach sehr verschieden. Für den Zeitgeist um 1900 kann man mindestens drei Arten von Daheim unterscheiden:

1. Bürgerlich mit christlich-sozialem Fundus (als Ort der Geborgenheit mit den Wurzeln einer strengen Religiosität)

2. Arbeiterfamilien und ihre Form des gemeinsamen Wohnsitzes

3. Bauern

2.3 Die bürgerliche Familie und die Beamtenwelt

Der Stadtmensch hat kein Heim, nur eine Wohnung. Er ist daher unruhig umherziehend; das kennzeichnet das ewige Elend des wandernden Städters. Er ist heimat- und ruhelos geworden. Der Städter kann hinziehen, wo er will, überall kann er sich zu Hause fühlen (auch im Heim), überall findet er eine Umgebung, der er sich anpassen kann. Das richtige Bauernkind ist hingegen verwachsen mit dem Boden, seinen Sitten, seiner Sprache, es findet in der Fremde nie das, was es daheim aufgegeben hat.

Die Eltern bilden die nächste Umgebung. Die Wurzeln der Familie sind „gottgewollt"; sie sind auch die Wurzeln aller sozialen Einrichtungen. Im Daheim wurden die ersten „Spitäler" organisiert. Hier ist auch der Ursprung aller Künste und des Handwerks zu finden. Hier wird durch Liebe Gehorsam geübt. Man lernt die Furcht durch den mißbilligenden Blick der Mutter kennen. Die Betrübnis des Vaters genügt oft, den Kindern den richtigen Weg zu weisen.

Dienstboten- und Jugenderziehung

Hier kann die Frau den künftigen Männeregoismus an der Quelle ersticken, indem sie die echte Ritterlichkeit in ihrem Sohn weckt und ihn das Weib als solches ehren lehrt – ganz unabhängig, ob Dame oder Dienstmädchen. So regt die Mutter zum Beispiel an, am Sonntag beim Geschirrspülen mitzuhelfen, damit die Tochter früher ausgehen kann, und auch das Auftragen der Speisen ist für den Herrn Sohn erlernbar.

2.4 Arbeiterfamilie

Der Arbeiter war nie seßhaft, er zog umher; seine Heimatliebe war demnach gering. Beim Bauern ist genau das Gegenteil der Fall, er ist verwurzelt. So sagten die Bauern früher, die Heimatliebe der Bauern schütze vor der „Volksplage des Sozialismus".

In der Industrie ist der Mensch losgelöst vom Boden. Er hat keine Heimat, wird rastlos herumgetrieben. Wer aber die Realität zum Boden verliert, verliert auch jeden Bezug dazu. So hat er auch keine Beziehung zu persönlichem Besitz, nichts nennt der Arbeiter sein eigen.

Arbeiter wurden zu dieser Zeit eher aufgrund ihrer nicht so starken religiösen Bindung verachtet. Die Arbeiterfamilie wurde angeprangert, die heilige Situation der Familie zerstört zu haben. Die Arbeiter gingen eben arbeiten, auch die Mütter standen plötzlich im Arbeitsprozeß und konnten nicht mehr mit den Kindern spielen. Der Lebensinhalt wurde durch die Industrie ein anderer. Viele Bürgerliche regten sich darüber auf, daß die Heimarbeit zugrunde ging und die Familien durch die neue Arbeitssituation zerrissen wurden. Als Frau, so sagte man, hatte man nicht einmal mehr die Zeit, eine richtige Ehevorbereitung durchzuführen. Außerdem war man der Ansicht, daß der Familie immer mehr die Religion entzogen wurde.

Die Hauptursachen, denen diese Veränderungen in der Arbeiterfamilie zugeschrieben wurden, waren

- Mangel an religiöser Unterweisung während der Kindheit,
- Versagen der väterlichen Autorität und Disziplin,
- unüberwachte Vergnügungen, wie z.B. das eben erst entstandene Kino,
- ausgesprochene Abneigung der Jugend gegen jede Art von anstrengender Arbeit.

Nun, egal, ob man nun da oder dort hineingeboren wurde, die Haut um uns herum haben wir, um uns abgrenzen zu können, aber auch, um Berührungen zu empfinden. Ohne Berührung verwelkt man, die Haut wird rot (Neurodermitis).

Die Wärme unseres Daheims ist ausschlaggebend für unser Leben, nicht die Ideologie der Heimstätte. Daheim ist oft ein schönes Daheim, und trotzdem ist uns kalt. Es fehlt oder fehlte an Wärme. Wärme erzeugt Vertrauen (Kamin, Holzofen). Diese Grunderkenntnis, daß eine Familie Wärme geben sollte, ist noch nicht sehr alt. Viele heute neurotische Alte gehen zu Lasten der fehlenden Wärme in der Familie schlechthin.

Die Arbeiterfamilie war von vielen Daheim-Effekten geprägt. Sie übersiedelte mindestens 20mal in ihrem Leben (Grillparzer z.B. 19mal), prägte viele Ausdrücke, die auf das Daheim hinweisen:

- „Schiach wie der Zins“ heißt, daß Zinszahlen die höchste Steigerungsstufe von häßlich ist;
- „Tuberkelburg“ war Ausdruck dafür, daß in den Wiener Zinshäusern lauter TBC-Kranke lebten.
- „Vor einem Hausmeister bückt man sich tiefer als vor einem Baron“ usw.

Alle diese Aussprüche erregen unsere Alten heute immer noch und sind daher als reaktivierende Sprüche einsetzbar.

2.5 Das Daheim der Bauern

Die Bauernfamilie erzieht zur gemeinsamen Arbeit in einem Haus („ein halbes Haus – eine ganze Hölle“). Der Hausspruch prägte die ganze Familie, denn ein Haus ohne Hausspruch ist wie ein Ei ohne Salz. Es wurde am häuslichen Herd Hausbrot gebacken.

Das Hausbrot ist die Seele der Nahrung. In ihm steckt der Hausgeist (die Mutter), daher hat man drei Kreuze auf das Brot gemacht, bevor es angeschnitten werden durfte. So darf auch das Brot nicht auf der oberen Rinde liegen, um dem Hausgeist nicht zu schaden. Der Mittelpunkt des Hauses ist entweder der Herrgottswinkel oder der Herd; von hier übersieht man das ganze Haus, ohne vom Stuhl aufstehen zu müssen.

Das Leben des Bauern ist einfach wie die Natur, die ihn umgibt. Er lebt in der Natur und mit der Religion. Er liebt das Einerlei, Einförmige, Bekannte, Bleibende, und zwar in seinem ganzen Lebenskreis, in Sitte, Speisen, Büchern, Gesängen, Häusern und Bekannten. Diese Einfachheit prägt sich selbst im Körperlichen aus; man sagt, daß das längere Zusammenleben der Bauern sie sogar körperlich ähnlich macht. Was einer treibt, treibt jeder; wie einer die Sache anfaßt, faßt sie der andere an. Der Bauer hat Heimatliebe und verachtet daher alles Fremde, die Stadt und das Ausland. Die Heimat macht ihn charakterfest, wurzelstark. Daraus entstehen die Witze über andere, ja selbst über die Nachbardörfer.

F: „Was der Bauer nicht kennt, frißt er nicht."

Es gibt Hausmannskost. In der Kleidung gilt der Grundsatz: „Selbstgesponnen, selbstgemacht ist die beste Kleidertracht." Das Familienleben ist der häusliche Herd (Ochsenbank, Kachelofen). Es ist ein hohes Gut, zu Hause zu sein; denn „je weiter sich der Kreis des Lebens zieht, umso stärker werden die Wünsche, Enttäuschungen und Sorgen."

Der Bauer hat den Hang zum Spott. Der Volkswitz bekämpft die dörfliche Frömmigkeit. Die Ordnung des Aufstehens und der Zeiten prägt ihn. Er ist mißtrauisch und verschlossen und will nichts als sein Recht. Er ist konservativ, die Sitten werden großgeschrieben. Die Familienüberlieferungen prägen. Er hält fest an alten Dingen. Die Beziehung zur Örtlichkeit ist alles. Der Bauer ist vor allem „er selbst".

F: „Lieber Chef in der Hölle als Untergebener im Himmel."
„Einen festen Halt hat nur der, der am Boden angebunden ist."

Die Reinlichkeit ist in den Ställen gut, in den Stuben schlechter, am Körper am allerschlechtesten. Der Dreck war – historisch gesehen – vorwiegend in Schwaben zu Hause, und so wurde die Küchenschabe zum Schwabenkäfer umbenannt. Nur nicht das Fenster aufmachen (damit kein Zug entsteht)!

Die sogenannten Roßkuren waren entstanden, damit man keine Gedanken an Kranke verschwenden mußte. Man war sehr unhygienisch. Eine Frau sagte zu ihrem Mann, der einen Strumpf in der Suppe fand: „Siehst Franz, ich sag' ja immer, im Haus geht nichts verloren."

F: „Reinlichkeit ist das halbe Leben. Frau, schaufle den Dreck vom Tisch, Besuch kommt!"
„Die Ferkel waschen sich auch nicht und werden trotzdem Schweine."
„Ein richtiger Bauer wurde zweimal gewaschen, einmal bei der Geburt, einmal beim Sterben."
„Wo Dreck, da Speck."

2.6 Jetzt sind wir Musikanten!

Singen galt prägungsphänomenal als besonders lustig und wurde den Kindern angelernt. Durch Lieder in den ersten Lebensjahren wird auch das verständliche Denken in Farben und Musikbildern erzeugt. Trotzdem haben viele Lieder oder Liederspiele verhaltenstherapeutisch auch ungünstige Auswirkungen. Das heißt, daß Singen nicht gleich Singen ist und daß primär im Gesangsunterricht geprägte Omega-Typen[41] auch Zornanfälle durch die Singerei bekommen können.

Viele Kinder mußten, weil sie angeblich so schön singen oder Gedichte aufsagen konnten, bei allen nur erdenklichen Anlässen vorsingen oder vorsprechen: „Meine Schwester konnte immer beim Komtesserl/bei den Herrschaften vorsingen und hat dafür Kuchen und Zuckerwerk bekommen. Aber bevor sie singen durfte, bekam sie zu Hause oft mehr Schläge als Kekse vom Vater, und deshalb habe ich nie gesungen; ich bin ja nicht blöd!" (sagte ihr Bruder).

Ein weiteres *Prägungsbeispiel:* „Ihr singt ‚Wem Gott will rechte Gunst erweisen', ein Lied, das ihr alle sehr gut kennt. Wenn ihr mitten im Lied seid, hält der Dirigent plötzlich seine Hände still. Im selben Augenblick müßt ihr alle aufhören zu singen. Wer weitersingt, wird ausgelacht und muß außerdem noch ein Pfand abgeben." (sagte der Lehrer in der „Prügelsprache", siehe Arbeitsbuch).

Das beschriebene Lied „Wem Gott will rechte Gunst erweisen" ist ein typisches Prägungslied, welches das „Auf-die-Walz-Gehen" schmackhaft machen sollte. Hatte es jemand im Leben aber auf der Walz schlecht getroffen, wird das Lied für ihn keine positiven Gefühle erzeugen, so wie auch der dauernd ausgelachte Omega bei dem Liederspiel keine Freude haben wird, wenn er singen gehen darf (muß). Das heißt, daß die Musiktherapie bei Betagten ein wesentlich komplizierteres Unterfangen ist, als sich dies manche Musiktherapeuten vorstellen.

Auch politische Lieder prägten. In der Zeit, in der sozialistische Arbeiterlieder, vor allem aber bestimmte Textstellen verboten waren, half man sich mit einem eigenartigen Coping: Man sang an den verbotenen Stellen einfach „lalala".

Viele wollten Ziehharmonika, das „Maurerklavier", nur zur Belustigung lernen. Sie überlebten aber gerade deshalb, weil sie Harmonika spielen gelernt hatten und schon als Kind als Bettelmusikanten durch die Gegend zogen.

2.7 Ort und Herkunft

Egal, ob man nun die Familie positiv oder negativ betrachten will, eines ist klar: Der Mensch ist überall entbehrlich, nur in einem kleinen Kreis ist er unentbehrlich, um nicht zu sagen einzigartig: in der Familie. Dort, wo seine Eigenart am besten erkannt wird und er als einzelner wirken kann, ist Daheim. In diesem kleinen Kreis werden die tiefsten Tiefen durchschritten und die höchsten Höhen erlebt. Dort ist jeder er selbst und kein anderer. Dort wirkt

---

[41] Alpha-Typ: Anführertyp, Chef; Beta-Typ: beratender, assistierender Typ; Gamma-Typ: Mitläufer; Omega-Typ: Verlierer-Typ

man in seiner ganz persönlichen Art und Unart. Dort würde man es spüren, wenn einer aus der kleinen Runde wegginge. Darin besteht die Liebe, die mit dem Bewußtsein der Unentbehrlichkeit dem anderen gegeben wird. Daß die Familie die Eigenarten akzeptiert und kennt, bringt mit sich, daß die Familienmitglieder überfordert sind, wenn man plötzlich den Papa desorientiert antrifft oder die Mama als paranoid erlebt.

Was ist das für eine Familie, aus der der Klient kommt? Eine Familie vom Land oder aus der Stadt? Hat er einen Stammbaum, soziologisch und psychopathologisch gesehen (Risikofamilien)? Zeigen sich Auffälligkeiten, die wiederkehren? Wie sieht das Verhältnis zu den Geschwistern aus?

Der Ort der Heimat verweist auf bestimmte klimatische Umweltsituationen, die als Bedingung des Reifens berücksichtigt werden müssen. Viele Reaktionsformen haben konstitutionsmäßige Wirkungen. So zieht eben ein Bergbauer, auch wenn er sein Haus auf einem Lawinenhang hat, nicht aus, er geht kein Stück von seinem Grund weg.

Von Menschen, die man beurteilen möchte, sollte man wissen, von welchem Nährboden sie herkommen. War Bier die Spezialität im Dorf? Hat er sich nur von Kartoffeln ernährt? Ist er in der Laune des Weins aufgewachsen oder stammt er aus einer derben und nüchternen Gegend? Hat er in der Kindheit harte Arbeit erlebt oder wurde er gar verzogen? War sein Kindheitsmilieu eine Last oder eine Freude? Hat er Familiensinn erlebt oder genau das Gegenteil? Ist er an ein bestimmtes Milieu gewohnt oder oft umgezogen? Wurde er im Stil einer Beamtenfamilie mit kleinen Zielen, aber großer Sicherheit groß? Oder gar bei sympathikotonen Sportlern?

Nur aus einem Längsschnitt heraus läßt sich das Bild des Menschen so aufbauen, daß es die Perspektive erhält, die wir brauchen. In der Milieuforschung ist nichts schwieriger als der einfache Mensch, der nichts Besonderes an sich hat. Dies ist unsere Forschungsaufgabe.

Es wurde mit Anstandsregeln erzogen.

F: „Zeig nicht mit den Fingern auf andere, du stichst einen Engel."
„Wer sich den Mund am Tischtuch abwischt, wird nie satt."
„Wenn man die Hände am Tischtuch abwischt, bekommt man Warzen.
„Lege nicht das Messer verkehrt auf den Tisch, die Engel schneiden sich."
„Wenn man lange in den Spiegel schaut, schaut der Teufel heraus."

Die Prägungen waren Kinder, Küche, Keller, Kleider, Kirche, Kammer. Die Frau war die Sparmeisterin. Ihre Erholung waren die Kirche, eine kleine Wallfahrt und Friedhofsbesuche.

F: „Was die Frau erspart, ist so gut wie das, was der Mann verdient."
„Eine fleißige Hausfrau ist die beste Sparbüchse."
„Katzen und Weiber gehören ins Haus."

2.8 Auswirkungen auf die Pflege

Wir wollen das gelebte Leben der Betagten, ihre Lebensmotive erfühlen, in ihre Seele hineinhorchen, die Copings verstehen lernen. Auch die jungen Betreuer kommen einmal in die Situation, daß man sie eines Tages nicht mehr versteht, wo man ihre neue Sprache nicht mehr begreift, wo man sich über ihre Kleidung wundern wird, wo man plötzlich wieder sein Elternhaus sehen möchte, wo man einen bestimmten Geruch sucht und sich freut, ihn zu erkennen. Das heißt, daß es für die Betagtenseele je nach Lebensalter und Abbau verschiedene Betreuungsangebote sowie Ressourcen geben muß, vor allem aber solche, die der Betagte verstehen und erfühlen kann.

- Für gesunde Betagte, d.h. jene Klienten, die noch ausreichend im Kurzzeitgedächtnisspeicher leben, ist Gehirntraining und aktivierende Pflege indiziert;
- für biologisch Abgebaute die Beachtung der Prägungsforschung und aktiv haltende Pflege;
- für pathologisch Abgebaute Urkommunikation und Basisstimulierung aus der Biographie;
- für pathologisch Abgebaute mit Destruktionstrieb reaktivierende Pflege, wobei wir bei der Reaktivierung auf Motive/Lebenssinne zurückgreifen, die dieser Mensch ein Leben lang hatte und die mehr die rechte als die linke Hemisphäre ansprechen;
- für pathologisch Abgebaute mit psychiatrischen Symptomen symptomspezifisches Verhalten, Maßnahmen und Impulse, die die Hauptsymptome, an denen unser Klient leidet, bessern oder anhand derer wir ihn lehren, mit diesen umzugehen (rechte Hirnhälfte);
- für Leute im Todestrieb Revitalisierungsprogramme.

Die Reaktivierung hat ihren Sitz im Daheim-Gefühl. Es ist der Ort, an dem Menschen geprägt werden, an dem die Leitschiene (Coping) für das Leben vorbereitet wird. Das Daheim ist eng mit der Liebe für etwas Überschaubares verknüpft. Heimat umfaßt ein Gebiet von ungefähr 200 km im Umkreis.

Familie ist für den einen der Lebensmittelpunkt, ein Ort der Geborgenheit, für den anderen nur ein Horror und ein Thema, mit dem er nichts zu tun haben will. Tatsache ist aber, daß Familie und Familienfreuden etwas Anerzogenes, Aufgezwungenes sind, das je nach Epoche anders gesehen wird. So wurden z.B. Gefühle erst ab dem 18. Jahrhundert gesellschaftsfähig, Zuneigung und Liebe wurden, so könnte man sagen, sogar überdimensional demonstriert.

Da jeder Mensch sich selbst und auch seine Biographie interpretiert, können auch wir unseren Bekannten, Freunden oder Klienten helfen, geeignete Interpretationen ihres Lebensskripts zu finden – den Klienten vor allem dann, wenn wir uns mit den Grundmustern des Verhaltens um 1900–1925 beschäftigen. Diese Muster sollen keine Klischees darstellen, kein Schuldspruch sein, sondern eine rationale Zusammenfassung der Gangart aus dieser Zeitepoche.

Dabei gehen wir nicht von den verschiedenen Demenzformen, sondern von den *Erreichbarkeitsmöglichkeiten* (Stufe 1–7, siehe S. 182) aus; wir agieren also unabhängig von einer ärztlichen Diagnose. Beim normalen Menschen wird das gespeicherte Material geordnet erscheinen. Ist hingegen – durch einen Auslösungsmoment bedingt – das Weltbild zusammengebrochen, werden sich die Zeitbilder wild durcheinander mischen: Man ist „verwirrt".

2.9 Die Seele – gestern, heute, morgen

Wenn wir in die emotionale Situation einer bestimmten Generation eindringen wollen, müssen wir Zeitzeugen befragen. Diese Zeitzeugen sollten unsere Klienten selbst sein. Je weiter ihre Demenz fortgeschritten ist, umso mehr erzählen sie uns erlebte Geschichten. Der Klient selbst wird somit zum Mitarbeiter und zum emotionalen, aber wahrscheinlich auch ehrlichen Zeitzeugen seiner Generation, da die Über-Ich-Normen entfallen.

Erwähnen muß man natürlich in diesem Zusammenhang, daß sich der Zeitgeist verschiebt. Etwa alle zehn Jahre muß eine neue Struktursituation erhoben werden, d.h. eine Neuerhebung der jeweiligen im Heim liegenden Generation. Die nächste Untersuchung soll die Prägungsphänomene des „Jahrzehnts des Unheils" von 1930–1940 und Zukunftsthesen für die Nachkriegsjahrgänge beinhalten. Die derzeitige Situation dieser Forschung, also Prägungen von 1900 bis 1925 zu erarbeiten, ergibt sich aus der Überlegung, daß viele Kinder von den Großeltern maßgeblich beeinflußt bzw. geprägt wurden und dies demnach die Prägungszeit unserer heute Betagten ergibt. Die Rollenmuster bleiben länger als 25 Jahre aufrecht, da ja in einer Drei-Generationenerziehung die Volksmuster und Folkloresituationen immer wieder von der Großmutter auf die Mutter und auf deren Tochter übergeben werden.

Betrachtet man das Weltbild unter den Generationen etwas genauer (vgl. Tab. 7), fallen die unterschiedlichen Verhaltensmuster, die sich aus der jeweiligen Zeit ergeben, auf. Heute zum Beispiel gründet man sofort einen neuen Hausstand oder zieht zumindest aus, um selbständig zu sein. Man versteht nicht mehr, daß man früher unter der Fuchtel des Vaters oder der Mutter lange leben konnte. Früher haben junge Leute fast nie einen eigenen Haushalt gegründet. Sie wohnten bei ihren Eltern, und die Eltern blieben immer Chef und Herr der Lage. Die jungen Leute von früher wurden nie Haushaltsvorstand, weil sie ja alle überleben mußten. Nur Frauen änderten ihren Wohnsitz, wenn sie heirateten.

Der Stand, in den man hineingeboren wurde, legte das Leben fest. Dies ging vom Dialekt bis zur Kleidung.

Die Tagesstruktur der Arbeit war früher immer gleich; heute ist die Beschäftigung immer eine andere. Früher war das Leben allerdings individueller: Die Alltagsbewältigung war individuell; man lebte im Kollektiv und hatte dennoch sein persönliches Schicksal zu meistern. Heute werden alle im gleichen Jahr eingeschult, beginnen im gleichen Jahr die Lehre und das Berufsleben, man wird fast im gleichen Jahr selbst zu Eltern, und alle gehen im gleichen Alter in Pension.

Früher trafen sich die Generationen trotzdem bei der Wiederkehr der Lebensthemen, nur mit einem anderen Hintergrund. Immer gleich sind die Themen der Psychobiographie (Prägung): Geburt, Heirat, Kinder, Tod.

Tabelle 7: Überblick über Generationen und ihre Lebensmuster

Gesellschaftsordnung/ Prägung im Zeitgeist	***Auswirkungen***
Monarchie, sog. Brotarbeitergesellschaft	Folklore, „Chef", Kirche, Küche, Kinder
Kriegsjahre, Mußarbeiter-Gesellschaft	Überlebensstrategien, Liebe zum Leben, Abenteuer, Haß auf verschiedene Menschengruppen
Nachkriegsjahre, Doppelarbeiter-Gesellschaft	Nachholbedürfnisse, Überkompensation, Zusammenhalten, Staat, Familie, Wiederaufbau
Frieden, Mundarbeiter-/Freizeitgeneration	antiautoritäre Welle und ihre Auswirkungen, „Beziehungskisten", Singles, Egoismus, alles wird in Frage gestellt
Gesellschaftsordnung heute/ bürgerlicher Sozialcharakter	***Gesellschaftsordnung morgen/ Sozialcharakter heute***
Ordnung, Gesetz, Selbstdisziplin, Sparsamkeit, Arbeitsfreude, Werte (auch ethisch-moralische) geben Richtung und Sicherheit.	Abbau von Höflichkeit, gutem Benehmen, gewissenhafter Arbeit, Sparsamkeit, Unterordnungsbereitschaft, Bescheidenheit.

Muskel- und Brotarbeitergesellschaft 1900–1945

Während die Arbeit heute für viele den Lebensinhalt darstellt, war die Arbeit früher Lebenssinn, Überlebenssinn, Training und Orientierung. Die Arbeit war Mittel gegen den Hunger, die Sorgen der Sinn des Lebens. Die Menschen waren damit beschäftigt, sich Nahrung zu besorgen. Hungrige Menschen hatten keine Angst. Ein fixer Arbeitsplatz bedeutete früher Ghettoisierung, heute fördert er Freundschaften, ähnlich wie bei Gleichgesinnten in einem Verein.

Nachholbedarfsgesellschaft

Der Nachholgeneration ab 1945 ging es darum, ein nettes Leben aufzubauen mit Haus, Auto, Möbeln, Gütern, Kleidung.

Mundarbeitergesellschaft

Sie ist die Freizeitgesellschaft ab 1960. Heute, wo Essen und Grundversorgung ausreichend vorhanden sind, fallen Sorgen als Lebenssinn weg; in der

„postmateriellen“ Zeit geht es um Selbstverwirklichung. Die Gesellschaft ist trainiert auf Selbstfindung, schnellen Verbrauch und Genuß. Satte Menschen bekommen Zukunftsangst; Untätigkeit führt zu Angst. Es fehlen An- und Entspannung. Man verirrt sich in sich selbst. Ein Orts- oder Berufswechsel erschwert Freundschaften und berufliche Bindungen. Der Konkurrenzkampf verursacht Introvertiertheit, jeder erlebt sein persönliches Schicksal. Orientierungshilfe ist das Fernsehen.

Es wäre wünschenswert, daß sich wesentlich mehr Pflegepersonen mit der Biographie ihres Klientels beschäftigten, doch leider ist bis jetzt während 25 Jahren Forschungsarbeit noch kein entsprechendes Manuskript auf meinem Schreibtisch gelandet.

Durch diese kleinen Beispiele kann man schon den Unterschied zwischen der heutigen und der gestrigen Generation erahnen. Deshalb erscheint es wohl notwendig, die Begegnung der Generationen zu fördern, zu schulen, notfalls auch zu erstreiten. Es ist die Fremdheit der anderen, die uns entrüstet, die Einstellungen, die uns verwundern, es sind aber oft auch die Stereotypien zwischen den Generationen, die uns zu „Gegnern“ machen.

3. Der Prozeß des Älterwerdens

Es ist erforderlich, sich aus der Literatur Kenntnisse anzueignen, auf welche Art eine Seele und ein Gehirn altern können. Nach meinen Thesen geht im Leben nichts verloren, und viele Menschen enden pathologisch gesehen wieder dort, wo sie begonnen haben. Zynisch ausgedrückt bedeutet das, wenn das Leben im Gitterbett beginnt, dann endet es auch im Gitterbett (30%). Beginnt das Leben im thymopsychischen Bereich, endet es im thymopsychischen Bereich. Das heißt, daß wir jede Literatur benötigen, die nur irgend etwas mit „Gefühl" zu tun haben könnte, d.h. jene Literatur, die sich mit der Lebensphase vom Geburtsschrei bis zum 25. Lebensjahr beschäftigt und zeigt, wie diese Zeit psychodynamisch prägend ist.

Vergleicht man nun das bisher Geschriebene, muß man feststellen, daß es eine strikte Trennung zwischen Noopsyche und Thymopsyche gibt und daß die Forschung, aber auch die Praxis zwei völlig getrennte Wege gehen.

3.1 Entwicklung der Thymopsyche

Vom Zeitpunkt der Geburt an – vielleicht schon früher (pränatal/perinatal) – wächst das emotionelle, geistige Es. Es speichert im Säuglingsalter alle Erlebnisse und Eindrücke, Daten und Empfindungen und setzt schon im Kleinkindalter Verhaltensweisen fest; Verhalten, Fehlverhalten, Kinderstube und Mutterwitz werden erlernt.

Nach FREUD wird bereits aufgrund der Art und Weise, wie die seelischen Entwicklungsstufen (orale, anale, genitale Phasen) durchlaufen werden, erkennbar, ob eine Neurose oder eine Verhaltensstörung vorliegt.

ADLER, der sich mehr in Richtung einer Humanpsychologie (Individualpsychologie) bewegte, erkannte, daß im Laufe der Entwicklung bereits für das kleinste Kind *Sinn* und *Sinnfragen* entscheidend sind. Er beschreibt die Entwicklung (der Thymopsyche) des Kindes bis etwa zum sechsten Lebensjahr und nimmt an, daß damit die Entwicklung der thymopsychischen Anteile abgeschlossen sei.

So wie FREUD und ADLER haben sich unzählige Autoren mit Entwicklungskonzepten auseinandergesetzt. Vergleicht man diese Autoren miteinander, kommen viele von ihnen in etwa auf das 19.– 25. Lebensjahr, das als das Datum des Erwachsenseins gewertet wird. Aus der Literatur ist ersichtlich, daß ab diesem ominösen 25. Lebensjahr der Abbau beginnt. Dabei wird eine normale Entwicklung vorgegeben, weshalb viele Eltern verunsichert sind: „Hat mein Kind nun zur richtigen Zeit das erste Mal Mama gesagt?"

Einige Autoren meinen auch, daß man altert, sobald man geboren ist. Auch wenn sich dies nicht wissenschaftlich begründen läßt, kann man sagen, daß wir alles, was wir bis zum 25. Lebensjahr erlebt haben, auf unserer Festplatte (Tertiär- und Kollektivgedächtnis) gespeichert haben und daß wir im Alter, vorwiegend bei einem dementiellen Prozeß, auf dieses gespeicherte Material zurückgreifen, da es ja auch Sicherheit bietet.

Es soll aber in diesem Kapitel nicht um wissenschaftliche Diskussionen gehen, sondern um Feststellungen aus der Praxis (weitere Forschungsarbeiten sind erwünscht). Der zweite Teil unserer Seele, das Noopsychische oder der rationale Anteil, wächst hingegen stündlich (bei Training) weiter – auch bis zum Exitus.

Zwei im selben Garten gepflanzte Blumen können sehr unterschiedliche Wachstumsphasen durchleben und kaum miteinander verglichen werden. So kann man auch nicht die Seele eines 1910 geborenen Bürgerlichen mit der eines um 1910 geborenen Arbeiters vergleichen; nicht einmal der eine Bürger ist mit dem nächsten Bürger, der aus demselben Milieu stammt, vergleichbar. Am ehesten lassen sich noch *Milieu-Ähnlichkeiten* bei der Erziehung der Kinder suchen und finden, etwa aus dem Ort der Herkunft, der Heimat, aus häuslichen Gewohnheiten und Reaktionen des Kindes, aus dem Kindheitsmilieu und der Reaktion, wie man die Mutter, den Vater erlebte und ihnen begegnete, welchen Nährboden man als Kind hatte. Diese Punkte sind, um nur einige zu nennen, entscheidendere Kriterien als die Feststellung, was wann erfolgen sollte (Beispiele siehe Tab. 8). Das heißt, daß sich das Bild der Menschen und ihrer Entwicklung bzw. in unserem Fall der Rückentwicklung nur aus einem Längsschnitt heraus verfolgen läßt.

Tabelle 8: Beispiele für die Entwicklung bis zum 25. Lebensjahr (Aus: JEGGE, J.: Angst macht krumm, Zytglogge-Verlag, Gümlingen 1980)

Lj.	*G. KERSCHENSTEINER (geboren 1854)*	*Lj.*	*W. O. DÖRING (geboren 1880)*	*Lj.*	*O. KROH (geboren 1887)*
1.	*Erste Kindheit:* Dressuralter;	1.	*Frühe Kindheit:*	1.	*Frühe Kindheit:* motorische
2.	unreflektiertes Triebleben,	2.	spielerisches Verhalten;	2.	Lernfähigkeit; erste Sozialkontakte,
3.	Dominanz der	3.	rege Phantasietätigkeit	3.	egozentrische Haltung, beseelende
4.	Bewegungsspiele	4.		4.	Dingauffassung, erste Sprachäußerungen
5.	*Zweite Kindheit:* eigentliches	5.	*Mittlere Kindheit:*	5.	*Schulfähige Kindheit:* Scheidung von
6.	Spielalter; animalisch-	6.	Scheidung von Spiel	6.	Spiel und Arbeit; Fähigkeit zur
7.	hedonistische Werte	7.	und Arbeit, nach außen	7.	willkürlichen Aufmerksamkeit;
8.	*Knaben- und Mädchenalter:*	8.	gerichtete Interessen;	8.	eigentliche Lernzeit; Erweiterung des
9.	egozentrisch gerichtetes	9.	bewußtes Lernen,	9.	Erfahrungskreises, analysierende
10.	Arbeitsalter; Beschäftigung	10.	realistische Einstellung	10.	Betrachtung der Umwelt, Erkennen von
11.	mit materiellen und geistigen	11.		11.	Ursache und Folge, erste
12.	Gütern, Vorherrschen vitaler	12.		12.	Abstraktionsleistungen, kritisch-
13.	und sozialer Werte	13.		13.	realistische Haltung, sachliches Denken, Festigung der Interessensrichtungen
14.		14.		14.	*Stufe der Reifung:* Ablehnung der
15.	*Jünglingsalter:* Pubertät	15.	*Reifezeit:* Wendung	15.	Umwelt, Entdeckung der Innenwelt;
16.		16.	nach innen;	16.	verstärktes Gefühlsleben, Fortschritte im
17.	*Adoleszenz:* Alter der	17.	Auseinandersetzung mit	17.	abstrakten Denken, Ringen nach Klarheit
18.	sachlichen und altruistischen	18.	objektiven Werten	18.	und Einheit, Streben nach einer neuen
19.	Arbeitsinteressen,	19.		19.	Weltordnung, nach außen gerichtete
20.	Vorherrschen unpersönlicher,	20.		20.	Aktivität, Versuche zur Verwirklichung
21.	geistiger Werte	21.		21.	eigener Ideen, bewußte Lebensgestaltung
22.		22.	*Erwachsenenalter*	22.	*Erwachsenenalter*
23.		23.		23.	(Für Frauen beginnt das
24.		24.		24.	Erwachsenenalter bereits mit 18 Jahren.)

Die Trennung zwischen Noopsyche und Thymopsyche wird auch in der *Entwicklungspsychologie* sichtbar. In dieser wird erforscht, was zu einer bestimmten Zeit als normal anzusehen ist. Alles in allem beziehen sich die Thesen aus der Entwicklungspsychologie auf die Prägungszeit unserer heute Betagten. Alle Entwicklungskonzepte an sich sind aber nur Wertvorstellungen bzw. Normen, die in der Praxis des Überlebens keinerlei Gültigkeit haben.

Die folgende Gegenüberstellung (Tab. 9) einiger von der Entwicklungspsychologie abgeleiteter Thesen – was man mit welchem Jahr zu leisten hat – und der Gefühlsentwicklung soll diese Trennung verdeutlichen:

Tabelle 9: Trennung zwischen Noo- und Thymopsyche unter Verwendung von Thesen der Entwicklungspsychologie

Entwicklung	*Gefühl/Lebensbewältigung*
rationales Lernen	Erlernen von Copings und Ersatzhandlungen, konditioniertes Lernen
Erziehung	Erziehung macht Angst, Angst macht krumm. Man lernt, nicht „krumm" zu werden und wird „falsch" oder „bauernschlau" als Coping.
Entwicklungsmaßstäbe wie Zähne bekommen, Sprechen können usw.	Man fühlt, daß es auch anders geht.
Schulerziehung	Die Lehre fürs Überleben kommt kaum vom Lehrer.
Selbständigkeitserziehung	Im Gefühlsbereich muß man alleine selbständig werden oder nie.
Lernen durch Zuschauen	Lernen durch Fehler

Nach Meinung von Susen (1991) erlernen wir Gefühle und das dazugehörige Verhalten oder Fehlverhalten. Lernen bedeutet, daß ein Individuum auf einen bestimmten Reiz eine bestimmte Reaktion zeigt.

3.2 Biologische Veränderungen

Der biologische Abbau beginnt mehr oder weniger im 25. Lebensjahr. Fest steht, daß wir Verhaltenseigenarten, Neurosen und eigentümliche Verhaltensmuster mit ins Alter nehmen, diese also primär keine Störungen des Alters sind. Einige Menschen haben das Pech, daß sie alle Steigerungsstufen, die möglich sind, durchlaufen; und in einer bestimmten Steigerungsstufe *werden wir alt.*

Altern bedeutet Veränderung auf mehreren Ebenen, nicht nur eine Änderung der psychischen Situation, sondern auch der körperlichen und sozialen Lebenssituation (Abb. 9).

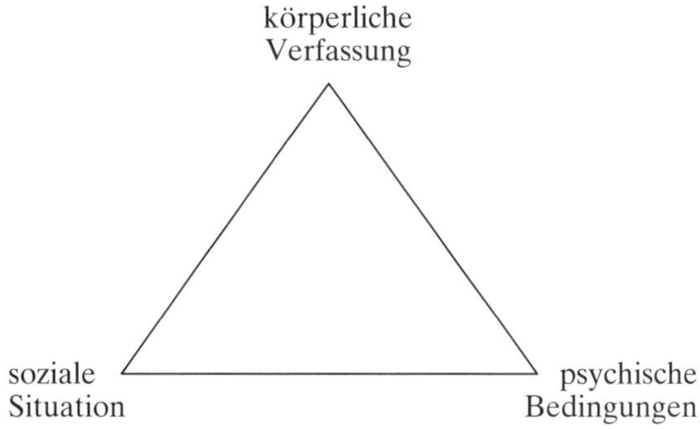

Abb. 9: Ganzheitliches Belastungsmodell

1. Körperliche Verfassung: Zellen haben eine Lebensgeschichte, sie ermüden, der Körper muß Leistungseinbußen hinnehmen. Der Grundumsatz nimmt ab, die Nervenleitgeschwindigkeit nimmt ab, die Gesamtleistung ist reduziert, die Kompensationsfähigkeit nimmt ab, die Multimorbidität nimmt zu.

2. Soziale Situation: Veränderungen im privaten und beruflichen Leben, Wegsterben der Verwandten und Bekannten, Nestleere, Sinnentleerung, Umstellung der seelischen Abläufe und der Gefühle, Biographie kommt zum Tragen, Schönheit nimmt ab, Neurosen und Bewältigungsstrategien bleiben.

3. Psychisches Befinden: Das Erleben der körperlichen und sozialen Veränderungen wirkt sich erheblich auf das psychische Befinden aus, auch dann, wenn keine nennenswerten biologischen, pseudoneurasthenischen Abbauerscheinungen wahrgenommen werden. Der Mensch wird durch das Altern ein anderer; er muß lernen und akzeptieren, daß er derjenige ist, der er nun (im Alter) ist, er muß lernen, mit seinen Wehwehchen seelischer und körperlicher Art umzugehen.

Kann ein Betagter nicht mehr kompensieren oder wird er in ein Heim aufgenommen, dekompensiert er in verschiedene Richtungen.

Der Stillstand im Heim macht Angst und fördert die Flucht in die Symptomatik (Abb. 10). Das Arbeiten mit der Biographie, deren Interpretation und die sich daraus ergebende Impulssetzung ermöglicht eine „Bewegung", die nicht mehr in die Zukunft gerichtet ist, sondern aus der Vergangenheit erfolgt und so den Klienten weg von der Symptomatik in die oberste Fluchtaktion der „guten alten Zeit" bringen soll. Die „gute alte Zeit" gibt Sicherheit und ist damit angstlindernd.

Rund 33% der Menschheit können ihren Abbau und die veränderte Umwelt auch nicht mehr mit der „guten alten Zeit", Alkohol oder Tabletten kompensieren. Sie dekompensieren und ziehen sich in eine Scheinwelt zurück, die wir als Hauptsymptome des dementiellen Syndroms sehen wollen. Sie flüchten in die Depression (Rückzugsphase) – sie gehen, sterben.

1
Flucht in die gute alte Zeit
- Leben von dem, was man einmal war, was man geleistet hat (Ehrungen und Verdienstzeichen erhält man erst, wenn man alt ist.)
- Leben von Lebenslügen: „Was man alles geschafft hat!“
- „Wie schön war es als Kind, beim Militär, in der Schule!“
- Veteranentreffen

2
Einige verkraften das Älterwerden nicht und flüchten in:
- Überkompensationen
- Alkoholismus
- Medikamentenabusus
- Religion oder Sekten

3
Flucht in die Desorientiertheit
- „Ich verstehe die Welt nicht mehr, ich habe Angst.“
- „Wo ist mein Daheim?“

Wenn man älter wird, sucht man die Freunde von gestern, den Geruch der verstorbenen Gattin, das Schnarchen der ausgezogenen Kinder, die Veranda der ersten Wohnung. Man sucht die Zeit von gestern und irrt im Hier und Jetzt umher, wo die Leute „affengeil“ sagen. Je kleiner der Bewegungsspielraum, umso größer wird die Aggression: Dies erscheint uns Pflegern unverständlich.

4
Flucht in die Depression
- Exitus letalis
- Multimorbidität
- Bilanzierung
- man somatisiert, bekommt einen Krankheitsgewinn
- man ist mit einer positiven Symptomatik agitiert
- man ist unerklärlich traurig, müde, zu nichts fähig, psychomotorisch gelähmt

5
Flucht in die Paranoia im Senium
Lebensangst wird aktiv bekämpft:
- Angst vor den Nachbarn, vor Leuten, die stehlen
- „Die anderen sind an allem schuld!“
- „Fremde zerstören mein Leben.“
- „Ich bin wichtig, denn ich werde wenigstens verfolgt.“
- „Ich bin allein und unterhalte mich mit mir selbst.“

6
Flucht in Hoffnungen
- „Die Kinder kommen!“
- „Die Schwester kommt hoffentlich pünktlich.“
- „Nur nicht schlechter werden!“
- Dach über dem Kopf
- weniger Schmerzen
- schöner Tod

7
Flucht in die Verwahrlosung
- Sammeln von Tieren statt Menschen
- Sammeln von Objekten, Gegenständen, Gerüchen als Objekte
- Sammeln von Stuhl (Stuhl ist Geld, Geld ist Besitz und Macht)
- Es verwahrlost zuerst die Seele, dann der Körper, hernach die Wohnung.

Abb. 10: Reaktionsmöglichkeiten bei der Nicht-Erfüllung eines Lebenssinns oder -inhalts nach einer Heimaufnahme

3.3 Beispiele von biologischen Veränderungen

Bei fast allen Betagten sind die folgenden Probleme mehr oder weniger stark zu sehen. Die pflegerischen Maßnahmen werden sich auf die aktivierende Pflege, vor allem aber auf ein symptomspezifisches Verhalten ausrichten (vgl. Arbeitsbuch, Impulse).

1. Problem: Frischgedächtnis herabgesetzt. Aussehen: spricht von früher, konfabuliert, weiß nicht, was es heute gab, „Was-gibt-es-heute?“-Salondemenz.

2. Problem: Herabgesetzte geistige Klarheit, Gestern und Heute verschwommen. Aussehen: verringerte Aufmerksamkeit, Konzentration herabgesetzt, Reaktion herabgesetzt, kritiklos.

3. Problem: Orientierungsstörungen. Aussehen: Verkennen von Personen.

4. Problem: Depressive Verstimmung. Aussehen: Psychomotorik herabgesetzt, hilflos grübelnd, hypochondrisch, Kleidung und Körper unordentlich.

5. Problem: Stimmungslabilität. Aussehen: unangemessene emotionale Reaktionen, weinen und lachen, buntes Gemisch aus himmelhoch jauchzend – zu Tode betrübt.

6. Problem: Ängstlichkeit. Aussehen: Kummer, Besorgnis für Zukunft. Wird das gut gehen? Somatisierung.

7. Problem: Fehlendes Motiv. Aussehen: keine Initiative, kein Antrieb, Rückzugsphase, in der Ecke sitzend.

8. Problem: Reizbarkeit. Aussehen: je kleiner der Aktivitätsradius, desto größer die Aggression; verdrießlich, kratzbürstig, Querulant, leicht enttäuscht, Pessimist in Prägung.

9. Problem: Aufdringlichkeit. Aussehen: ev. Parkinson, klebrig, um Liebe bettelnd, fordert Aufmerksamkeit.

10. Problem: Gleichgültigkeit. Aussehen: ungesellig, unkooperativ, desinteressiert.

11. Problem: Enthemmung. Aussehen: Über-Ich-Bremse kaputt, exhibitionistische Tendenz, verbal aggressiv, sexuell verbal aggressiv, keppelnd, schimpfend.

12. Problem: Verschärfung der Charakterzüge. Aussehen: wie früher, sparsam, geizig, lustig, dysphorisch, pessimistisch, Todestrieb, will immer bemuttern.

13. Problem: Kritiklos. Aussehen: „Ich stehe jetzt auf", sagt der liegend Moribunde.

14. Problem: Hilflos wirkend.

15. Problem: Globaler Rückzug. Aussehen: hilflos wirkend, Angst.

16. Problem: Agitiertheit, Aussehen: Ruhelosigkeit, Geschwätzigkeit, die bei Unsicherheit zunimmt.

17. Problem: Egozentrik. Aussehen: Zum Schutz gegen Angst, Angstlinderung, werden narzißtische Abwehrmechanismen besetzt, anale Gedanken, Stuhlpsychose, Ich-Ich-Ich.

18. Problem: Halsstarrigkeit. Aussehen: ißt nicht, Realitätsverlust zu Mensch und Material.

19. Problem: Ich bin ein Versager. Aussehen: Er hat einmal die Wünsche der Mutter nicht erfüllt und leidet heute in der Bilanz, „Ich bin für nichts gut. Ich kann gar nichts mehr", Don Juan-Typ.

20. Problem: Enttäuschung über die Kinder. Aussehen: hat alles gegeben, jetzt kommen die Kinder nicht; Alte glauben, was man den Kindern gibt, kommt doppelt zurück.

21. Problem: Mangelnder Personenbezug. Aussehen: Hat man keinen Bezug zu Menschen, tauscht man mit Sachen. Sammeltrieb.

4. Pathologische Wurzeln

4.1 Primäre Neurosen

Da vorwiegend organisch Demente nicht mehr einer Gesprächstherapie zugeführt werden und auch klassische Methoden der Psychotherapie (Langzeittherapien) nicht mehr sinnvoll sind, wenn ein Mensch seine Neurosen als Coping verwendet, ist die Neurosenlehre als weiteres Vertiefungsgebiet zu empfehlen.

Fest steht, daß sehr vieles, was wir Eigenarten oder neurotische Einengung nennen, ein Leben lang als Triebfeder des „Elan vital" dient. Gerade diese Neurosen sollen bei der reaktivierenden Pflege als Reanimationsprogramm wieder eingesetzt werden. Denn wir wollen die neurotischen Einengungen nicht wegtherapieren, sondern verstärken bzw. wieder einsetzen. Dazu ist es erforderlich, die Lebensgeschichterln unserer Klienten zu kennen. Gerade aus der Erhebung und Interpretation einer Psychobiographie, aber auch der Life-events-Forschung ist sehr häufig das, was der Arzt heute Symptom nennen würde, nichts anderes als eben diese von Haus aus bestehende Schrulligkeit, die ein Leben lang da war, aber erst im Alter durch den Ausfall der Über-Ich-Normen zum Tragen kommt.

Im Jahre 1989 schrieb der Chefarzt des Psychiatrischen Landeskrankenhauses Weißenau, Dr. Rainer KORTUS, daß es im Alter mehr Neurosen als Demenzen gäbe. Er geht auf eine Statistik ein, die nach neuesten Untersuchungen besagt, daß ca. 25% unserer Betagten an psychischen Auffälligkeiten leiden, daß diese aber nicht in das eigentliche Demenz-Syndrom gehören und daher nicht der Irreversibilitätstheorie anheimfallen.

Dies konnte ich anhand unserer bis jetzt rehabilitierten Klienten bestätigen, auch bei der ärztlichen Diagnose M. ALZHEIMER. Nach KORTUS sind von den 25% auffälligen Betagten 8–15% neurotisch bzw. psychosomatisch gestört, 4–6% haben ausgeprägte hirnorganische Störungen, 2–4% endogene Psychosen und 5–10% leichte hirnorganische Störungen. Aus dieser Statistik zieht KORTUS den Schluß, daß man nicht die Psychogeriatrie als Psychiatrie der Demenzen (H. LAUTER) sehen sollte, sondern daß man eher die Grenze zwischen normal und pathologisch erhöhen bzw. die Reversibilität mehr berücksichtigen müsse.

Diese Aussage bestätigt die These meines Modells, nämlich daß sehr vieles, was in der Schulmedizin als „Symptom" bewertet wird, ein reines Prägungsphänomen darstellen kann. Die Psychobiographie eines Menschen ist also nicht von einem normalen Lehrbuch aus zu begreifen, sondern von vielen im Leben gespeicherten Neurosen.

Welches Gefühlsmaterial vom Säuglingsalter bis in die Demenz mitgenommen wird, soll ein kurzer Auszug aus der biographischen Anamnese (A. DÜHRSSEN, 1992) zeigen. Er soll auch aufzeigen, wie kompliziert der Lebenslauf in Wirklichkeit ist, wie tiefgreifend die Erscheinungsbilder daraus werden können und wie viele Konfliktsituationen es in einem durchschnittlichen Leben geben kann, mit denen sich ein Mensch auseinandersetzen muß. Alle möglichen Verhaltensstörungen und Neurosen ergeben auch eine wahrscheinliche Möglichkeit von Störungen im Alter. Unser Klient verarbeitet seine Life-events-Krisen nicht tiefenpsychologisch, sondern nach seinen eigenen Copings und Lebenslügen. Und auf diese kommt es in der Pflege an.

Es gibt historische, regionale, singuläre Phänomene bei der Partnerwahl, zum Beispiel die Abhängigkeit von Vater und Mutter, die neurotische Dominanz oder Anklammerung, Sadomasochismus, Nähe/Distanz-Konflikte, Trennung, narzißtisches Selbstbild, Wahl unter dem Niveau. Die Gefühlslage bei der Eheschließung, die von Flucht aus Elternhaus, Protestehe, sexueller Faszination, Narzißmus, neurotischer Erwartungshaltung bis zur Kompromißehe reichen kann, fällt ebenso ins Gewicht wie auch Rivalitäten innerhalb der Familie. Sehr häufig sind Mann und Frau nicht primär Liebende, sondern stehen einander als Rivalen gegenüber und beschäftigen sich damit, wer in der Ehe der Bessere oder Tüchtigere sei. Diese Rivalitätskämpfe existieren auch zwischen Eltern und Kindern. Eine ungleiche finanzielle Lage – sie ist reich, er ist arm oder umgekehrt –, Erbschaftskonflikte oder ein unterschiedlicher Umgang mit Geld birgt einige Fehlverhaltensweisen in sich, die natürlich ins hohe Alter mitgenommen werden, wobei das gegenwärtige Einkommen immer von Bedeutung ist. Entscheidend ist auch, wie Verluste durch Tod verarbeitet wurden.

F: „Wenn der Hausärger vollständig ist, so ist er dreistrahlig", sagte man um 1900. Im ersten Strahle sitzt der Ehegatte, im zweiten seine Eltern und Angehörigen, im dritten die gemeinsamen Kinder. Jedes Haus enthält also naturgemäß mehrere Ärgerquellen. Fällt die zweite oder dritte weg, so verstärkt sich dafür die erste, denn Kinder und allenfalls auch Angehörige sind immerhin eine heilsame Ablenkung der Ehegatten voneinander, die sonst noch schwerer aneinander zu tragen haben."

Nach Aussagen von Wissenschaftlern gibt es sogenannte Risikofamilien: Der Vater ist schizophren, die Kinder sind vernachlässigt und die Mutter ist verhaltensgestört. Das heißt, daß wir oft die ganze Familie zu betreuen haben und es reiner Zufall ist, daß nur die Mutter Klientin ist. Auch Berufsprobleme oder neurotische Arbeitsstörungen, zum Beispiel ein Leben für die Arbeit oder deren Ablehnung, bleiben oft bis ins hohe Alter bestehen. Sie äußern sich als Affektstörungen.

4.2 Affektstörungen

Aus den vorher erwähnten und ein Leben lang bestehenden Problemen ergeben sich Affektstörungen, die sich im hohen Alter besonders auffällig bemerkbar machen. Es sind aber nicht in erster Linie Schäden eines dementiell Erkrankten, sondern diese Störungen waren immer vorhanden, jedoch werden sie ein Leben lang kompensiert. Erst die Dekompensation bringt mit sich, daß der Betagte für uns ein Problem darstellt.

Affektstörungen sind davon abhängig, ob ein Mensch Zeit seines Lebens ein *sympathikotoner* oder *parasympathikotoner* Typ war und auch im Alter ist. Der sympathikotone Typ zeigt im Alter eher eine *positive Symptomatik*. Der parasympathikotone Typ wird seiner Weltanschauung entsprechend eher eine *negative Symptomatik* entwickeln.

Positive Symptomatik:

Die Symptome verlaufen progredient in folgender Reihenfolge:

Tendenz zu

- optimistisch und in jedem Heim unterfordert
- psychomotorisch-antriebsgesteigert
- euphorisch und innerlich unruhig
- sinnlos aktiv
- euphorisch
- affektlabil
- kritikunfähig
- manieriert-theatralisch
- läppisch
- manisch-erregt
- erregt-tobsüchtig

Negative Symptomatik:

Tendenz zu

- psychomotorisch-antriebsverarmt
- ängstlich
- klagend
- dysphorisch
- traurig
- hoffnungslos
- mutistisch
- destruktiv
- Denkhemmung
- suizidale Einengung
- Schuldgefühle
- Apathie
- Rückzug bis hin zum Zustand ähnlich einem apallischen Syndrom (Enthirnungsstarre)

Die entsprechenden Reaktivierungsreize sollten von der untersten Säuglingssituation bis zur Lallsprache in folgender Rehabilitationsrichtung erfolgen:

1. Hautkontakt
2. Face-to-face-Kommunikation
3. Vibrationsempfinden
4. Lallsprache (siehe basale Stimulation, S. 257)

In Verbindung mit Störungen der Affektivität treten häufig synthyme (zur Stimmung passende) Wahninhalte wie Verarmungswahn, Insuffizienzgefühle, Schuldwahn oder auch Größenwahn auf. Hier sind einige andere Formen angefügt:

- Affektlabilität
- rascher Wechsel von Affekten, die meist von kurzer Dauer sind und vielfachen Schwankungen unterliegen
- Affektinkontinenz: fehlende Beherrschung von Affektäußerungen
- Stimmungslabilität: Wechsel der länger dauernden Gesamtstimmung
- Depressivität: niedergeschlagene Stimmung
- Euphorie: gehobene Stimmung unterschiedlichsten Grades
- Dysphorie: gereizte Verstimmtheit
- Affektverflachung: mangelnde Ansprechbarkeit der Gefühle, fehlende Schwingungsfähigkeit
- Apathie: Gefühllosigkeit, Teilnahmslosigkeit
- Torpor: Stumpfheit, Unansprechbarkeit
- Ambivalenz: Koexistenz gegensätzlicher Gefühle
- Parathymie: Gefühlsausdruck und Erlebnis bzw. Gedankeninhalt stimmen nicht überein (paradoxer Affekt)
- Gefühl der Gefühllosigkeit: Verlust von affektiven Schwingungsfähigkeiten
- Angst: unbestimmte Angst und anfallsartige Panik
- Phobie: unangemessene Angst vor bestimmten Personen, Gegenständen, Situationen

Diese Störungen der Elementarfunktionen wirken sich auch auf die Psychomotorik aus und erzeugen:

- Trieb
- Drang
- Antriebsschwäche
- Antriebshemmung
- Antriebssteigerung
- Beschäftigungsdrang
- Mutismus

sowie Störungen des Ich-Erlebens. Das Ich-Erleben ist das Erleben der personalen Identität im Zeitverlauf und in der Abgrenzung zu den anderen Personen. Jeder Lebensabschnitt muß psychisch bewältigt werden.

Die Adaption im Alter ist von vielen Faktoren abhängig, wovon aber einige wieder biographisch zu sehen sind:

- Psychodynamische Vorentwicklung der Persönlichkeit: Wenn ein Mensch sich als Kind psychisch gesund entwickelt hat, hat er auch im Alter eher die Möglichkeit, normal zu bleiben.
- Lebensumstände wie Geborgenheit im Alter, körperliches Wohlbefinden oder Unwohlsein, individuelle Betreuung.
- Weltanschauung: Welche innere Einstellung hat man zu seinem Dasein gehabt (Optimist/Pessimist, Glaubensfragen)?
- Rechtzeitiges Training der Adaption: Es ist unser Fehler und nicht der des Alters, wenn uns das Greisenalter mißfällt (Van Swieten, 1730).
- Umwelt: Natürlich trägt auch die Umwelt zum Gelingen der Umstellung bei.

4.3 Persönlichkeitsstörungen

Die Merkmale einer Persönlichkeitsstörung sind besonders ausgeprägt, die entsprechende Person wird unflexibel und unangepaßt. Dadurch entstehen Schwierigkeiten mit der eigenen Person und mit der Umwelt. Dies betrifft etwa 0,7% der Landbevölkerung und 5,5% der Großstadtbevölkerung. Sehr häufig ist die Kausalität als genetisch, als erworbener Hirnschaden oder als entwicklungsbedingt beschrieben.

Die verschiedenen Typen und ihre Merkmale werden wie folgt beschrieben:

- Anankastische Persönlichkeit: Pedanterie, Perfektionismus, Übergenauigkeit, Ordnungsliebe, Zwangsimpulse
- Asthenische Persönlichkeit: rasche Erschöpfbarkeit, leichte Ermüdbarkeit, Mißempfindungen, Mangel an Spannkraft
- Borderline-Persönlichkeit: instabiles Selbstbild, Identitätsstörungen, depressive Persönlichkeit, pessimistische Lebenseinstellung
- Dissoziative Persönlichkeit: Rücksichtslosigkeit gegenüber sozialen Spielregeln, erregbare Persönlichkeit, aufbrausend
- Hyperthyme Persönlichkeit: fröhlich heitere Grundstimmung, gesteigerte Aktivität
- Hypochondrische Persönlichkeit: Neigung zu zwanghaft-ängstlicher Körperbezogenheit
- Hysterische Persönlichkeit: starkes Geltungsbedürfnis
- Narzißtische Persönlichkeit: Störung des Selbstwertgefühls
- Paranoide Persönlichkeit: Neigung, Erlebnisse gegen die eigene Person gerichtet zu interpretieren

- Schizoide Persönlichkeit: Kontakthemmung, extreme Distanz
- Sensitive Persönlichkeit: Mangel an Selbstvertrauen
- Stimmungslabile Persönlichkeit: unberechenbare Launen

4.4 Die Alterstheorien

Die Lage der Betagten wird durch die noch herrschenden und in der Szene aufrechterhaltenen Alterstheorien noch weiter verschärft.

4.4.1 Irreversibilitätstheorien

Lange Zeit wurde der Begriff der Demenz im alten Sinne als ein irreparabler Defekt aufrechterhalten. Man hatte geglaubt, daß Veränderungen grundsätzlich die Folge einer chronischen zerebralen Durchblutungsstörung seien. In den letzten Jahren hat sich gezeigt, daß die Häufigkeit von chronischen zerebralen Durchblutungsstörungen (Multiinfarkt-Demenz, zerebrovaskuläre Insuffizienz) als Ursache einer solchen Hirnleistungsstörung nur 20–25% der Fälle ausmacht, daß aber in der Mehrzahl der Fälle Störungen im Metabolismus und im Transmittersystem des Cerebrums auftreten. Ein einfaches Kausalitätsdenken, das früher etwa die Bedeutung zerebraler Abbauprozesse ganz in den Vordergrund stellte, hat der Vorstellung eines komplexen Netzwerkes gegenseitig sich beeinflussender Faktoren Platz zu machen.

Defizitmodell: Im Defizitmodell, zu dessen bedeutendsten Vertretern YERKES (1921), WECHSLER (1944) und BOTWINICK (1970) zählen, wird Altern als ein Prozeß des Verlustes und als Abbau emotionaler und intellektueller Fähigkeiten beschrieben. Die meisten Untersuchungen, die zur Überprüfung des Defizitmodelles durchgeführt wurden, haben die Altersveränderungen der geistigen Leistungsfähigkeit zum Gegenstand. YERKES will bei der Intelligenzleistung von Männern schon ab dem 30. Lebensjahr einen Altersabbau bemerkt haben.

Altersstereotypien: Das Defizitmodell hat ganz sicherlich die Klischees, meist im Sinne von negativen Vorstellungen zum Betagten bzw. im Verhalten zum Betagten, mitbeeinflußt. Das Altersbild der Gesellschaft zu ihren Alten wird so zum generalisierten psychophysischen Abbaudenken schlechthin. Der Ältere erscheint uns öfter krank, behindert, müde, sexuell desinteressiert, in seinen Denkabläufen gehemmt, vergeßlich, unorientiert, rigide, isoliert und unproduktiv. Dieses Altersbild hat negative Auswirkungen auf Älterwerdende selbst, die Erwartungshaltung bestimmt ihre Situationsanpassung.

Konzept nach SCHMIEDER (Sonnwaid/Wetzikon): In Fachkreisen ist die Irreversibilitätstheorie noch längst nicht überwunden, das zeigt das sogenannte Modellhaus Sonnwaid im Wetzikon (CH). Ausgehend vom Drei-Welten-Modell des Psychiaters Dr. Christoph HELD entwickelte Michael SCHMIEDER in Zusammenarbeit mit dem Architekten Enzo BERNASCONI ein „milieutherapeutisches Konzept zur phasengerechten Lebensraumgestaltung“ von dementen Menschen. Laut HELD führt das Erleben von dementen Menschen in Institutionen unweigerlich durch drei Welten. Es sind dies die Welten der „kognitiven Erfolglosigkeit", „kognitiven Ziellosigkeit" und „kognitiven Reizlosigkeit". Die gewählte Terminologie läßt unmißverständlich ein reines Defizitmodell erkennen. Letzte Zweifel werden durch die den jeweiligen Welten zugeordneten Patientenbeschreibungen (Interaktionsstufen 5–7) charakterisiert. Ab Welt 2, der Welt der kognitiven Ziellosigkeit, scheinen dementiell erkrankte Menschen nur noch Symptome zu produzieren, die man therapeutisch „in den Griff bekommen muß". Wie auch immer geartete Verbesserungschancen scheinen nicht gegeben; der psychobiographische Hintergrund wird als unwesentlich erachtet und eine Ressourcenförderung wird gar nicht erst in Betracht gezogen. Dies ist nur konsequent, denn Dr. HELD betrachtet scheinbar alle Verhaltensstörungen und -defizite als notwendige Begleiterscheinung der Alzheimerschen Krankheit, wobei er völlig übersieht, daß die beschriebene, „phasenspezifische" Symptomatik oft nur das Ergebnis einer fachlich unzureichenden Betreuung und Pflege ist. Daß die Alzheimersche Krankheit neurologisch gesehen einen progredienten Verlauf zeigt, ist unbestritten. Dennoch zeigt alle ernsthafte Forschung der letzten Jahrzehnte deutlich auf, daß der prinzipiell mögliche Verhaltensspielraum eines dementiell erkrankten Menschen zu jedem Zeitpunkt seiner Erkrankung enorm groß ist. Was den Aspekt „Ziellosigkeit" anbelangt, so konnte u.a. Dr. Jutta BECKER in ihrer Forschungsarbeit (Vgl. BECKER, 1997, 1999) nachweisen, daß das Verhalten von Dementen keineswegs „ziellos" ist, sondern vielmehr einer klar erkennbaren „Handlungslogik" folgt. Ziellos (und symptomauslösend) ist im Zweifelsfall eher das Verhalten der Pflegenden, nämlich dann, wenn sie die jeweilige Handlungslogik nicht nachvollziehen können. Die jeweilige Milieugestaltung kann demnach entweder in Richtung Ressourcenförderung und Reaktivierung gehen, oder aber die ohnehin schon vorhandene Regressionstendenz noch vergrößern. Wenn dieses vermeintlich innovative Modell von SCHMIEDER überhaupt etwas Sinnvolles bewirkt, dann ist es die „Ruhigstellung" von psychisch veränderten alten Menschen durch eine regressionsfördernde Milieugestaltung, welche den „phasengerechten" psychischen Abbau beschleunigt. Welche Ressourcen sollten wohl noch in SCHMIEDERS Welt 3, einem 8-Bettzimmer mit Sternenhimmel, sedierendem Rotlicht und Dauerschaukelung per Swingmobil sichtbar werden? In meiner Bewertung stellt dieser – leider nur technisch auf Hochglanz polierte – Ansatz einen äußerst gefährlichen Rückschritt in die Warm-satt-sauber-Pflege dar.

Im Haus Sonnwaid wurden aber auch einige wertvolle Ideen (Demente haben z.B. sehr viel Platz, um ihren Bewegungsdrang ausleben zu können) umgesetzt.

4.4.2 Reversibilitätstheorien

Nach WEILL und BRECHT (1948) kann der Begriff der Demenz nicht mehr länger im alten Sinn als irreparabler Defekt aufrechterhalten werden. Diese Äußerungen führten zur Einführung des Reversibilitätsdenkens. Als multidimensionaler Ansatz brachte die breite Einführung des Reversibilitätsgedankens allmählich eine Änderung der Struktur psychiatrischer Altenpflege. Aufgrund der Reversibilitätstheorie und Engagementtheorie entwikkeln sich nun nach und nach Testreihen, die nicht auf die negativen, sondern auf die positiven Auswirkungen im Alter aufmerksam machen sollen.

Aktivitätstheorie (TARTLER 1961, LEMON 1972, BENGTSON/PETERSON 1972): Die Aktivitätstheorie wurde gleichsam als Gegenstück zur Disengagementtheorie geboren. Sie geht von der Annahme aus, daß jeder Mensch in der Gesellschaft eine Rolle zu spielen hat. Verliert er diese Rolle, ist er zur Inaktivität verurteilt. Die Aktivitätstheoretiker sehen die Rolle und die daraus resultierende Bedürfnisbefriedigung vorwiegend auf der Ebene des sozialen Kontakts angesiedelt.

Kognitive Alterstheorie (THOMAE, 1970): Diese Theorie wurde mit dem Ziel entwickelt, eine Integrationsgrundlage für andere alterstheoretische Ansätze zu schaffen. So sagt sie z. B. aus, ob für ein zufriedenes Alter die Ausgewogenheit zwischen den Bedürfnissen und der Realität vorhanden ist oder nicht.

STEINHARDT-Theorie: Martina STEINHARDT meint, daß eine Zelle so lange nicht altert, als sie vor neue Aufgaben gestellt wird, welche sie zu weiteren Differenzierungen zwingt. Sobald das letzte Programm erfüllt ist und kein neues mehr aktiviert wird, beginnt die Zelle zu altern. Diese Theorie spricht die seelischen Phänomene des Alterns an. Menschen mit immer neuen Zielen leben und leisten weit mehr, als die biologische Funktion hergeben würde.

BÖHM-Theorie: siehe dieses Buch.

4.5 Demenz-Syndrome

Nachdem wir Menschen unsere psychischen Vorschäden, Prägungen und Copings, aber auch den biologischen Abbau gut oder schlecht überstanden haben, gibt es mehrere Möglichkeiten, was mit uns geschehen könnte. Einige Leute haben das Glück, daß sie weiter in ihrer Persönlichkeit wachsen; sie werden sozusagen die weisen Greise. Andere kompensieren wiederum ihre schwächeren Leistungen und bleiben dadurch ebenfalls unauffällig. Und einige haben das Pech, daß sie aufgrund eines Auslösungsmoments eine akute zerebrale Dekompensation erleiden und dadurch auffällig werden. Wieder andere haben keine akute Dekompensation, sondern einen tatsächlich auffallenden und diagnostisch nachweisbaren Hirnschaden.

Viele Autoren der verschiedensten Fachrichtungen, vorwiegend aber Internisten, haben ihre Ansicht zum Thema Demenz in der Fachpresse publiziert. Eine einheitliche Terminologie ist nicht erkennbar. Bereits 1946 wurde von LEWIS die Notwendigkeit der Einführung einer geeigneten Terminologie auf diesem Gebiet verlangt. Ohne zu werten, werden hier die heute gültigen Aussagen kurz zusammengefaßt.

Aufgrund unserer Erfahrungen ist nach einer dreimonatigen pflegetherapeutischen Zeit die Trennung zwischen primärer und sekundärer Demenz praxisnotwendig (da die sekundären Demenzen eine Starthilfe, die primären Demenzen aber Trainingsprogramme benötigen); dies auch deshalb, da ich von der Reversibilitätstheorie ausgehe und an der Statistik eindeutig zu erkennen ist, daß gerade die reversiblen Formen wesentlich häufiger sind als die eher irreversiblen Erkrankungen, wobei mir persönlich eine Einteilung nach *Syndromen* lieber ist als nach pathophysiologischen Erkrankungsbildern.[42]

Primäre Demenzen	***Sekundäre Demenzen***
Typ ALZHEIMER	Pseudo-Demenzen
Typ Multiinfarkt-Demenz	Durchgangssyndrome, Dekompensationen, organisches Psychosyndrom
= eher irreversibel	= eher reversibel

Unter dem Begriff *sekundäre Demenz* werden alle psychologischen Defizite zusammengefaßt, die eine hirnorganische Grundlage haben und im Zusammenhang mit extrazerebralen Erkrankungen oder nach Hirntraumen, Infektionen, Tumoren usw. des Gehirns auftreten (ÖSTERREICHER 1989). Es sind jene Erkrankungen, die einen Auslöser benötigen, wobei dieser entweder psychisch oder somatisch sein kann (Tab. 10).

Im Gegensatz zu sekundären Demenzen, die in jeder Altersstufe auftreten können, handelt es sich bei den *primären Demenzen* um altersbezogene Hirnerkrankungen (ÖSTERREICHER 1996). Für beide Erkrankungsarten, unabhängig von der ärztlichen Diagnose, ist die Pflegediagnose zur Befindensverbesserung, Symptomlinderung und zur Wiederbewältigung des Lebens oder zumindest zur Bewältigung des Lebens mit dieser Behinderung geeignet (Überlebenstraining anhand der Biographie).

Ein sehr modernes Wort wird in letzter Zeit oft angewendet, wahrscheinlich auch bedingt durch die Ideologie der Reversibilitätstheorie, und zwar das Wort *Durchgangssyndrom.* Die Durchgangssyndrom-Hypothese (WIECK 1985) geht davon aus, daß qualitativ verschiedene Erscheinungsbilder von Hirnstörungen nicht auf unterschiedlich gestörte Gehirnbereiche zurückgehen, sondern auf unterschiedliche, schwere Störungen des gesamten Gehirnsystems. Dieser Annahme zufolge zeigen Personen bei einer Verschlimmerung ihres Zustands verschiedene Syndrombilder. Ebenso durchlaufen sie bei einer Besserung qualitativ verschiedene Störungsstadien – eine Vorstellung, die sich auf ähnliche Weise bei manchen Psychoanalytikern in bezug auf die neurotische Störungssymptome findet.

---

[42] „Der Patient mit Hirnleistungsschwäche", Prof. Dr. K. MAURER, Hormosan-Kwizda

Tabelle 10: Auslöserbeispiele für sekundäre Demenzen

Somatisch	*Psychosozial (biographisch)*
– beeinträchtigte O_2-Aufnahme zum Gehirn	– Tod des Angehörigen
– Durchblutungsstörungen	– Tod des Bezugstiers
– kardiale Dekompensationen	– Coping-Beraubungen
– Lungenerkrankungen	– Schreck
– endokrine Erkrankungen	– Änderungen der Wohnung
– Hyperthyreose	– Seilbahnfahrten
– Hypothyreose	– Streit, wenn man nie gestritten hat
– Nebenniereninsuffizienz	– kein Streit, wenn man immer gestritten hat
– Diabetes mellitus	– was kränkt, macht krank
– Nierenerkrankungen	– alle Punkte der Life-events-Situation
– Ernährung	– zu schnelle Sprache der Pflegenden
– Wasser-/Elektrolythaushalt	– Ich-Verlust, Unterforderung
– Wassermangel	– Überforderung (auch beim Basteln)
– Vitamin B_{12}-Mangel	– Ortswechsel
– Folsäuremangel	– Änderung von Freundschaften
	– ängstigende Erlebnisse
	– Angst vor Pflegenden
	– andere Situationen als früher
	– Ärger
	– Trauer
	– Überforderung (der Wasserhahn ist kaputt)
	– Entlassung (Wegfall des Krankheitsgewinns)
	– Bilanzierungen (Was bleibt mir noch im Leben?)
	– Nichtbeachtung der Biographie

Das Durchgangssyndrom wird heute als die am häufigsten verwendete ärztliche Diagnose gesehen. Man unterteilt es in drei Stufen, um jenen Status zu erkennen, in dem sich ein Klient befindet, wenn diese Diagnose gestellt wird. Dazu einige Stichwörter:

Leichtes Durchgangssyndrom:

Patient fällt im täglichen Leben kaum auf, ist verlangsamt, antriebslos, arm an Initiative, reagiert verzögert, vergeßlich, unausgeglichen, traurig, verstimmt, reizbar, leidet unter Schwindel, Schlafstörungen.

Mittelschweres Durchgangssyndrom:

Patient denkt langsam, kann Zusammenhänge nicht mehr erkennen, leidet unter Störungen des Frischgedächtnisses, ist noch orientiert, aber ängstlich, unruhig, euphorisch, regressiv, antriebsarm; bringt Vernachlässigung von Beruf, Familie mit sich.

Schweres Durchgangssyndrom:

Auch Altgedächtnis gestört, kein mitmenschlicher Kontakt mehr, verwirrt, desorientiert, situativ nicht angepaßt, konfabuliert.

Die Prognose für ein leichtes Durchgangssyndrom ist eine vollständige Wiederherstellung, für das mittelschwere beträgt sie 30% (bleibender organischer Defekt), für das schwere 75% (bleibender organischer Defekt).

Defekte nach einem Durchgangssyndrom fallen unter den Begriff „sekundäre Demenzen" und werden in der Literatur mit folgenden Symptomen belegt: Gedächtnisstörungen, Konzentrationsstörungen, Denkstörungen, Nachlassen der Selbstkritik, Antriebsstörungen, Gefühlsstörungen, Verstimmung, Charakterveränderung, Nachlassen des ethischen Empfindens, Abweichen vom normalen sexuellen Verhalten, Leben im Langzeitgedächtnis.

Selbstkritik, Antriebsstörungen, Gefühlsstörungen, Verstimmung, Charakterveränderungen, Nachlassen des ethischen Empfindens, Abweichen vom normalen sexuellen Verhalten, Leben im Langzeitgedächtnis.

Einige Autoren unterteilen nicht mehr nach primären oder sekundären Demenzen, sondern nach Syndromen. Auf dem Hintergrund von Dispositionen und Lebensgeschichten können sich Leidenszustände entwickeln, die nicht unmittelbar auf körperliche bzw. zerebrale Erkrankungen zurückgehen. Dann liegen die Ursachen meistens in den Erlebnissen der Persönlichkeit. Unter den Absatzbeschriftungen 1–7 sind kurze biographische Überlegungen untergebracht, die dann bei den Beispielen im Arbeitsbuch deutlicher herauskommen sollen.

(1) Paranoid und halluzinatorische Syndrome: Schuld im Leben, Gewissen usw.

(2) Syndrom der gestörten Orientierung: Bild der realen Verhältnisse wird mit Bildern aus der Jugend (Erlebnisse) vermischt („Ich verstehe die Welt nicht mehr!).

(3) Syndrom der getrübten Bewußtseinslage: Benommenheit, Trübung

(4) Syndrome der Angst:
Vitale Angst: Patient geht zum Arzt, somatisiert
Seelische Angst: Vergangenheit, Gegenwart, Zukunft steht in Frage. Existentielle Bedrohung aus der Biographie. Die Angst, etwas falsch gemacht zu haben, sich zu versündigen, jetzt zu versagen, Zukunft nicht zu schaffen, Folgereue, Tatreue, Lebensbilanz, Angst, langsam zu sein, Erwartungsangst, Angst vor dem Selbstbild, Angst vor dem Fremdbild, Angst um das tägliche Brot.

(5) Psychosomatische Syndrome sind körperliche Ausdrucksformen von Konflikten, Krankheitsgewinn, Kumpelsyndrom („Ich bin wichtig!").

(6) Syndrom der Abhängigkeit: Das Syndrom der Abhängigkeit entsteht aus dem allgemeinen Wunsch, das Unangenehme zu verhindern, das Angenehme zu steigern: Man hat plötzlich die Empfindung, daß es mit einem Alkoholabusus oder einer Medikamentenabhängigkeit besser geht. Der Abusus kann mit den eigenen Copings, wie verzichten zu können, freudig erwarten zu können, etwas wieder aushalten zu können, wieder durchhalten zu können, ersetzt werden.

(7) Syndrom der Depression: Aus der Bilanzierung seines Lebens, aus Mangel an Ich-Identität usw.

Andere pathologische Terminologien

Nach MÜLLER (1967) gibt es:

(1) senile, atrophische Psychosen mit leichten bis schweren organischen Psychosyndromen
(2) arteriosklerotische Psychosen und andere zerebrovaskuläre Erkrankungen
(3) akute Verwirrtheitszustände
(4) präsenile Demenz
(5) affektive Psychosen (Altersdepression und Spätmanie)
(6) Spätschizophrenie und paranoide Syndrome
(7) akute psychogene Reaktionen, reaktive Entwicklungen, Neurosen und Persönlichkeitsveränderungen im Alter

Nach der Definition der WHO (1992) kommen zu MÜLLER noch die Punkte 8 und 9 dazu:

(8) Neurosen
(9) im Alter auftretende Persönlichkeitsveränderungen

Gemäß L. CIOMPI (1975) gibt es:

(1) psychische Altersstörungen mit vorwiegend organischem Psychosyndrom
(2) akute Verwirrtheitszustände und Delirien
(3) psychische Altersstörungen mit vorwiegend nicht organischem Erscheinungsbild, Altersdepression, Alterswahn, reaktive Verhaltensstörungen und Abwegigkeiten.

Nach G. S. BAROLIN (1976):

(1) nach der zeitlichen Entwicklung
(2) aus der Jugend mitgeführt
(3) im Alter erst auftretend

Unterteilungen findet man in der Literatur auch nach anderen Gesichtspunkten wie zum Beispiel

nach der Ursache

endogen, exogen

hirnorganisch

nach den Erscheinungen Abbau oder Demenz, unruhige Verwirrtheit, depressive Syndrome, wahnhafte Syndrome (GROND, 1984)

nach S. Kanowski 1981 (Häufigkeits-Skala)
35% organische Psychosen
15% paranoide Psychosen
37% psychoreaktive Störungen
13% affektive Psychosen

Teil III
Grundlagen des Modells – Konzept, Dokumentation und Planung

1. Der Lebensbaum

Ich möchte gerne die Grundlagen meines Modells (zumindest symbolisch) anhand eines **biographischen Lebensbaumes** erklären; die Symbolik ist im Sinne der Naturgesetze zu verstehen.

Mit „Baum" meine ich alle Wurzeln unserer Seele, also das Säen, Pflanzen, Wachsen, Entwickeln, aber auch das natürliche Stadium des Vergehens und Verblühens. Egal, wo dieser Baum auf unserem Planeten auch stehen mag, er ist für uns Menschen die Verkörperung der Heimat schlechthin. Er wächst aus einer bestimmten Heimaterde, aus einem bestimmten (auch kulturell zu sehenden) Grund heraus.

Auf diese „Baumidee" bin ich durch unsere Klienten gestoßen, denn einige erinnern mich stark an kräftige Eichen, andere wieder nur an einen Strauch.

Betagte benehmen sich oft im hohen Alter wie ein ausgewachsener Baum. Sie haben Verkrümmungen, Eigenarten und ändern sich kaum mehr (oder nur selten). Bei den meisten kann man schon allein durch ihr Aussehen, durch ihr Benehmen einen spezifischen Typ erkennen.

Menschen gleichen einem Baum, der mit seinem Stamm und seinen Ästen eine feste Gestalt angenommen hat. In der Jugend ist er wie ein junger Baum, bei dem man wohl vemuten kann, wie der Stamm wachsen wird, ob gerade oder schief; aber man kann es noch nicht mit Sicherheit sagen und weiß auch nicht, wo die Zweige entstehen und welche Richtung sie bei ihrer Entwicklung einschlagen werden.

Im Alter ist der Charakter mehr ausgeprägt, und die Seelenzustände sind gleichsam kristallisiert. Die Neigungen des Menschen, die guten und die bösen, sind zu seiner Natur geworden.

Der Baum wächst wie der Mensch aus einem bestimmten Boden heraus – seiner Heimaterde, seiner Familie, seinem Milieu. Er richtet sich nach seiner Umgebung, die ihn beeinflußt (Windflüchter) und geht bei einer Änderung seines Lebensraumes ein.

So wie ein Baum hat auch der Mensch

1. Wurzeln,
2. einen Stamm und
3. Äste, die sich verzweigen.

1.1 Die Wurzeln unseres Lebensbaumes

Die kausalen Grundlagen, was aus einem Baum wird, sind – wie überall im Leben – die Saat und die ersten Jahre des Wachstums.

So können wir auch in der Menschenseele Wurzeln erkennen. Diese Wurzeln begleiten uns ein Leben lang. Wir können sie nicht abstreiten oder verleugnen. Aus unseren Wurzeln ziehen wir ein Leben lang die für uns brauchbaren Nährstoffe des Mitgebrachten, Vererbten, aber auch unsere Antriebe usw.

Unsere menschlichen Wurzeln sind vor allem:

- das Mitgebrachte (genetisch ererbtes Material),
- unsere Antriebe,
- Intuition,
- Familie und Familienkonstellation,
- Milieuprägungen, wie Erziehung zum Zeitgeist (Zeitgeistphänomene), Prägungen aus einem gesunden oder kranken Daheim-Gefühl.
- Wir lernen von unserer Framilie die Art und Weise, das Leben zu sehen (derbe oder nette Umgangssprache, derbe oder nette Spiele). Wir haben nicht die Möglichkeit, uns unsere Familie auszusuchen oder gar gesunde oder neurotische Familienkonstellationen zu erkennen. Wir sehen nur unsere Welt.
- Wir lernen aus unserem Milieu. Wir sehen unser Milieu als das einzig Wahre und Mögliche, erkennen in der Folklore und in Ritualen Sinn und Sicherheit.

1.2 Der Stamm – Charakterbildung

Aus den Wurzeln entsteht der Stamm. Der Stamm entspricht dem Charakter, der das Gesamtgefüge aller im Laufe des Lebens gleichbleibenden Grundzüge von Handlungen, Einstellungen, Strebungen, Gesinnungen und Handlungsweisen ist, die das Besondere eines Individuums grundlegend bestimmen. Es sind dies individuelle Einmaligkeiten, die sich aus den Wurzeln ergeben und die wie immer biographisch abhängig sind.

So werden Kinder mit einer gesunden Familienkonstellation die Welt realistisch sehen, Kinder aus einer kranken irreal. Es ist kein Wunder, daß diese Kinder auch noch als Erwachsene an das Christkind und an Geschenke glauben, und wenn diese Geschenke nicht eintreffen, böse sind! Aus den pathologischen Wurzeln können sich auch sogenannte pathologische Charakterzüge entwickeln, die dann ein Leben lang aufrechterhalten werden und daher auch im Alter sichtbar sind (siehe Arbeitsbuch, Probleme der Klienten).

Analer Charakter:

Ordnungssinn	Eigensinn
Zuverlässigkeit	Geiz
Gewissenhaftigkeit	Trotz
Pünktlichkeit	Jähzorn

Die Wurzeln unseres Lebensbaumes – Lebensbaum als Orientierung im Modell

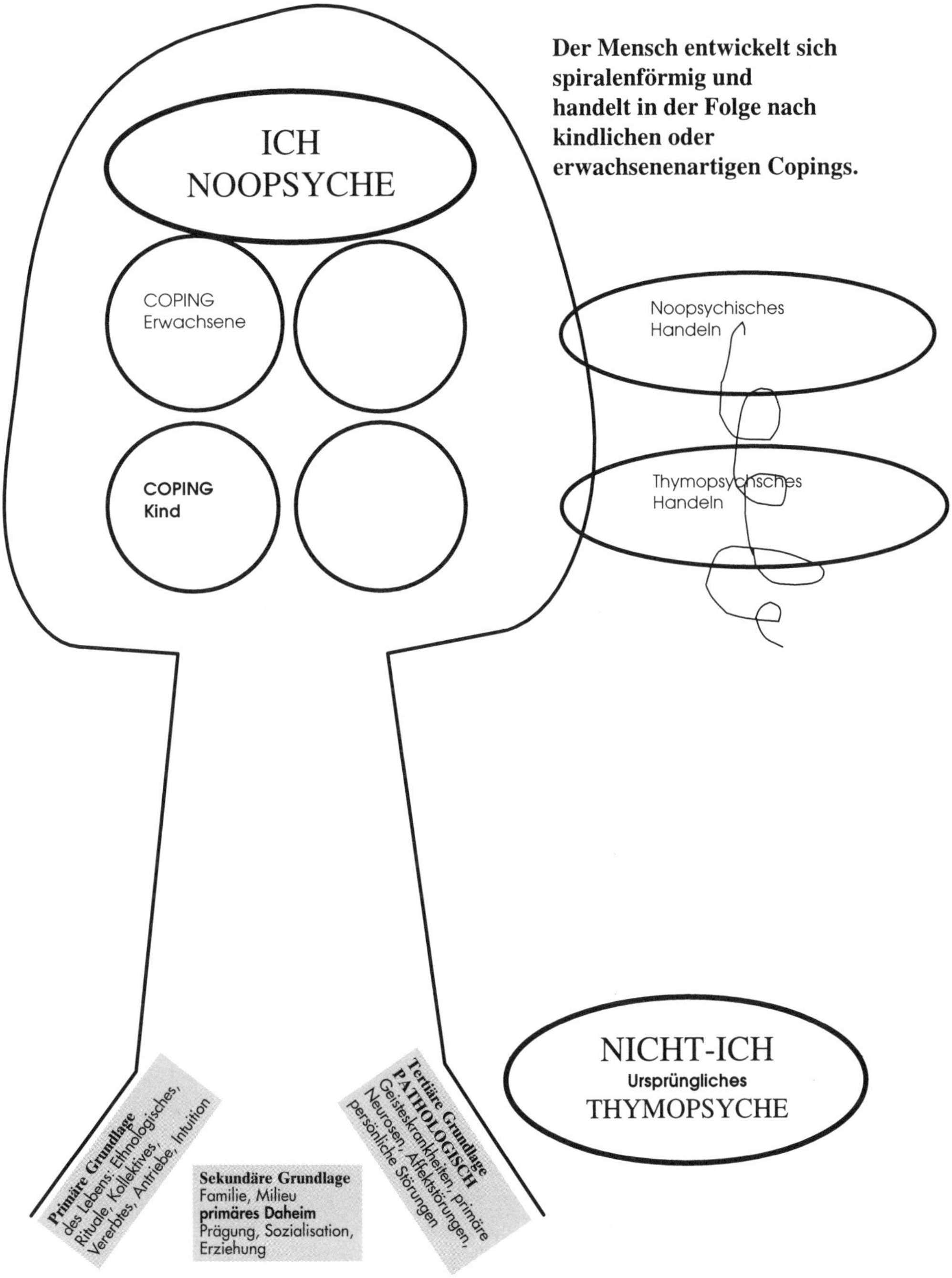

Abb. 11: Die Wurzeln unseres Lebensbaumes

Der Stamm unseres Lebensbaumes – Lebensbaum als Orientierung im Modell

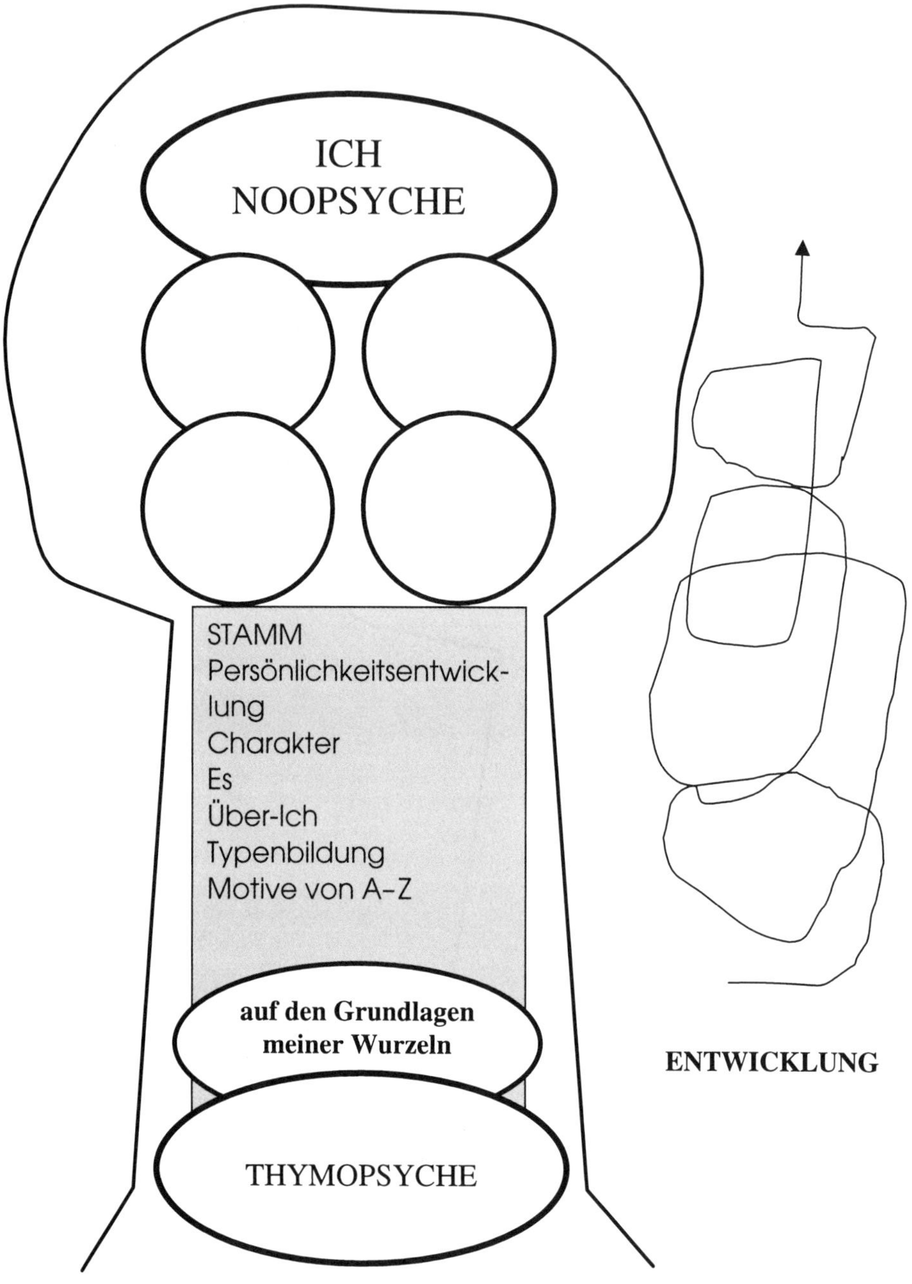

Abb. 12: Der Stamm unseres Lebensbaumes

Oraler Charakter:

Optimisten	Pessimisten mit Beißen, Zerstören, Einverleibung des Objektes ausgestattete Handlungen

Genitaler Charakter:

Kühnheit	Waghalsigkeit
Entschlossenheit	Festigkeit
usw.	

Aber auch die Entstehung von Aggressionen (Eigen- und Fremdaggression), Depressionsformen, Minderwertigkeitsgefühlen usw. können in unserem Stamm sitzen. Viele Ursprünge (auch neurotische) kann man als Lebensmotiv ansehen.

Motive aus unseren Wurzeln von A–Z, übertragen in den Stamm

Über viele Jahre habe ich mich bemüht, alle derzeit in der Literatur erwähnten psychischen Motive[43] – die Motive aus dem Stamm – zusammenzutragen und stelle sie an dieser Stelle alphabetisch geordnet vor.

Sehr viele Menschen leben in der thymopsychischen Facette des Lebens aus einer oder mehreren der hier angegebenen Möglichkeiten.

Abenteuersucht	Diebessucht	Fettsucht
Abscheu	Disputiersucht	Freßsucht
Achtung	Drogensucht	Freude
Aggression	Durst	Furcht
Angst	Effektsucht	Gähnsucht
Antipathie	Egoismus	Gallsucht
Arbeitssucht	Ehrfurcht	Gefallsucht
Ärger	Ehrgeiz	Gehorsam
Arzneimittelsucht	Ehrsucht	Geilsucht
Begierde	Eifersucht	Geldsucht
Bekehrungssucht	Eigensucht	Geltungssucht
Bettelsucht	Ekel	Genußsucht
Beutesucht	Empörung	Gewinnsucht
Bewunderung	Entsetzen	Großmannssucht
Beziehungssucht	Entzücken	Grübelsucht
Blutsucht	Erwerbsucht	Habgier
Brandstiftungssucht	Eßsucht	Helfersucht
Bubensucht	Feindseligkeit	Herrschsucht
Dankbarkeit	Fernsehsucht	Hoffnung

---

[43] Diese können auch Neurosen sein. Quelle: R. HARTEN: „Sucht, Begierde, Leidenschaft. Annäherung an ein Phänomen.“ Ehrenwirth, München 1991

Humor
Hunger
Hurensucht
Ich-Sucht
Intoleranz
Kaufsucht
Klagesucht
Klatschsucht
Konsumsucht
Kriegssucht
Kritiksucht
Kummer
Lästersucht
Laufsucht
Lesesucht
Liebesschwindelsucht
Liebessucht
Lustsucht
Machtsucht
Medikamentensucht
Mißtrauen
Mondsucht
Mundsucht
Mut
Muttertrieb
Nächstenliebe
Naschsucht
Neuerungssucht
Neugier
Neuigkeitssucht
Nikotinsucht
Paarsucht
Parteisucht
Pessimismus
Pflichtgefühl
Prahlsucht
Profitsucht
Prunksucht
Putzsucht
Rachesucht
Raffsucht
Ränkesucht
Raubsucht
Redesucht
Regiersucht
Reisesucht
Reklamesucht
Rekordsucht
Renommiersucht
Ruhmsucht
Sammelsucht
Saufsucht
Scham
Schlafmittelsucht
Schlafsucht
Schmähsucht
Schmeichelsucht
Schnüffelsucht
Schreibsucht
Schwatzsucht
Sehnsucht
Selbstsucht
Sensationssucht
Sex(ual)sucht
Skandalsucht
Spielsucht
Spottsucht
Stehlsucht
Stolz
Strebsamkeitt
Streitsuch
Tadelsucht
Tanzsucht
Tobsucht
Todessehnsucht
Toleranz
Tratschsucht
Trauer
Traumsucht
Treue
Trotz
Trunksucht
Unzufriedenheit
Verachtung
Verehrung
Verfolgungssucht
Vergnügungssucht
Verkleinerungssucht
Verschwendungssucht
Verzweiflung
Vorteilssucht
Wahnsucht
Wanderungssucht
Weinsucht
Wertschätzung
Wut
Zanksucht
Zufriedenheit
Zweifelsucht

Unsere Wurzeln und unser Stamm bilden somit die Grundlage unseres *Wollens* und *Willens*.

1.3 Unsere Äste – das Verhalten und Handeln

Verhalten und Handeln kann in (mindestens) zwei Betrachtungsebenen zusammengefaßt werden:

a) Lerntheoretische Betrachtungsweise (Klassische Konditionierung nach PAWLOW; behavioristisch-assoziationspsychologische Theorie)

b) BÖHM*sche Betrachtungsweise*

a) Lerntheoretische Betrachtungsweise

Die körperliche Entwicklung eines jungen Tieres ist nahezu abgeschlossen, wenn es ins Leben tritt. Mit einer Vielzahl von Instinkten vermag es sich bald selbst in seiner Umwelt zurechtzufinden. Der junge Mensch dagegen hat in jeder Hinsicht eine lange Entwicklung durchzumachen. Aber auch nach Beendigung des körperlichen Wachstums und der ersten Einordnung in seine Umwelt ist sein seelisches Hineinwachsen in die Kultur seiner Zeit noch nicht vollendet.

Das Kind ändert sich entsprechend den Entwicklungsstufen und lernt physiologische, biologische und psychische Mechanismen kennen und zu seinen eigenen zu machen. Es erkennt Verhaltensmuster und die Reaktionen darauf und testet sie. Somit ist Verhalten erlernt und konditioniert.[44]

Verhaltensänderung ist also eine Frage der Konsequenzen, die das Verhalten hervorruft. Sind die Folgen angenehm, dann wird ein Verhalten häufiger eingenommen werden, sind sie unangenehm, so werden die Verhaltensweisen seltener eingenommen.

b) Erlernen von Copings – ein BÖHMscher Erklärungsversuch

Der Begriff „Coping" wird seit Jahren in der Psychiatrie und Psychosomatik verwendet (BLANKENBURG 1994). Da der Begriff sehr weit gesteckt ist, befindet er sich noch im Stadium der Fluktuation. Generell kann man unter Coping die Beziehungs-, Begegnungs- und Auseinandersetzungsmöglichkeiten, Bewältigungsversuche (des Lebens), die Begegnung und Entgegnung (auf die Umwelt), aber auch die Bewältigung von Überforderung und Unterforderung, die Begegnung mit dem Gewöhnlichen verstehen.

Für die pflegerische Praxis ist es besser, das Wort Coping um die Bedeutung „Lebensbewältigungsmechanismus" zu erweitern und Coping als Gefühlsreaktion zu betrachten, sozusagen als Handlungsrichtung und Konzept, wobei man als eigene Handlung auch jegliche Eigenart, Berufung (wenn diese positiv besetzt ist), Ersatzhandlung (wenn sie negativ besetzt ist) bezeichnen kann.

Ich sehe Copings auch als erlernte Lebensmuster an. Die Hauptarbeit von Kleinkindern besteht darin, zu üben, wie sie den Papa, die Mama und sonstige Erwachsene hineinlegen könnten. Sie probieren aus, was geht. Jene Programme, die funktionieren und Erfolg bringen, speichern sie ab (Allmächtigkeitsgefühl das Säuglings); diese werden zu konditionierten Copings.

Wenn ein Muster klappt, so sagt RINGEL 1986, hat man sein *erstes Erfolgserlebnis,* man bleibt dabei und setzt es immer und immer wieder ein.

---

[44] DYLLA K.: Verhaltensforschung. Biologische Arbeitsbücher, Verlag Quelle und Meyer 1974

Oft führen im Leben ganz eigentümliche Copings zum Erfolg: Zynismus, Humor, politisch tätig sein, „Ich-weiß-alles-du-nicht-Spiele“, um alles im Leben kämpfen, hamstern, schleichhandeln, Alkoholismus, anderen Menschen die Schuld geben für das eigene Versagen, nur freundlich sein, Angst haben, ausgenützt zu werden, aber genauso gut, sich nur ausnützen zu lassen.

Copings können auch je nach Lebensanschauung verschieden sein: politisch, wirtschaftlich, human, protestantisch usw. Interessant ist, daß unsere Eigenarten die Reaktionen der Menschen in ihren Grundmustern darstellen, die, wenn sie einmal ausprobiert und „eingefahren“ sind, ein Leben lang gleichbleibende Verwendung finden.

F: „Man macht immer dieselben Fehler, denn die kennt man schon, da braucht man keine neuen lernen“, sagt der Volksmund.

So kann man einen Coping-Aufbau, aber auch einen Coping-Rückgang unterscheiden, wobei die Verwendung von Copings Sicherheit gibt (Abb. 14).

Beispiel:

Man ist in einer schmutzigen, kleinen Wohnung mit Flöhen und warmen Ziegeln im Bett aufgewachsen, entwickelte dort seine Copings und genoß (!) dort seine Kindheit.

Nur für eine kurze Strecke im Erwachsenensein lebend, wird man nun versuchen, die alteingefahrenen Copings zu verändern, vielleicht sogar das Gegenteil zu probieren. Wenn man nun als Erwachsener spielt, versucht man, diesem ehemaligen Leben zu entfliehen. Man entflieht dem Nest; man sucht sich die erste Freundin, um zu entkommen, oder Schulkollegen, Ehegesponse, Gleichgesinnte, die einen angeblich verstehen. Man kauft eine große

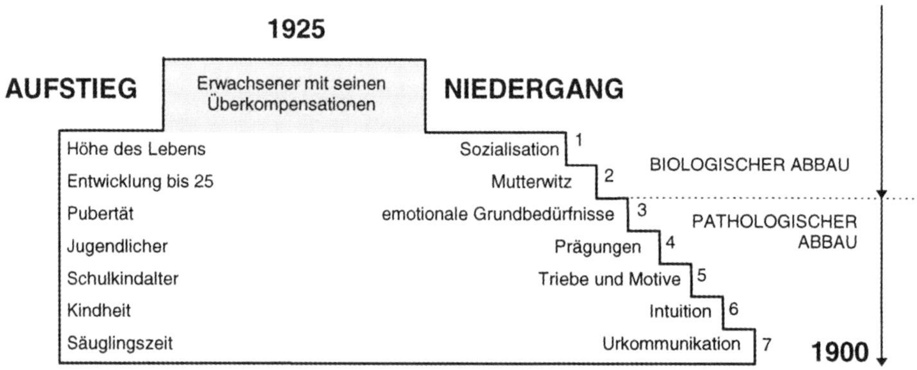

Abb. 13: Die Erlernung der Copings erfolgt in den ersten 25 Lebensjahren (im Bild die linke Seite). In der Regression erreicht man seine eigenen unteren Copings wieder

Wohnung, eine Zweitwohnung, natürlich mit Zentralheizung (im Gegensatz zum warmen Ziegel, den man früher im Bett liegen hatte); man versucht, nicht mehr „wie früher“ zu Fuß gehen zu müssen – ein Zweitwagen muß her.

In der Demenz kehrt man aber plötzlich wieder zu seinem Daheim-Gefühl zurück, man will wieder eine Substandardwohnung und warme Ziegel zum Wärmen der Füße im Bett. Man will wieder daheim sein.

Die folgenden Aussprüche sind typisch für das oben beschriebene (wieder) Nach-Hause-Gehen (Regredieren):

Weihnachten ist auch nicht mehr das, was es einmal war.

Wir haben früher alles selbst hergerichtet.

Es hat mir Freude gemacht, für die Familie zu kochen. Heute sitze ich da und warte auf das Christkind, weil ja die Junge alles macht (aber ganz anders, ganz falsch, natürlich).

Sobald man an einer Hirninsuffizienz oder einer „biographischen Dekompensation“ leidet, geht man in seine „alte Bruchbude“ zurück, man sucht Altvertrautes, Heimeliges, Geruchs- und Gehörassoziationen von früher wieder auf. Man bedient sich seines ehemals gespeicherten (aber schon immer funktionierenden) Copings, wobei der unterste Level jene Copings sind, in denen unser Ich noch nicht funktioniert, also eigentlich sogenannte *Nicht-Ich-Copings*.

1 Coping des *Ich*
2
3 Kein Mensch kann
4 aus seiner Haut heraus.
==================================
5
6
7 Coping des *Nicht-Ich*
Man ist im magischen Denken,
im Primitiven und in primitiven Reaktionsmustern,
im Ursprünglichen,
im Metaphysischen.

Man denkt wieder magisch; man ist wieder im kindlichen Paradies, für nichts zuständig, für nichts verantwortlich und läßt, wie man sagt, den Herrgott wieder einen guten Mann sein. Dies bedeutet, daß man als Kleinkind noch kein schlechtes Gewissen haben muß, alles ist richtig, der Herrgott nur ein gütiger Mann.

Eingefahrene Lebensmuster und Copings werden ein Leben lang in gleicher Weise wiederholt, wobei man sich selbst meistens nicht erklären kann, warum dies so ist.

Dummerweise wiederholen wir aber nicht nur die guten, sondern auch die schlechten Sachen, also unsere Fehler. Wir leben im Wiederholungsritual. Wer kennt nicht das Coping eines Spielers oder gar eines Arbeitswütigen, der immer wieder meint, daß es eben morgen klappen wird, weil es ja heute eben nicht geklappt hat. Nimmt man (oder schmälert man) dem Spieler, dem Alkoholiker, aber noch mehr dem Betagten seine gewohnte Rolle, dann kommt es zur *biographischen Dekompensation*.

2. Coping und Aktivitäten des täglichen Lebens (ATL)

Will man Betagte pflegen, muß man den Bogen der Copings *vor* der Erfüllung der ATLs betrachten, sich gleichsam hineinversetzen. Das Daheim von früher umspannt den Bogen der Aktivitäten des täglichen Lebens bis hin zur Sexualität, vom „Niederlegen" bis zum Aufstehen. Es sind die Dinge des täglichen Lebens.

In der Demenz sucht man immerhin die Freunde von gestern. Dies müssen nicht Freunde im Sinne von Menschen sein. Die Freunde von gestern sind auch das berühmt-berüchtigte „Schmalzbrot" sowie der Dialekt und der Witz von gestern.[45]

Befragt man die Klienten in Gruppen oder einzeln, fällt auf, daß wir Pflegenden nicht auf die Bedürfnisse von früher eingehen, daß also ein Heim niemals „heimelig" sein kann. Noch bis vor ein paar Jahren wußten wir nichts über die sogenannten Bedürfnisse unserer Klienten aus den Tagen um 1900 bis 1925. Ja, wir konnten ihr Daheim-Gefühl nicht einmal erahnen. Wir schnitten ihre Gefühle auf die unseren zu. Aber das ist nicht Seelenpflege oder Stillung des seelischen Hungers, sondern institutionalisierte Pflege! Ego kontra Ursprünglichkeit.

Es ist also kein Wunder, daß der Boom zur Nostalgie in unserem Jahrhundert wieder ausbricht, weil er erstens in uns steckt und weil er uns zweitens einen Urlaub von der harten realistischen Welt ermöglicht. Wir träumen von unserer Oma, von der Tanne vor dem Bauernhaus. Wir erinnern uns an den Lachonkel[46], werden inspiriert vom Geruch eines alten Schweinestalls, wenn er uns um die Nase weht. Wir versetzen uns in unsere Kindheit zurück. Dieses Versetzen in die frühere Zeit gibt uns nicht nur Urlaub, sondern auch Sicherheit und ein vertrautes, heimeliges Gefühl (das Wort hat also gar nichts mit Heim zu tun).

Aber auch Trauer steigt in uns auf, wenn wir an Daheim denken. Jeder weiß doch, daß traurige Kinderaugen uns so entsetzen, daß wir zwangsweise spenden; natürlich, denn wir trauern nicht nur um das arme Kind auf einem Foto, sondern auch um uns, um unser eigenes Kind, das wir waren und immer noch sind.

Das Daheim erfährt man durch seine Erlebniswelt in dieser Kinderzeit. Nun gibt es nicht nur sogenannte normale Verarbeitungen, sondern eben auch pathologische. Es gibt oder gab nicht nur ein „gesundes", sondern auch ein krankes Daheim. Das Coping wird zum Selbstschutz. Unsere Aufgabe ist die

---

[45] Die Sprache ist eine Differenzierung des Ich. Dialekt ist, wie ich immer sage, eine prärationale Sprache, damit ist der Klient wesentlich besser erreichbar. Durch eine andere Sprache (Hochdeutsch) grenze ich mich von meinen Patienten ab. Man spricht Ich-logisch, der Klient hingegen prärational.

[46] Lachonkel sind jene Männer, die meistens die Freunde der Väter sind. Diese dürfen auch mit uns Kindern lustige, erziehungstechnisch böse Sachen spielen (siehe Wilhelm Busch).

behutsame Suche nach emotionalem Material aus der Biographie. Wie nahm jemand seine Kindheit wahr? Wie verarbeitet er seine Eindrücke? Wie erlebt er heute seine Umgebung, einen Menschen? Wie bedroht, wie glücklich ist er?

Wir Menschen verarbeiten unsere Hier- und Jetzt-Existenz und vermischen diese mit alten Eindrücken und Erinnerungen. Daher sprechen wir von einer äußeren Welt und ihrer Wirklichkeit (Eindruck) und von einer inneren Welt, die stark von der Erinnerung geprägt bzw. emotional beeinflußt wird. Die Mischung daraus ergibt unsere Realität, die wirklich oder unwirklich sein kann. Diese Mischung führt zu unserer persönlichen Sichtweise oder Weltanschauung, aber auch zur Paranoia. Ist die Mischung zwischen realer Außenwelt und erlebter Innenwelt richtig und sind unsere daraufhin entstehenden Aktionen (Copings) normal – was auch immer das sein soll –, werden wir in der Umwelt existenzfähig sein. Ist aber unsere Verarbeitungsleistung (Innenwelt und Außenwelt) von Haus aus gestört (Risikofamilien, falsche Erziehung zur falschen Zeit, primäre Geisteskrankheiten usw.), benehmen wir uns anhand eines „unnormalen Verhaltensmusters" und werden, wie man so sagt, auffällig oder dekompensieren, weil der Korrekturmechanismus falsch funktioniert.

Viele Verhaltensmuster unserer Betagten stimmen nicht mit der „jungen" Außenwelt überein. Man muß ja fast verwirrt werden, wenn man Ausdrücke wie affengeil, super und so weiter hört oder junge Leute sieht, die der Kleidung nach aussehen, als kämen sie gerade von der „Mistg'stettn"[47]. Das heißt, daß viele Alte im richtigen Verhaltensmuster aus ihrer Zeit reagieren – heute aber ist es falsch. Sie werden mit der Diagnose „Alzheimer" belastet und oft noch dazu pharmakologisch versorgt. Ein Mensch agiert aus seiner ihm eigenen Innenwelt und teilt seiner Außenwelt (Umgebung) etwas mit. Diese Handlungen (Copings) sind und bleiben, wie schon beschrieben, ein Leben lang gleich, ob sie nun richtig oder falsch sein mögen. Immer ist aber ein Auslöser bzw. ein Schlüsselreiz von früher nötig.

Fassen wir die Entstehung von Copings im Sinne meines Erklärungsversuches zusammen, dann könnte man folgende Formel verwenden:

Prägung + Schlüsselreiz = Gefühl = Coping

Die Prägungen (P) bekommen wir Menschen auch als Zeitgeistphänomen eingeimpft, sie erfolgen über Schlüsselreize (Gerüche, Stimme der Mutter, erhobener Zeigefinger des Lehrers, etc.). Dazu steigt in uns ein Gefühl auf, das positiv, negativ oder ambivalent sein kann. Das Gefühl versetzt uns in Spannung (Lust oder Unlustphänomene) und zwingt uns zum Handeln.

Diese Handlungen können

- noopsychisch (Erwachsenen-Ich) oder
- thymopsychisch (Kinder-Ich) sowie als
- Noch-nicht-Ich

erfolgen.

---

[47] Mistg'stettn: Dialektwort für Müllablagerungsplatz

Beispiel:

Prägung: Meine Mutter hat mir immer alles weggeräumt, wenn ich vom Spielen nach Hause gekommen bin.

Gefühl: Es entwickelt sich in mir das Gefühl, daß es Liebe sei, wenn alles für mich aufgeräumt wird!

Coping: Ich lasse alles liegen.

Mögliche Erklärung: Ich habe gelernt, daß es eine Liebesbekundung ist, wenn mir jemand alles wegräumt. Wenn ich nun heirate, wieder alles liegen lasse (immerhin ist das mein Coping), meine Gattin nun aber nicht alles wegräumt (sie hat ja ein anderes Copings als ich), entwickle ich das Gefühl, daß sie mich eben nicht liebt!

Wir lernten also als Kind, prägungsphänomenal gesehen, was normal ist, was Mutter freute, was Väter verärgerte, was heimelig ist, wie man mit Sexualität umgeht, wie mit der Umwelt. Wir schauten uns ab, was richtig oder falsch ist, ob wir lachen oder weinen sollen, welche Situation welche Reaktion erfordert. Wir lernten, was sich gehört, ob sich Heimattreue lohnt, ob Spinnen böse sind, ob man die Schere wegräumen muß bei einem Gewitter.

Heute agieren wir wie Kinder mit einem Coping aus unseren Daheimtagen. Dies natürlich auch negativ. Wir wehren uns gegen verschiedene unangenehme Sachen aus der Kindheit: gegen den Bruder, gegen die Kartoffelsuppe, gegen Weihnachten, gegen die Schule und so weiter. So ist es nicht verwunderlich, daß einige dieser Abwehrmechanismen auch im Heim beobachtet werden können.

2.1 Erkennen der Handlungsabsicht aus den Copings

Viele unserer Klienten können uns ihre Copings nicht mehr mitteilen. Wir sind bei ihnen auf unsere Augen und auf unsere Einschätzungsfähigkeit angewiesen, die sich mit dem Erlernen einer gewissen Assoziationsmöglichkeit erhöht. Der Klient agiert in seinem Nicht-Ich aus einem ursprünglichen Coping heraus. Dieses gilt es, fachpflegerisch zu erkennen.

Nehmen wir an, wir stehen im Wohnzimmer und wollen aus der Küche ein Glas holen. Auf dem Weg sind wir aber mit etwas anderem beschäftigt, und bis wir in die Küche kommen, haben wir vergessen, was wir dort eigentlich wollten. Wir werden nun – weil wir uns an den Lehrsatz der Mutter erinnern, die immer sagte: „Wenn du etwas vergißt, gehe dorthin zurück, wo du begonnen hast“ – wieder ins Wohnzimmer zurückgehen, uns konzentrieren, und auf einmal haben wir ein Aha-Erlebnis und erinnern uns an das Glas.

Dieses Aha-Erlebnis hat unser Klient, der dement ist, nicht. Er geht zwar von der Küche ins Wohnzimmer und umgekehrt, aber es will und will ihm nicht einfallen. Überfordert von dieser Situation, wird er Dinge tun, die er vermeintlich tun wollte. Es wird sich aber keine eindeutig erkennbare (weder für uns, noch für ihn) Handlung ergeben; er wird verwirrt erscheinen.

In der ersten Ebene der Umsetzung müßte es nun darum gehen, zu erforschen, was denn nun eigentlich die *Handlungsabsicht* unseres Klienten gewesen sein könnte. Nur, wenn wir seine Handlungsabsicht und die Signalsprache verstehen lernen, können wir ihm mit banalsten Mechanismen helfen.

2.2 Reaktion auf die Prägung/Gefühle

Aus unserer Sichtweise, aus unseren Empfindungen heraus entstehen durch Schlüsselreize Gefühle, Affekte, Stimmungen. Gefühle sind unmittelbare, angenehm oder unangenehm erlebte, kaum beeinflußbare Ich-Zustände. Sie sind, wie gesagt, lust- oder unlustbetont. Die Tabelle 11 führt verschiedene Gefühlsregungen an, die auf verschiedene Schlüsselreize hin entstehen.

Tabelle 11: Gefühlsregungen, die auf verschiedene Schlüsselreize entstehen

Leibgefühle	***Zustandsgefühle***	***Selbstwertgefühle***	***Fremdwertgefühle***	***Seelische Gefühle***
Kälte, Wärme	positiv, negativ, ambivalent	Kraft	Zuneigung	Freude
Freude	Ruhe	Stolz	Vertrauen	Reue
Magenweh	Wehmut	Trotz	Mitleid	
Heimweh	Angst vor dem Leben, Angst vor Stürzen, Angst zu verlieren	Eitelkeit	Achtung	
Einsamkeit	Sorge	beschämt sein	Dank	
	Furcht	Reue	Haß	
	Leere	Verlegenheit	Abneigung	
	Entsagung	Schuld	Verachtung	

Unsere nun durch einen Schlüsselreiz ausgelösten Gefühle zwingen zum Reagieren, zum Agieren.

a) Kognitive, rationale Reaktion

Je nach Möglichkeit wird man nun entweder aus dem *Ich* (rational, kognitiv) oder dem *Nicht-Ich* (irrational) reagieren. Der normale Erwachsene wird aus seinem Ich heraus mit einer eher rational-kognitiven Leistung zu reagieren versuchen. Je älter man wird, umso schwerer wird es aber sein, seine Reaktionen nur ich-betont durchzuführen. Immer stärker wird das Ich mit Erinnerungen und der hirninsuffizienten Leistung vermischt, und daher werden die Reaktionen immer emotionaler ausfallen *(chronisches Umkehrphänomen).*

Bei zu stark wirkenden Schlüsselreizen wird die Hirnleistung fast spontan ausgeschaltet und eine rein emotionale Reaktion erfolgen *(akutes Umkehrphänomen)*.

Wie wir schon wissen, ist das Umkehrphänomen nichts anderes als das Zurückgreifen auf bekannte, weiter unten liegende Copings. Man benimmt sich passager wie ein Säugling, Kleinkind, Schulkind, Jugendlicher oder aus einer Trotzsituation heraus. Nachdem Hochbetagte fast ausschließlich in einer Grenzsituation leben, ist es kaum verwunderlich, daß sie sich oft wie ein greises Kind benehmen.

b) Reaktionen im Sinne der Abwehrmechanismen

Zur Reaktion eines Erwachsenen gehört aber nicht nur eine rein rational-kognitiv zu sehende Ich-Leistung, sondern auch noch die Reaktion des Über-Ich. Die Reaktion des Über-Ich auf Gefühle, auf Grenz- und Ausnahmesituationen nennt die Literatur *Abwehrmechanismen* oder *Ersatzhandlungen*. Diese werden in zwei Varianten unterteilt:

1. normale bis unreife Form
2. neurotische, psychotische, also eher pathologische Form

Diese Maßnahmen (Handlungen – Copings, wie ich sie nenne) bezeichnen Georg VAILLANT und Heiko ERNST als das Immunsystem der Seele und beschreiben einige (von FREUD kreierte) Abwehrmechanismen.[48]

Tabelle 12: Abwehrmechanismen nach VAILLANT

Normale	***Unreife***	***Neurotische***	***Psychotische***
reife Abwehrmechanismen	Projektion	Phantasien	wahnhafte Projektion
Altruismus	Verschiebung	Hypochondrie	Verleugnung
Sublimation	Rationalisierung	passive Aggression	Realitätsverzerrung
Unterdrückung	Intellektualisierung	Selbstbestrafung	
Humor	Verdrängung		

Normaler Stamm und Wurzel: normal erlernt

Pathologischer Stamm und Wurzel: pathologisch erlernt

Nun habe ich mich in meiner Forschung aber mehr mit den prägungsphänomenalen Copings beschäftigt, also mit der Frage: Welche Reaktion, welches Verhalten und warum legt ein Mensch diese und nicht eine andere Reaktion bei Belastungen an den Tag? Ich bin zu dem Schluß gekommen, daß man meine Ergebnisse ohne weiteres jenen der Abwehrmechanismen vergleichend gegenüberstellen kann.

---

[48] Nach dem Persönlichkeitsmodell (S. FREUD) steuert unser Ich den Haushalt zwischen Trieben und der Anpassung an die Realität.

Alles im allem sind es Maßnahmen der Konfliktbewältigung, und jeder Mensch löst eben seine Probleme nach seinen Mechanismen.

Die sog. normalen Abwehrmechanismen verlangen ein normales noopsychisches Gehirn, ein *funktionstüchtiges Über-Ich und Ich.*

Da meistens beides bei Betagten nicht mehr oder nur mehr insuffizient vorhanden ist, ist es kein Wunder, daß viele mit einem pathologischen Ersatz- oder Abwehrsystem agieren. Es ist kein Wunder, daß Menschen, die nicht in ein Pflegeheim wollen, plötzlich mit Regression, Verleugnung, Projektion auf andere, mit den Mustern der Infantilität, der Fremdaggression, der Eigenaggression (Destruktionstrieb) reagieren (Abb. 15).

Die Äste unseres Lebensbaumes – Lebensbaum als Orientierung im Modell

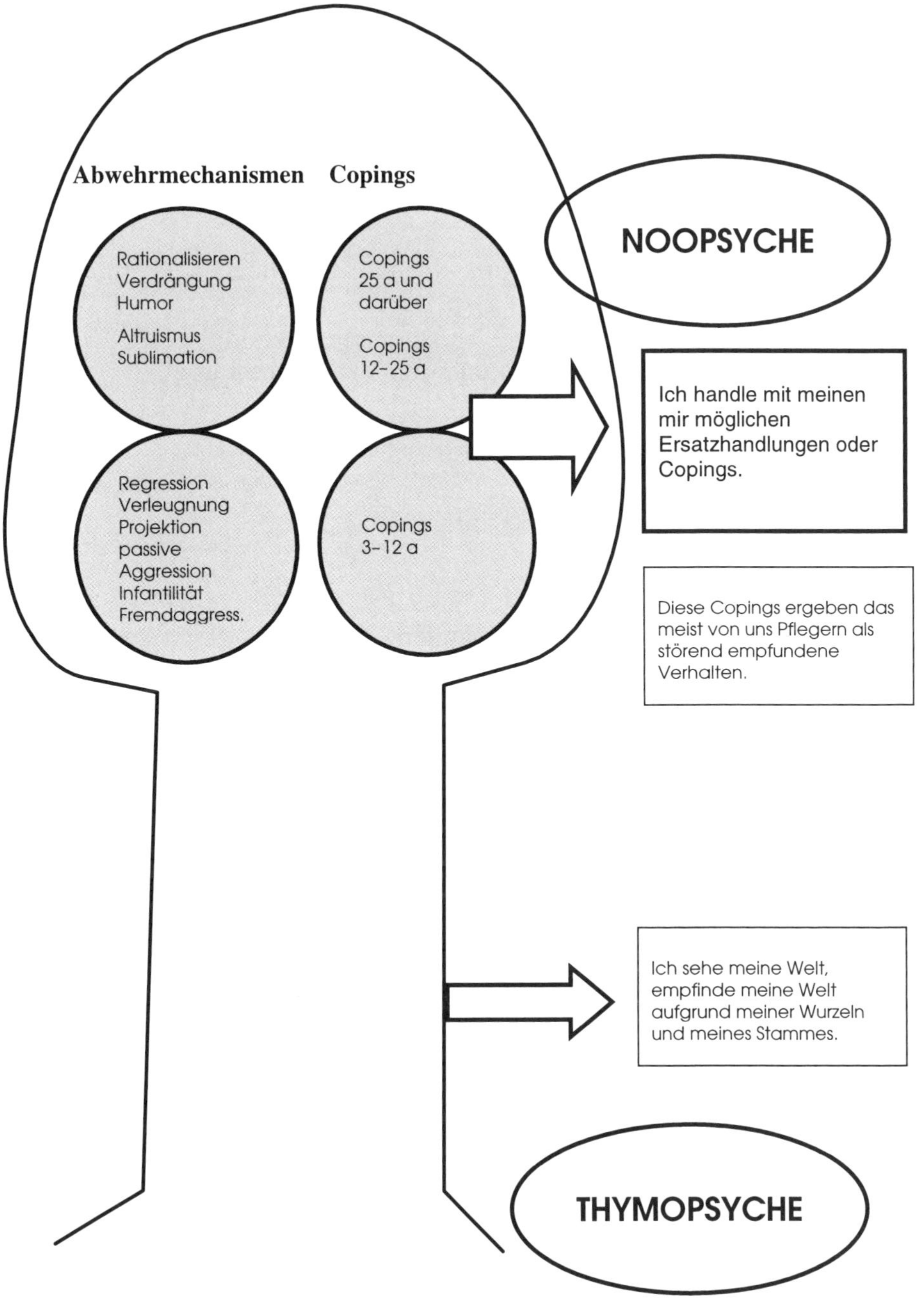

Abb. 14: Die Äste unseres Lebensbaumes

3. Das Umkehrphänomen

3.1 Coping-Entwicklung und Umkehrphänomen

Wie bereits gesagt, besteht die Hauptaufgabe eines kleinen Kindes darin, Überlebensstrategien zu entwickeln, zu üben und abzuspeichern. Man übt, mit welchen Tricks man am besten durchs Leben kommt.

Will man Schokolade und bekommt sie nicht durch Bitten, versucht man es eben mit Weinen oder Strampeln oder Blauwerden im Gesicht. Irgend etwas funktioniert immer.

Jenes Coping, das funktioniert, wird auf unserer untersten „Hirnfestplatte (Kollektiv- und Tertiärgedächtnis) gespeichert.

Copings werden, wenn sie gut sind, ritualisiert und konditioniert. Es zeigen sich die ersten ritualisierten, konditionierten Verhaltensmuster:

- Jähzorn,
- psychomotorische Reaktionen,
- stille Leider,
- Menschen, die sich bei Belastung zurückziehen,
- Freude an der Belastung,
- Unlust bei Belastung,
- Blauwerden und nicht oder schnell atmen,
- das ständig kranke Kind,
- das sich zurückziehende Kind, etc.

Natürlich werden Copings stufenweise erlernt, sodaß das älter werdende Kind höhere Copings als der Säugling, das Schulkind oder der Jugendliche zeigt. Allerdings glaube ich daran, daß auch die untersten Copings ein Leben lang (nicht sichtbar, also latent) gespeichert vorhanden bleiben und bei einer Belastungssituation manifest werden können.

Bei jedem Menschen (ausgehend von seinen Wurzeln) werden somit in der Folge andere Copings (Ich-Reaktionen und Abwehrmechanismen) für ihn (singulär gesehen) zweckmäßig abgespeichert sein:

- ▶ bei einem Kind aus dem Findelhaus ganz andere als bei einem Kind aus herrschaftlicher Familie;
- ▶ bei einem erwünschten Kind ganz andere als bei einem unerwünschten;
- ▶ bei einem Kind eines einsiedlerischen Landbauern ganz andere als bei einem Kind aus der Großstadt;
- ▶ bei einem bürgerlichen Kind ganz andere als bei einem Straßenkind;
- ▶ bei einem 1970 Geborenen ganz andere als bei einem 1930 Geborenen.

Ich unterteile in der Praxis die Coping-Reaktionen unserer Klienten nach den entwicklungsgeschichtlichen Reaktionen in sichtbare „Verhaltensauffälligkeiten“:

1.– 2. Lebensjahr	schwere Verhaltensauffälligkeiten
3.– 6. Lebensjahr	mittlere Verhaltensauffälligkeiten
6.–12. Lebensjahr	leichte Verhaltensauffälligkeiten
12.–25. Lebensjahr	keine Verhaltensauffälligkeiten

Nach der Stärke des Auslösers, nach der Höhe des eigenen Frustrationspotentials wird unser Betagter in eines der nächst unteren (aber auch in die untersten) Copings abstürzen.

Tabelle 13: Je nach Schweregrad des Auslösers fällt der Klient in die entsprechende Entwicklungsstufe

Lebensjahr	Verhalten	SPEICHER	Interaktionshöhe
12–25	keine Auffälligkeiten	Neugedächtnisspeicher	1–2
6–12	leichte Verhaltensstörungen	Altgedächtnisspeicher	3–4
3– 6	mittlere Verhaltensstörungen	Tertiärgedächtnisspeicher	5
1– 3	schwere Verhaltensstörungen ▼	Kollektivgedächtnisspeicher	6–7

3.2 Das Umkehrphänomen als Regressionshandlung[49]

Wörtlich übersetzt, bedeutet *Regression* das Wiederauftreten von entwicklungsmäßig früheren (infantilen) Verhaltensweisen. Wenn die Entwicklung der Psyche als fortschreitender Prozeß angesehen wird, bedeutet Regression die Umkehr dieser Entwicklung von einem einmal erreichten Entwicklungsstand auf einen früheren.

Regression ist somit eine Abwendung von der Welt und damit eine In-sich-Wendung, die praktisch bei allen Klienten als normaler Vorgang beobachtet werden kann. Es ist kein Wunder, daß sich daher ein direkter Brückenschlag zum Normalitätsprinzip finden läßt.

Regressionshypothese und Umkehrphänomen

Der normale Mensch versucht, soweit wie möglich Reize noopsychisch und mit einem normalen Abwehrmechanismus zu beantworten bzw. das Nachlassen der Hirnleistungen zu kompensieren. Kommt er in eine Grenzsituation, dekompensiert er im Sinne einer Überlastung und beantwortet diese Situation „regressiv". Er stürzt aber in die Thymopsyche und deren Ersatzhandlungen ab (Abb. 16).

Wie es mir oft scheint, dürfte dieses Umkehrphänomen auch bei sog. Gesunden funktionieren. Kennen Sie nicht folgendes Beispiel?

---

[49] Ist bei fast allen Hirninsuffizienzen sowie primären und sekundären Demenzformen als Verhaltensauffälligkeit so zu erkennen.

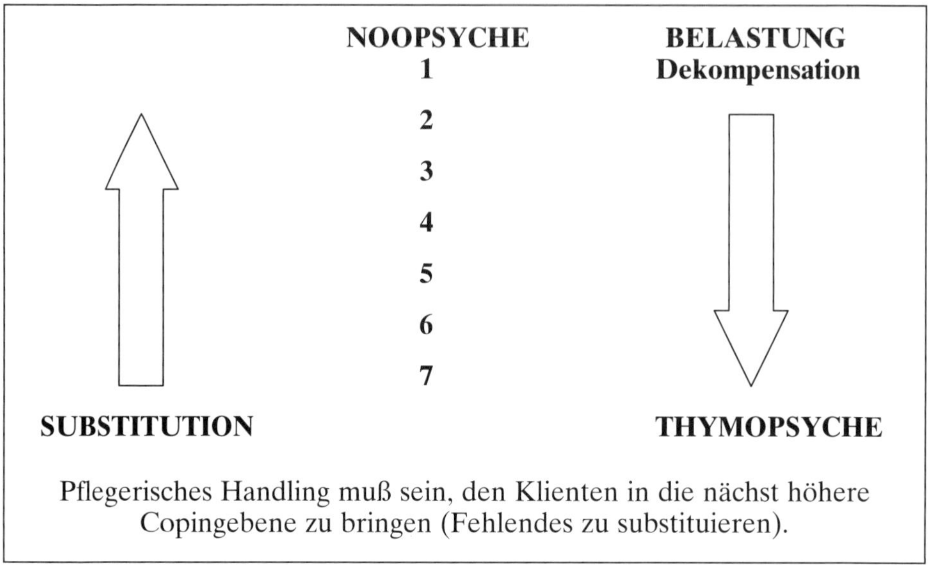

Abb. 15: Gefühlsreaktion beim Umkehrphänomen

Man unternimmt in der Noopsyche rein kognitiv-rational eine Dienstreise. Plötzlich hört man ein Wienerlied, bekommt Heimweh und stürzt in die Gefühlsebene ab.

Daß heißt, daß auch ein sog. normaler Mensch durch Auslösemechanismen (Wiener Musik) von der Noo- in die Thymopsyche abstürzen kann. Nur hat der Erwachsene noch die Chance, sich selbst zu erholen, sich selbst wieder in die Noopsyche zurückzubringen. Hochbetagten (dementiell veränderten) muß dabei geholfen werden.

Betrachtet man das nachfolgende Beispiel, wird ersichtlich: Der Mensch baut sich aufgrund seiner Ich-Wichtigkeit ein biographisches Kartenhaus auf. Seine Copings wachsen sozusagen mit ihm mit.

- Dem Kleinkind genügt es, zu schreien – und schon ist es wichtig!
- Später ändert sich das Coping, man ist wenigstens der oder die „Schönste“.
- Man lernt in der Folge, Klavier zu spielen, um später sogar
- Klavierlehrer zu werden.

Kommt man in eine Grenzsituation, in der einem Menschen das Coping genommen wird, greift er auf das nächst untere Coping zurück, bis er schließlich und endlich bei seinen ersten Copings landet und wieder weint oder schreit.

Die Biographie ergab die Ich-Wichtigkeiten aus den verschiedenen Entwicklungsjahren, dadurch wird die Substitution sichtbar. Ein Mensch, der wieder „schön“ ist, braucht nicht zu schreien und zu weinen. Klar ist, daß auch wir sog. Normale ebenfalls in Grenzsituationen in die Gefühlswelt abstürzen, unser Coping aber darin besteht, uns selbst wieder auffangen zu können. Dies kann der Betagte nicht mehr.

Pflege muß dann darin bestehen, die Coping-Formen des Klienten zu eruieren und sodann interpretieren und einsetzen zu lernen – mit einem Wort, höhere Copings substituieren zu helfen.

Beispiel:

Lj.	***Ich-Wichtigkeit***	***Coping-Verlust durch einen Dekompensationsgrund***
20	Als Jugendlicher machte er sich wichtig, indem er Klavierlehrer wurde.	Er kann nicht mehr lernen.
12	Als Kind machte er sich wichtig, weil er Klavierspielen konnte.	Er will Klavier spielen – das Heim hat kein Klavier.
6	Als Kind macht sie sich durch Schönsein wichtig.	Sie will wieder schön sein – das Heim beachtet das nicht.
1–2	Als Kind machten sie sich durch Schreien und Weinen wichtig.	Sie werden wieder weinen und schreien.

3.3 Auslöser für das Umkehrphänomen

- Grenzsituationen des Lebens
- Eine tatsächliche organische Veränderung des Gehirns (primäre oder sekundäre Demenz). Obwohl bei manchen Menschen eine organische Störung nachgewiesen werden kann, glaube ich, daß die sog. Begleitsymptome biographisch beeinflußbar sind.
- enorme Über- oder Unterforderung im Alter (Life-events-Forschung)
- zu hohe psychogene oder soziale Belastung
- Zunahme an Leidensdruck
- Abnahme unserer Frustrationsschranke
- Zunahme der somatischen Störungen
- Wegnahme oder Einschränkung von Erwachsenen-Ersatzhandlungen (oft im Heim gegeben)
- Be- oder Verhinderung von Erwachsenen-Copings
- Angst (das Rätsel des Todes schlechthin) und damit auch
- Lebensbilanzierungen. Ich glaube heute daran, daß viele Menschen sterben, weil es sich eben nicht mehr lohnt, noch länger am Leben zu bleiben. Einige durchlaufen dabei die unteren Copings.
- Einige Menschen werden auch in den Todestrieb gedrängt, weil die Heimsituation nicht ihrer Lebensbilanzierung entspricht (die sog. gute Pflege als Einleitung für den Exitus).

Man könnte diese Umkehrsituation der Entwicklung natürlich auch als Regressionsvorgang bezeichnen.

In der Praxis geht es nun darum, das sichtbare Verhalten an der Station (oder im Wohnmilieu) dem aus der Biographie heraus erlernten Verhalten, den frühkindlichen Verhaltensmustern gegenüberzustellen (Assoziierbarkeit des Geschehens).

Dies schafft man am besten, indem man sozialgeschichtliche Dimensionen miteinbezieht und die in der Kindheit unserer Patienten vorhandenen „Zeitgeistsituationen" erforscht. In der Praxis hat sich in diesem Zusammenhang eine siebenstufige Erreichbarkeitsskala (siehe S. 182) bewährt.

Natürlich erfordert ein derartiges Unternehmen eine bestimmte Übung. Lassen Sie mich dazu ein Beispiel bringen:

Klient XY reagiert fragmentarisch, d.h. beim Essen finden wir ihn auf der Erreichbarkeitsstufe eines Vierjährigen vor, während beim Baden auf die Erreichbarkeitsstufe eines damals Zwölfjährigen geschlossen werden kann.

4. Der Regelkreis pflegewissenschaftlichen Handelns

Regelkreis zur Grundthese pflegewissenschaftlichen Handelns nach BÖHM

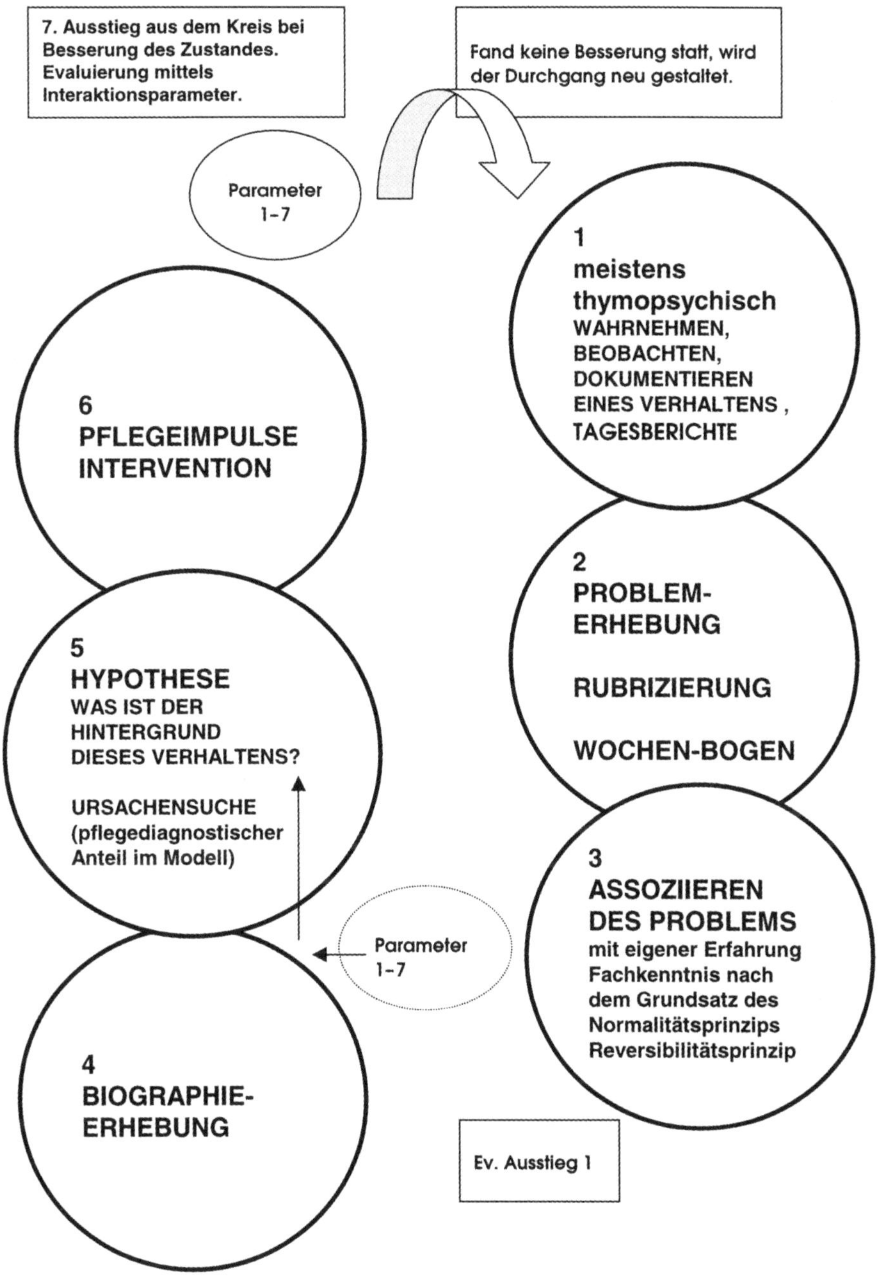

Abb. 16

Ich habe, wenn man so will, dem Lebensbaum ein Maßband angelegt. Das heißt nun nicht, daß man das Verhalten eines kranken Menschen auf den Millimeter genau vermessen könnte. Aber es bedeutet doch, daß sich eine derartige Skala zur Einschätzung der momentanen Erreichbarkeit eines Klienten in der Praxis bewährt hat. Eine möglichst genaue Einschätzung der „Erreichbarkeit" eines Patienten ist zwecks sinnvoller Kommunikation mit ihm, aber auch für die Erhebung von biographischem Material von Wichtigkeit.

Stellen Sie sich nur vor, Sie selbst agieren aus reiner Vernunft heraus und sprechen mit einem nur mehr thymopsychisch erreichbaren Menschen hochdeutsch und flechten medizinische Termini dazwischen ein. Was soll da der arme Mensch verstehen? Nimmt da nicht die Angst noch weiter zu? Lösen wir dadurch nicht ein weiteres Absacken in eine noch weiter unten liegende Coping-Stufe aus? Der Klient selbst versteht ja nur mehr die Sprache seines Ottakringer Milieus, in dem seine Baumwurzeln auch heute noch stecken. Solchermaßen kann man einander nie „begegnen", eine „verstehende" Interaktion erscheint dann unmöglich (Abb. 18).

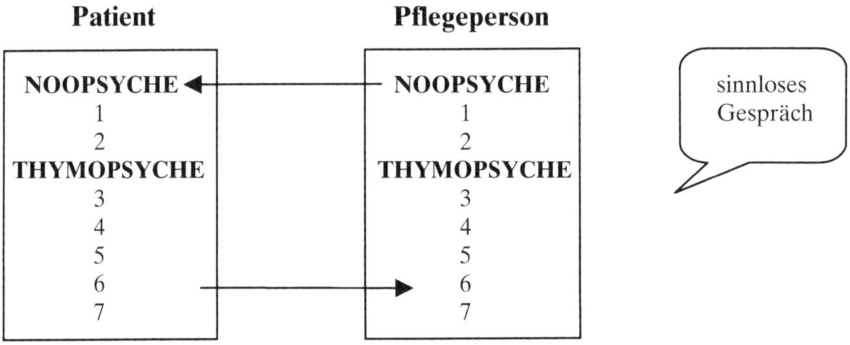

Abb. 17: Die unerreichte Interaktion

Die beiden werden einander wohl nie begegnen, eine „verstehende" Interaktion wird nie stattfinden.

Diese hier angedeuteten *7 Coping-Stufen* kann man den jeweiligen zeitgeistig vorherrschenden, ich möchte fast sagen, Muß-Copingsituationen vergleichend gegenüberstellen und erhält so eine Sichtweise, die der Normalität im Sinne des Zeitgeistempfindens nahekommt.

Menschen, die sich in frühere, aus dem Zeitgeist stammende Mechanismen begeben, handeln nach diesen Mustern. Gerade aber das Handeln, das Verhalten ist es, das wir von einem Patienten sehen. Und dieses kann eben siebenstufig betrachtet werden.

Da sich der Regelkreis mit der Pflegedokumentation decken soll, gestatten Sie mir, den Regelkreis und die Dokumentation sowie die Planung gemeinsam zu erklären.

4.1 Das pflegerische Auge

An der Station nehmen wir Pflegenden durch unser Sehen, Hören, Wahrnehmen, aber auch durch unsere Intuition ein bestimmtes Verhalten unserer Klienten wahr. Dieses von uns wahrgenommene Bild (des anderen) wird in den meisten Fällen als unadäquates, störendes Verhalten in der täglichen Dokumentation niedergeschrieben.

Indem wir auf den vorherigen Seiten aber schon festgehalten haben, daß jeder nur das sieht, was er sehen will und kann, ist die Beschreibung eines Klienten eher als eine Beschreibung der pflegenden Person (und nicht als die des Patienten) zu bewerten.

Die persönliche Sicht ist – wie wir bereits erörtert haben – sehr von unserer eigenen Biographie, aber auch von unserer Ausbildung abhängig. Da sehr viele Menschen in die Dokumentation ihre eigene Biographie hineinschreiben, ist es kein Wunder, wenn es zu einer multipluralen Fehlbeobachtung kommt. Diese führt dazu, daß bei ein und demselben Patienten täglich etwas anderes in der Dokumentation zu lesen ist.

Einen Tag ist Sr. A anwesend – der Klient ist brav und angepaßt. Einen Tag ist Sr. B anwesend – plötzlich scheint, wie aus der Luft gegriffen, das Wort „desorientiert" auf. Und am dritten Tag ist gar Sr. C im Dienst, und der Klient ist auf einmal inkontinent.

Diese Erhebung ist somit eine Erhebung der Probleme des Pflegenden, aber nicht die Erhebung der Probleme des Gepflegten. Der Tagesbericht wird so eher zu einer Dienstbeschreibung als zu einer Tagesdokumentation. Man kann erkennen, welche Schwester mit welchem Patienten „kann"; welche Pflegeperson diesen oder jenen Klienten ablehnt; wer von den Pflegenden selbst stuhlfixiert ist; oder wer gerne Mediziner sein möchte und nur RR-Werte einträgt, aber noch nie ein Wort mit dem Klienten gewechselt hat.

Es ist also nicht verwunderlich, daß das Personal seine eigenen Probleme, Wünsche, Vorstellungen, Angst vor dem eigenen Alter, etc. auf den Patienten überträgt, also auch Eigenprobleme sieht oder besser gesagt, auf den Patienten projiziert!

Wir beurteilen (verurteilen) also aufgrund unserer

- eigenen Erfahrung,
- Ausbildung,
- aber vor allem uns selbst beeinflussenden Biographie und
- auch aufgrund unserer eigenen neurotischen Deformationen.

Dieser Sachverhalt kann dazu führen, daß verschiedene Krankenpflegepersonen ein und dieselbe Situation ganz unterschiedlich sehen und dokumentieren, sodaß als erster Schritt in der Umsetzung des Modells der Versuch unternommen werden muß, rationaler (objektiver) sehen und beschreiben zu lernen.

Sehen professioneller machen

Unter Wahrnehmen versteht man eine thymopsychische Leistung des Gehirns, unter Beobachten hingegen eine noopsychische.

Die Erreichung einer professionelleren Sicht habe ich in drei Schritten versucht. Dabei muß aus einem *Wahrnehmen/Sehen* ein *Beobachten* werden.

Dieses Unternehmen ist deshalb so schwierig, da sich ja unser Klient ebenfalls (wie wir selbst meist auch) in der Thymopsyche befindet. Seine Thymopsyche, seine Gefühle, seine Reaktionen lösen in uns ebenfalls wieder thymopsychische Reaktionen aus.

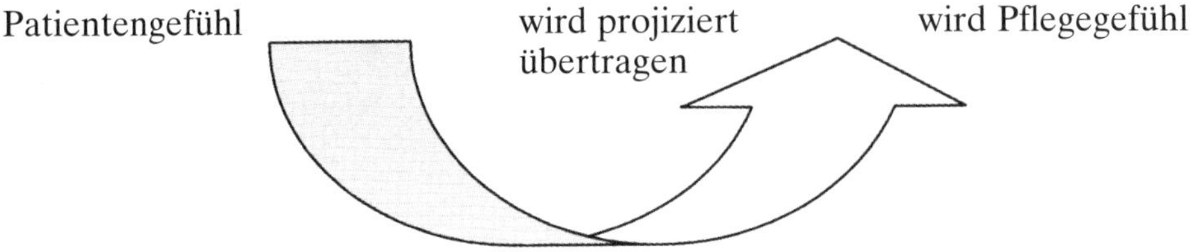

1. Schritt: Supervision

Da in der persönlichen Biographie des Pflegenden das „Wie und warum pflege ich?“ eine wichtige Rolle spielt, ist es klar, daß die Beschäftigung mit der eigenen Biographie das Herzstück auf dem Weg zu einer professionelleren Beurteilung bildet.

Eine der vielen Möglichkeiten ist es, biographische Supervisionsgruppen zu gestalten. Erst die Aufdeckung verschiedener Persönlichkeitsaspekte, die sich aus den eigenen Lebensbaumwurzeln und -ästen ergeben, kann in der Folge die Pflege objektiver machen. Die Beschäftigung mit der eigenen Biographie stellt somit eine minimale Grundvoraussetzung für jede sinnvolle Pflegehandlung dar.

Darüber hinaus bringen die Informationen aus der eigenen Biographie des Pflegenden diesen auch dem „Wie und warum pflege ich?“ ein Stück näher und schaffen so den Ausgangspunkt für eine adäquatere Beobachtung.

2. Schritt: Pflegebeobachtung im Team und psychogene Pflegevisite

Da die Beurteilung einer Situation meist von nur einer Pflegeperson durchgeführt wird, ist es nötig, die Fehlerquellen durch mehrere beobachtende Anwesende zu minimieren.

Das heißt, die beobachtende Wahrnehmung sollte im Team stattfinden. Dazu eignet sich als bestes Instrument die Pflegevisite, da diese unter Mitwirkung aller Beteiligten zu erfolgen hat.

3. Schritt: Umwandlung des Tagesberichtes zu einem Problemerhebungsbogen

Wenn wir nicht in der Lage sind, Probleme zu erkennen bzw. zu orten, dann sind wir noch weniger in der Lage zu pflegen.

Das hier besprochene Modell ist ein *ergebnisorientiertes*. Ergebnisorientiert zu pflegen setzt voraus, das zu reparierende Problem zu kennen. Ergebnismodelle erfordern daher nicht nur einen hohen Anteil an Information über die eigene Person, sondern selbstverständlich auch über den Klienten. Dabei darf man aber nicht bei somatischen Informationen stehenbleiben; besonders wichtig sind die psychogenen Informationen.

- ▶ Wer hat tatsächlich das angesprochene (= niedergeschriebene) Problem – der Klient, die Pflegeperson oder die Verwandten des Patienten?
- ▶ Ist das Problem des Klienten als biographische Umkehrreaktion zu verstehen?

4.2 Problemerhebung

Der Tagesbericht ist (wäre) der wesentlichste Teil, vorhandene Probleme aufzudecken. Der derzeitige Nachteil der Tagesberichte liegt noch immer darin, daß

- die Schwerpunkte somatisch ausgerichtet sind,
- sie ab einem bestimmten Seitenumfang keiner mehr liest,
- die Probleme nicht ersichtlich sind und
- der Pflegestil, die Pflegerichtung zu wenig kontrolliert werden.

Ich habe daher versucht, einen sich aus dem Tagesbericht ergebenden **Problemerhebungsbogen** zu gestalten.

Zunächst habe ich die einzelnen Pflegedokumentationen gelesen. Dann wurden die im Tagesbericht aufscheinenden Probleme färbig gekennzeichnet. So konnten die in einer Woche aufgetretenen Probleme eruiert werden, und auf diese Weise zeigte sich, wie oft ein bestimmtes Problem innerhalb einer Woche auftritt. Die aus den Tagesdokumentationen gewonnen Daten übertrug ich in einen Problemerhebungsbogen (je Patienten), der in der Folge als Grundlage für die **Problemerkennung** diente (Abb. 19). Die Erkennung, Benennung sowie die Übersicht über die Häufigkeit des Auftretens ergibt im Anschluß auch ein Feedback für angemessene klassische Pflegemaßnahmen (Impulse).

Die Hauptaufgabe der Pflege besteht darin, das Problem in den Griff zu bekommen, weshalb der Klient in das Heim gekommen ist. Und wenn auf dem Problemerhebungsbogen zehnmal das Wort desorientiert steht, sind Überlegungen anzustellen, wie diese Desorientiertheit gebessert werden könnte.

Impulse – banal/klassisch

Das heißt, daß im ersten Schritt der Umsetzung meines Modells schon bei den Pflegevisiten entsprechende *banale bzw. klassische Pflegeimpulse* besprochen und durchgeführt werden sollten. (In der ersten Umsetzungshöhe finden Impulse noch ohne Biographie statt.)

Psychische Pflegeplanung nach Böhm Name, Vorname: Geb.Dat.: Blatt-Nr.:

Hauptprobleme/beobachtete Verhaltenseigenarten: Interaktion instabil: Interaktion stabil:

Beobachtungsbeginn: Fallbesprechung am: Hdz:

Welche Probleme wurden in der Dokumentation am häufigsten genannt?	Case Work / Impuls bei emotionaler Dekompensation:
Beobachtetes Verhalten / Instabile Situation	Gefühlseinstieg, Sozialverhalten sowie Sprachverständnis berücksichtigen, Orientierung geben, Gedächtnis reaktivieren und NACHSETZEN!
Beobachtetes Verhalten / stabile Situation	
Zusammenfassung der Woche mit Hinweis in der Dokumentation	**Welche Reaktionen zeigte der Klient auf den Impuls**
	Mo ☺ 😐 ☹ ankreuzen
	Di ☺ 😐 ☹ ankreuzen
	Mi ☺ 😐 ☹ ankreuzen
	Do ☺ 😐 ☹ ankreuzen
	Fr ☺ 😐 ☹ ankreuzen
	Sa ☺ 😐 ☹ ankreuzen
	So ☺ 😐 ☹ ankreuzen

Abb. 18: Psychiatrische Pflegeplanung und Auswirkung auf das Befinden des Klienten

Die im Team besprochenen Impulse und ihre Durchführung, aber auch ihre Wirksamkeit werden im zweiten Teil des Problembogens niedergeschrieben und bei der nächsten Pflegevisite im Wochenintervall neuerlich diskutiert.

Im rechten unteren Teil des Blattes verzeichnet die jeweilige Pflegeperson die Reaktionen des Klienten, die bei der Durchführung des Impulses entstanden sind.

4.3 Fachliches Beobachten und Assoziieren

Die einfachste Form, schon in den Grundschritten fachlicher zu werden, könnte in dem darauffolgenden Schritt bestehen, die gesehenen *Verhaltenssituationen des Klienten assoziativ mit dessen jeweiligen Zeitgeistsituationen* (unter der Nichtbeachtung einer ärztlichen Diagnose) in Verbindung zu bringen.

Assoziationsmöglichkeiten

- übergeordnet zu einem bestimmten Zeitgeist und dessen Phänomenen[50]
- zu gesunden Wurzeln
- zu pathologischen Wurzeln

Das fachliche Sehen beruht auf der Kenntnis des biographischen Materials. Ich sehe und assoziiere anhand assoziativer Möglichkeiten (rationale Sicht). Ich beobachte und assoziiere, „wo eigentlich der Schuh drückt“. Dieses Beobachten begründe ich auf den Gefühlsreaktionen der Seele: Er „tut“ etwas.

Jeder Mensch tut etwas, und in seinem Tun gibt er Auskunft darüber, wie es ihm geht, was ihn bewegt. Jeder Mensch agiert z.B. hyperaktiv, aggressiv. Er zeigt uns intuitiv, und wir erkennen rational.

Erheben und Wahrnehmen heißt demnach festzustellen, wo der Schuh drückt. Dabei liefert der Klient das Material, nicht ich. Meine Deutungen sind von untergeordneter Rolle, denn keiner weiß besser, wo der Schuh drückt, als derjenige, der ihn anhat.

Das, was wir sehen und assoziieren, sind Reaktionen der Seele (Seelenphänomene), die meistens aufgrund von Schlüsselreizen (als Coping konditioniert) auftreten und die von der Medizin Symptome genannt werden.

So sehen wir beispielsweise ein Verhalten, das 1900–1925 in der damaligen Situation für unseren Klienten ganz normal war. Wir sehen (heute) ein Zeitgeist-regressives-Benehmen an unserem Klienten, und dies verursacht in uns das Gefühl des Andersseins eines Menschen. Dieses, dem Klienten Sicherheit gebende Verhalten macht uns unsicher, und die Unsicherheit bewirkt das Einsetzen unseres Ordnungssystems, das wiederum den Klienten verunsichert. Unser Ego im Kampf gegen das Ego des Klienten ist die Folge.

Das heißt (um die Assoziationskette vorwegzunehmen), daß sich ein Mensch im Zustand der Angst oder seiner „erfühlten Ich-Unwichtigkeit“ in Copings von damals (der guten alten Zeit) zurückzieht, zu seinen Wurzeln, zu seinem Daheim-Gefühl zurückkehrt.

Das unerwünschte Verhalten ist demnach oft nur ein „überholtes“ Agieren aus:

- seiner damaligen Kinderstube,
- der Sprache,

[50] ohne Geschichtsunterricht keine Altenpflege

- dem Hausbrauch,
- der geprägten Situation, ein Morgenmuffel oder Morgenmensch zu sein,
- nur mehr das zu essen, was man kennt (oder gar nicht zu essen, um seine Mutter – heute die Pflegerin – zu verärgern),
- wieder so wie früher (wo man Angst hatte, Seife in die Augen zu bekommen) das Bad abzulehnen, bei der Hygiene zu strampeln.
- Ungeliebte Kinder (heute Klienten) benehmen sich wie ein Zappelphilipp, um aufzufallen und dadurch wenigstens negative Zuwendung zu bekommen (früher Ohrfeige, heute Psychopharmaka).
- Man spielt als verwöhnte Tochter wieder die „Prinzessin auf der Erbse" und regrediert bis zu einem hysterischen, agitierten Benehmen.
- Und wenn man gar nichts anderes mehr kann, schreit man eben die ganze Nacht. Früher hat man auf diese Weise Zuwendung bekommen – vielleicht kommt ja auch heute wieder jemand (früher Mutter, heute Schwester).
- Wenn man schon nichts mehr leisten kann, will man wenigstens tüchtig sein und bei allem helfen, auch wenn das heute unsinniges Aufwischen sein sollte (Verlust der sozialen Kompetenz) oder
- man ist wenigstens krank und erhascht dadurch Zuwendung.

Alles in allem haben aber seelische (sichtbare) Reaktionen Mitteilungscharakter und bedienen sich dabei einer bestimmte *Signalsprache*:

- ► Sie strecken die Füße weg und sagen uns: Ich will nichts arbeiten, ich will meine Ruhe!
- ► Sie klopfen mit dem Stock auf den Boden und signalisieren uns: Achtung, die Mama kommt, alles aufstehen! Sie reden nicht unbedingt, aber sie morsen in ihrer Zeitsprache, in ihrer Zeitverhaltenseigenart.

Natürlich können auch primär pathologische Biographien (und Familienbiographien als pathologische Wurzel und Stamm unseres Lebensbaums) gesehen und damit assoziiert werden (wobei das Erkennen, das Assoziieren natürlich Biographie und biographisches Arbeiten bedeuten).

Wir sehen Persönlichkeitsstörungen, Affekt- und Gefühlsstörungen, Menschentypen und Charaktere. Wir sehen allerdings nicht die ärztliche Diagnose, sondern nur Reaktionen als Phänomene der Seele, die wir fachlich aber in psychische und psychiatrische Literaturbegriffe kleiden. Es sind dies (positive, negative oder ambivalente) Gefühlsreaktionen, Affekte, Stimmungen, etc.

Durch ein assoziativeres, fachlicheres Sehen wird meist schon von Haus aus das Problem kleiner. Die Sicht, vor allem aber die Einstellung gegenüber auffälligen Menschen wird „toleranter", daher auch die eigene Ausstrahlung kompetenter und die Beschreibung des Klienten fachlicher, professioneller.

Wir assoziieren das Gesehene mit Gefühlen und ihren Reaktionen:
- ▶ als körperliche Reaktionen (z.B. die Atmung wahrnehmen)
- ▶ als Stimmungen
- ▶ als Affekte
- ▶ als Temperamente

Gefühle

Gefühle werden durch Schlüsselreize ausgelöst und führen zu einer Reaktion. Gefühle sind somit selbstherrliche Stellungnahmen des Ich. Sie erzeugen Lust oder Unlust.

Wir können diese Gefühlsreaktionen anhand folgender Punkten erkennen lernen:

- *Atmung*

Wir atmen in ruhigen, langen Zügen, wenn wir tief schlafen. Träumen wir schlecht, geht der Atem schneller, stockt, wir atmen unregelmäßig. Wir hecheln und keuchen nach Anstrengung. Es verschlägt uns den Atem, wenn wir erschrecken. Wir halten die Luft an bei großer Anstrengung und lassen die Luft raus, wenn die Spannung nachläßt. Wir holen noch einmal tief Luft, wenn wir etwas Schwieriges beginnen.

- *Stimmung*

lang anhaltendes Gefühl, geprägt von Identifikation (Optimist, Pessimist, Lebensgrundstimmung, Lebenswert)

- *Affekt*

Gefühl mit körperlichen Veränderungen (weiß werden, rot werden, vegetative Symptomatik)

- *Temperament*

vererbte Anlagen (sympathikoton, parasympathikoton)

4.4 Ausstieg aus dem Regelkreis 1

Nach der *Problemerhebung* und dem *Assoziationsversuch* wäre der erste Ausstieg aus dem Regelkreis möglich.

Das *Verstehen* der Probleme aus dem Zeitgeist heraus kann einige Erklärungen bringen und damit die Toleranzgrenze erhöhen. Sinn und Zweck ist es, daß die Pflegenden das Verhalten der Klienten mit den ATLs in Verbindung bringen können und nach alternativen Pflegeformen suchen, damit man wenigstens versteht, warum so mancher Patient nicht baden will oder bei einem Müsli erbricht (weil es ihn an das aus Trockenmilchpulver zubereitete Müsli aus der Kindheit erinnert). Dann werden Aggressionen, die man im Falle des Nicht-Verstehens dieses Verhaltens falsch deutet, gar nicht aufkommen (Tab. 14 und 15).

Ausstieg aus dem Regelkreis 1 bedeutet, daß das Verstehen aufgebracht wird, alte Copings unserer Klienten durch Pflegevorgänge wenigstens nicht zu behindern („primum nil nocere“), und damit Regressionsprophylaxe, sodaß in der Praxis die Erfüllung der ATLs mit biographischen Mustern in Zusammenhang gebracht wird.

Dieser Ausstieg ist vor allem für ausländische Mitarbeiter gedacht, die der Sprache kaum mächtig sind. Gerade die biographische Forschung macht uns das Problem der multikulturellen Situation bewußt.[51]

ATL ***Standard 1: Ausscheidung*** Ist lebensnotwendig für die Stoffwechselregulation des Organismus und ist an einen Biorhythmus gekoppelt.		
Mögl. Probleme	***Mögl. biographische Ursache***	***Mögl. Impulse***
Setzt Stuhl immer auf eine Stelle ab	Symbolisch: pfeift auf das Leben, auf das Heim, auf uns	Coping suchen
Uriniert immer auf dieselbe Stelle	Orientierungsstörung? Es gab nur ein Gang-Klo, das über den Hof erreichbar war: 3 Schritte nach links, 20 nach rechts, dann WC	An dieser Stelle Leibstuhl aufstellen, WC mit einem Symbol kennzeichnen
Schmiert Stuhl	Regression – Interaktionsstufe 7	Plastillin zum Spielen geben, weiches Material als Ersatz
Harn- und Stuhlinkontinenz	Regression	Coping suchen, wieder geben
Schmeißt den Stuhl weg, verräumt ihn	Jeder geniert sich, wenn er sich anmacht. Man projiziert daher auf andere.	Wer hat mir da ins Bett gemacht?
Verhält Stuhlgang, wenn jemand da ist	Es gab damals immer auch fremde Leute im Raum (Bettgeher), man verhielt sich.	
Verhält Stuhlgang	Druckmittel, um Aufmerksamkeit zu erregen (Mutter-Kind Erpressung). Bürgerliche Erziehung bestand in Strenge. Oft gab es aber am WC böse Zeichnungen, die man nicht sehen durfte/sollte.	Zuwendung geben, Selbstvertrauen stärken durch positive Gespräche über das Leben Herzeigen eines schönen WCs ohne Graffiti

[51] Zumindest in der und aus der therapeutischen Pflege gesehen. Natürlich haben die meisten Klienten nichts dagegen, wenn sie von einem „Ausländer“ bedient werden. Allerdings hat dieser keinen therapeutischen Auftrag, sobald der Klient auf einer niederen Erreichbarkeitsstufe steht.

Mögl. Probleme	*Mögl. biographische Ursache*	*Mögl. Impulse*
Verhält Stuhlgang	Manchmal wurde man als Kind zur Strafe in der Toilette eingesperrt, das machte und macht Angst. Das Leben ist wie ein WC-Sitz: Man macht viel durch. Jetzt will man aber nichts mehr durchmachen.	Desensibilisierungsversuche Logotherapeutische Gespräche
Legt Papier auf die WC-Brille	damalige Lues-Angst	tolerieren
Geht nicht alleine aufs WC	Plumps-Klo: Früher gab es ein großes und ein kleines Loch (für die Kinder). Man hatte Angst, in dieses Loch zu fallen.	Desensibilisierungsversuche
Sitzt gerne am WC	Der große Misthaufen vor dem Haus war die öffentliche Proklamation, daß man reich ist. Kuhmist, aber auch WC-Geruch gibt Sicherheit. Es war der einzige Ort, wo man allein sein konnte. Heimatgeruch.	Aber auch Stuhlsammeln bedeutet dann Reichtum. Stuhl abkaufen. Tolerieren oder anderen Ort zeigen, wo es Sicherheit gibt, „biographisches Zimmer".

Tabelle 14

F: Das Leben ist wie eine Hühnerleiter, vor lauter Dreck kommt man nicht weiter. Und wenn man endlich oben ist, dann steckt man drin im tiefsten Mist.
Diese Version enthält eine traditionelle Metapher für Erfolg.
Das Leben ist wie eine Klobrille, man macht viel durch.
Lebensweisheit: Wenn's Orscherl brummt, is' Herzerl g'sund!

Anmerkung: Rasche Inkontinenzversorgung fördert die Inkontinenz.

ATL **Standard 2: sich beschäftigen** Ist in der Lage, seinen Tagesablauf zu gestalten.		
Mögl. Probleme	***Mögl. biographische Ursache***	***Mögl. Impulse***
Lehnt Basteln, Malen, Singen ab	Arbeit bedeutet Ich-Identität	durch Arbeit, nicht durch Basteln Ich geben
Nimmt Beschäftigungsangebot nicht wahr	Arbeiter meint, „er stehle dem Herrgott den Tag“. Wer brav schwitzt und fleißig ist, ist brav. „Harte Arbeit hat noch nie geschadet.“	Angebot auf die singuläre Biographie ausrichten. „Wer fürs Jackett geboren ist, kommt nie in einen Frack.“
Bemängelt Angebot, Setting zu gering	Sympathikotoner Typ, ist immer unterfordert	starke Belastung
Wirkt teilnahmslos	Schläft innerlich	Vigilanzsteigerung
Weiß sich nichts anzufangen	Früher gab es keine Freizeit, derartige Angebote kannte man nicht.	Am häufigsten funktionieren Arbeiterturnvereine und Schwimmvereine.
Zustimmung	Die rauhe Außenwelt wurde mit Familienfesten kompensiert.	im Heim wieder Feste feiern
Ablehnung von Festen	Man mußte an Familienfeiern teilnehmen, ob man wollte oder nicht.	Ist das heute im Heim auch noch so (Zwangsbeglückung)?
Freude an Festen	Mit der Privatwohltätigkeit verbrachte man viel Freizeit, man gründete Vereine usw. Man mußte zeigen, wie gut man war.	Selbsthilfegruppen installieren
Freude am Fest, meistens Frauen	Sie war die gefühlvolle Stimmungsmacherin.	Talente nutzen

Tabelle 15

Lebensweisheit: Zwei Lebensstützen brechen nie; Gebet und Arbeit heißen sie.
Anmerkung: Beschäftigungs- und Arbeitsangebote müssen individuell passen.

5. Biographie-Erhebung

Sollten Stationen oder zumindest einzelne Pflegepersonen nun weiter in die Materie eindringen wollen (können), kommt es in der nächsten Umsetzungshöhe zur fachlich-professionellen Umsetzung. Diese beschäftigt sich nun singulär mit der

- Erhebung
- Interpretation
- Hypothesenbildung sowie
- Berechnung der Interaktionshöhe unserer Klienten und wird auf dem
- BÖHMschen Pflegedokumentationsblatt (siehe S. 181) ersichtlich und evaluiert.

Sehr oft sind Klientenprobleme nicht nur naturwissenschaftlich erklärbare Phänomene, sondern viel mehr noch psychobiographische, lebenslang vorhandene Tragödien, die sich mit der **singulären Biographie** (Ersatzhandlungen oder Copings, normal oder pathologisch) aus

- der Familiensituation,
- einem primären biographischen Fehlverhalten,
- der Prägungsphänomenologie,
- Zuständen eines schlechten Gewissens,
- den Lebensbilanzen

erklären lassen.

Sehr oft sind Symptome nicht auf derzeitige Belastungssituationen und deren jetzige Bewältigungsmechanismen und -versuche zurückzuführen, sondern beruhen auf der Tatsache, daß die Reaktion auf Ereignisse belastender sein kann als die Erkrankung selbst (bei primären Demenzen).

- Überforderung bei Einlieferung
- Überlastung, weil der Patient mitbekommt, daß ihn die Familie abschiebt
- Verlust der Ich-Identität durch Einlieferung
- Verlust eines großen Auslauffeldes (große Wohnung wird gegen kleinen Tagraum getauscht)
- Angst vor plötzlich vielen Leuten
- modernes Essen (Pommes frites) statt Schmalzbrot

Das heißt, daß das Problem eben sehr häufig biographisch ist.

Seelenpflege und Dokumentation

Wenn man in der Folklore die derzeitigen Probleme mit der Biographie in Verbindung bringen möchte, ist es erforderlich, die **thymopsychische Biographie** (und nicht die dative Biographie) zu erheben.

Die thymopsychische Biographie besteht vorwiegend aus

- *Stories,*
- *Folkloresituationen* und
- den sich daraus ergebenden *Copings.*

Ich meine damit, daß wir nicht einen Lebenslauf, sondern vorwiegend „Geschichterln“ (denn nur solche erzeugen im Alter Symptome!) erheben und niederschreiben sollten. Die Äste, der Stamm und die Wurzeln des Lebensbaums unseres Patienten sind zu vermessen. Denn die Kleinigkeiten, die Banalitäten sind es, die uns im Leben negativ oder positiv steuern, die uns erregen, beruhigen, antreiben oder einschlafen lassen.

Leider hat die Praxis gezeigt, daß gerade junge Menschen, die in die Pflege gehen, oftmals kein besonderes Interesse an der Biographie unserer Klienten haben. Dies strahlen sie auch beim Gespräch aus. So ist es kein Wunder, daß unsere älteren Patienten dieses Desinteresse bemerken und keine Auskunft mehr geben wollen. Junge Pflegepersonen, und hier vor allem die Männer, wollen häufig nur Apparatepflege betreiben.

Doch handelt es sich hierbei selbstverständlich um Einzelfälle, und diese werden in Zukunft hoffentlich auch seltener werden. Vieles spricht ja dafür, daß diese Technik-Faszination bald der Vergangenheit angehören könnte. Ich wollte damit auch nur aufzeigen, daß jemand, der kein Interesse an intensiver Kommunikation mit Patienten hat, für das von mir entwickelte psychogenbiographische Pflegemodell vollkommen ungeeignet erscheinen muß.

Denn nicht nur historisch gesehen war das „Geschichten erzählen“ wohl eine der frühesten kulturellen Handlungen. Auch unsere Patienten haben eine Lebensgeschichte, und sei es auch, daß sich diese aus unzähligen kleinen Geschichterln zusammensetzt, deren eine oder andere uns einen (und manchmal den letztmöglichen!) Zugang zu ihnen eröffnen kann.

5.1 Am Anfang war die Story

Wenn sich Jäger in der Urzeit abends am Feuer versammelten, versuchten sie, die anstrengenden und gefährlichen Erfahrungen ihres Tages zu verarbeiten, indem sie davon erzählten. Von diesen früheren Jagdberichten, die wir zwar nicht beweisen, aber dennoch aus guten Gründen für wahr halten dürfen, zieht sich wie ein roter Faden durch die menschliche Existenz das Bedürfnis nach Geschichten.

Jeder Mensch ist ein „Geschichten-erzählendes“ und „Geschichten-hörendes“ Wesen. Menschliche Erfahrung findet ihre Gestalt erst in Worten, die vor unseren Augen Bilder entstehen lassen. Sie sind die einzige Form, menschliches Erleben zu ordnen und zu begreifen. Erst eine Geschichte bringt uns den Sinn des Lebens bei. Ob sie nun wahr ist oder nicht, wir leben von ihr, von unserer Lebensstory, mit all ihren positiven und negativen Gefühlen, die sie uns vermittelt. Unsere „Lebensgeschichterln“ sind nicht rational, nicht paradigmatisch. Sie gehen auf unsere Wünsche, Ziele und Bedürfnisse ein. Sie sind der Stoff, aus dem die Träume sind. Aber auch unsere Weltanschauung, unsere Konflikte, Krisen und Sehnsüchte werden in ihnen glaubwürdig verpackt. Wir erzählen abends, wenn wir nach Hause kommen, unsere Tagesgeschichte. So können wir das Leben verstehen und annehmen.

Unsere Stories sind folkloristischer Natur

In ihnen kommt nämlich das „Wissen des Volkes" in der einen oder anderen Form zum Ausdruck. Dieses kann – muß aber nicht! – mit Volkstanzgruppen und Trachtenumzügen zu tun haben; aber Folklore, so wie ich sie verstehe, ist etwas ganz anderes.

In ihr ist eine ganz bestimmte Art von Wissen präsent. Es sind nicht die wissenschaftlichen Theorien, die wir hier finden, und auch nicht das, was wir Hochkultur nennen, hat in ihr einen zentralen Stellenwert. In der Folklore findet sich vielmehr ein ursprüngliches, praxisnahes Wissen, das die Menschen in den Kinder- und Jugendjahren geprägt und ihnen ein Stück Heimat vermittelt hat.

Und um diese „Grundmuster des Daseins", die uns die Alten – in welch reduzierter Form auch immer – in ihren Stories anvertrauen, geht es bei der psychogen-biographischen Pflegeforschung, denn sie allein lassen uns die Coping-Rituale der regredierten Alten verstehen.

5.2 Folklore-Mechanismen

Aus dem persönlichen Ton, dem persönlichen Mythos der Geschichterln ergibt sich eine Anzahl von Gleichschaltungen in den Lebensräumen, die als Wissen des Volkes wiedergegeben werden. Nach dem Wissen des Volkes gibt es Grundmuster des Daseins auf der Grundlage der Stories: Aphorismen, Roman oder Drama, Ironie, Tragödie, Komödie.

Romane oder Dramen

Auch diese Menschen haben in ihrem Leben Hindernisläufe zu bestehen. Sie lösen diese aber nicht auf lustige Weise, sondern die Helden sind überdurchschnittlich gut, sie wachsen am Ende über sich hinaus, weil sie ihr Schicksal meistern.

Ironie

Dies sind die Antihelden. Sie leben, obwohl die Welt chaotisch ist. Die Protagonisten schlüpfen oft in die Rolle des Narren oder des großen Naiven oder Sexschurken, um etwas aus ihrem Leben zu machen.

Tragödie

Hier verstricken sich Menschen in unlösbare Widersprüche. In einer schrecklichen Welt müssen sie ihre Niederlagen verkraften lernen. In Würde werden sie alt. „Hauptsache, man war fleißig, auch wenn das Leben ungerecht war“ – das ist ihr Leitspruch.

Komödie
Sie sind im Grundton optimistisch und lebensbejahend. Es geht den Menschen darum, die Irrungen und Wirrungen des Lebens positiv-spielerisch zu überwinden (sympathikotone Typen). Die anderen Menschen sind Mitspieler oder Antagonisten, alles zielt auf ein Happy-End hin.

So spielt jeder Mensch seine Lebensrolle und sein Daseins-Schicksal, aber alle mit einem für sie erkennbaren Sinn.

5.3 Copings

Aus diesen Lebensmustern und den eigenen Erklärungen (die nur für die jeweilige Person stimmen) ergeben sich die *Copings*, die wir bereits hinlänglich erklärt haben.

6. Die Interpretation als Hypothesenbildung

In manchen Fällen schieben sich hermeneutische oder hausverstandsanalytische Interpretationen so stark in den Vordergrund, daß wir als Erstversuch einer psychischen Besserung diese als gegeben betrachten. Die psychoanalytisch-psychologisch angenommenen Interpretationen sind aber reine Vermutungen, sodaß wir diese als **„hypothetische Pflegediagnose"** bezeichnen.[52]

Die Thesenbildung erfolgt im wesentlichen aus den bereits vorhandenen Materialien, aus der Gegenüberstellung der thymopsychischen Biographie und den heutigen Verhaltensmustern. Die kausale Grundlage auch zur Hypothesenbildung ist und bleibt das Sehen.

Wir sehen im täglichen Leben die klügsten Menschen Schritte tun, bei denen wir nur den Kopf schütteln können. Wir sehen die besten Menschenkenner das Opfer des größten Betrugs werden. Wir sehen die witzigsten Köpfe verstummen.

Wir *müssen* doch fragen: *Warum?*

Thesenbildung heißt, sich Fragen zu stellen:

- Was fehlt?
- Was ist anders als früher?
- Was schafft Symptome wie Angst, Unruhe, etc.?
- Was geht dem Klienten ab?
- Was behindert sein Leben?
- Wodurch ist es zu Unlustbildung gekommen?

---

[52] Die Erhebung, wie auch die Interpretation, erfordert Entscheidungsfreude vom Personal sowie Fachkompetenz, die sich nur aus dem Fachwissen ergeben kann. Leute mit zu geringem Fachwissen flüchten vor biographischen Erhebungen! Das theoretische Rüstzeug ist demnach hoch zu stecken, um einen besseren Überblick zu gewinnen. Je mehr man über die Seele weiß, umso eher findet man sich in diesem Dickicht zurecht. Selbst Profis der Psychoszene haben es heute schwer, die geeignete oder wenigstens nicht eine falsche psychotherapeutische Lehr- und Lernmeinung zu vertreten. Ich bin der Ansicht, daß das Pflegepersonal die Grundzüge der Gesprächspsychotherapien kennen muß.

7. Impulse

Impulse sind Maßnahmen, die psychische Seelenpflege-Prozesse auslösen sollen. Basierend auf dem Gesichtspunkt der humanistischen Konzeption, sollten sie demnach nicht nur nach den ritualisierten ethisch-moralischen Zielen gesehen werden.

Impulse sind Ausdruck eines möglichst umfassenden Pflegeverständnisses der Pflegepersonen. Das heißt, die Impulse hängen nicht zuletzt vom Ideenreichtum der Pflegeperson ab sowie von deren Fähigkeit, „Besonderheiten" (= Sonderlichkeiten!) der Alten zu erkennen und zu nützen.

Impulse werden mit Ziel- und Zeitangabe geplant und wöchentlich bei der Pflegevisite korrigiert.

Impulse erzielen

- eine Verringerung der Schwierigkeiten,
- eine Reaktivierungsform bei Klienten in Rückzugsphase,
- einen symptomlindernden Prozeß bei den verschiedenen Kardinalsymptomen der primären und sekundären Demenz,
- ein Wiederaufleben statt einem Ableben sowie
- eine Symptomlinderung als symptomspezifische Pflege.

Die angemessenen Impulse leiten wir nicht nur von der lebensgeschichtlichen Perspektive unserer Klienten ab, sondern bedienen uns ferner sämtlicher, in der modernen Interventionsgerontologie vorkommenden Thesen, wie:

1. Sozialisationsprozessen (Menschentypen)
2. vigilanzsteigernden Überlegungen
3. dem Coping-Muster des Betagten
4. dem Muster des Normalitätsprinzips
5. den Thesen des Ich-Verlustes
6. Motiven, die den Lebensantrieb wecken sollen
7. höheren und niederen Lebenswerten

Bei diesem Modell gibt uns der Klient den (seinen) pflegerisch-therapeutischen Weg vor, den ich von ihm selbst erlernen muß (Substitutionspflege).

Es muß klar sein, daß die singulären biographischen Impulse keine Änderung des pathophysiologischen Status mit sich bringen, aber immerhin eine globale Befindensverbesserung eintreten kann.

Impulssetzung heißt Problemlösen

Problemlösen kann aber auch heißen, daß durch das Lösen eines Problems ein neues entsteht, z.B.:

Patient wird reaktiviert, freut sich, lebt wieder …	… aber die Angehörigen halten das Wiederbeleben nicht aus und fürchten sich davor, daß der Klient wieder nach Hause kommen könnte.

Richtige Impulssetzung bedeutet: „Probleme lösen!“ Diese Problemlösung kann nun darin bestehen, bei Klienten, die sich im Rückzug befinden, Reaktivierungsmöglichkeiten zu realisieren, oder aber bei den verschiedenen Kardinalsymptomen der primären und sekundären Demenz systemlindernde Prozesse einzuleiten. Eine Symptomlinderung, wenn schon nicht Symptombehebung, steht also stets im Vordergrund.

Die Impulse werden ausführlich im Arbeitsbuch behandelt.

8. Neuerliches Sehen (Evaluieren)

Nun erfolgt ein neuerliches Wahrnehmen und Beobachten (Evaluierung). Wir nehmen wahr, ob sich das Verhalten verändert (gebessert/verschlechtert) hat oder gar gleichgeblieben ist; wobei eine Nicht-Besserung des Zustands einen weiteren Durchgang neuer Thesenforschung usw. ergibt. Die Erfolge oder Nicht-Erfolge werden aber nicht nur in der „Sichtweise", sondern zusätzlich noch mit den Böhm'schen Erreichbarkeitsparametern (Interaktionsparameter 1–7, siehe S. 182) nachgewiesen.

Wichtig ist, daß in jeder Phase des Pflegeprozesses die Wirkungsweise und Zielgenauigkeit der eingesetzten Mittel, also der Pflegeimpulse und sonstigen Maßnahmen evaluiert wird, um gegebenenfalls Korrekturen vornehmen oder aber weiterreichendere Impulse setzen zu können. Dieser Prozeß ist solange fortzusetzen, bis der unter den gegebenen Voraussetzungen größtmögliche Erfolg erreicht ist.

Selbstverständlich muß man hier realistisch sein. In einigen Fällen wird der größtmögliche Erfolg nur darin bestehenden können, Symptome zu lindern; doch ändert das nichts an der erfolgreichen Strategie. Solange damit nämlich eine Befindensverbesserung unserer Patienten verbunden ist (in manchen Fällen wird es schon als großer Erfolg anzusehen sein, eine Befindensverschlechterung zu verhindern!), können wir mehr als zufrieden sein.

Wie wir sehen, können in der Praxis „Problemlösungen" auf ganz verschiedenen Ebenen erforderlich werden. Probleme lösen kann aber auch heißen, daß durch das Lösen eines Problems ein neues entsteht – eines, das wir dann unter Umständen nicht mehr lösen können. Doch darauf werden wir noch am Schluß zu sprechen kommen.

9. Umsetzung an der Station

Bis jetzt habe ich versucht, einzelne, gerade für die Praxis wichtig scheinende Dimensionen des psycho-biographischen Pflegekonzeptes zu behandeln.

Im Normalfall dauert es etwa vier Jahre, bis ein derartiges Modell auf einer Station umgesetzt werden kann, und man darf sich von den anfänglichen Schwierigkeiten nicht gleich entmutigen lassen. Besonders wichtig ist es, daß das Personal, aber auch die Pflegedienstaufsicht „mitmacht" – anders ist dieses Konzept nicht durchführbar. Keine Frage, daß dabei Fortbildungsmaßnahmen unabdingbar sind, aber um nichts weniger wichtig ist eine entsprechende Motivation, ja Begeisterung für die Sache. Dann wird man Erfolg haben. Doch zu bedenken bleibt dabei noch:

Auch Erfolge können zu Mißerfolg führen ...

... und nicht immer sind wir, die Pflegenden daran schuld, wenn etwas nicht klappt. Auch die Politiker und die mangelnden finanziellen Mittel sind nicht immer der Grund unseres Mißerfolges. Wie schon angedeutet, bedarf es bei meinem Modell einer stetigen Evaluierung der von uns gesetzten Pflegemaßnahmen. Doch nicht nur einmal standen wir dabei vor der Situation, daß der Patient eindeutig reaktiviert wurde und tatsächlich auch wieder Freude an seinem Leben empfand, seine Angehörigen aber durch diese Art von neu gewonnener Lebensenergie in Angst und Schrecken versetzt wurden, weil sie befürchteten, er könnte wieder nach Hause kommen.

Ja, und genau hier stoßen wir an die Grenzen der Pflegeforschung, wie gut oder schlecht auch immer man sie betreiben mag. Hier liegt der Punkt, an dem eine **Pflegetheorie in eine Gesellschaftstheorie einmünden** sollte – und das liegt mit Sicherheit außerhalb dessen, was ein einzelner Pflegeforscher bewerkstelligen kann.

9.1 Der BÖHMsche Interaktionsparameter

Es ist eine Tatsache, daß Gefühle kaum meßbar (aber gut beobachtbar) sind. Trotzdem bin ich der Ansicht, daß ein Modell eine zumindest praxisrelevante Evaluierungsmöglichkeit benötigt. Die heute in der Wissenschaft verwendeten Parameter erwiesen sich aber leider in der Praxis als dafür unzureichend.

Medizinische Messungen

Die Medizin erhebt in ihren Tests – wie bereits erwähnt – negative Gesundheitswerte und versucht so, anhand einer *Leistungsdiagnose* Messungen vorzunehmen und Parameter

- des Gedächtnisses
- der Merkfähigkeit
- der Intelligenz sowie
- der Lernfähigkeit

festzulegen.

Dieser Forschungsweg führt jedoch bei genauer Betrachtung zur Erhebung der Defizite.

Psychologische Messungen

Psychologie und Gefühlspsychologie stellen Parameter zur Messung von Leistungen und Verhaltensweisen auf. Der Mensch wird in verschiedene Situationen gebracht, seine Reaktionen werden beobachtet und beschrieben:

- Durchsetzungsvermögen
- Einsatzbereitschaft
- Triebleben
- Geltungstrieb
- Neid
- Minderwertigkeitskomplexe
- Ersatzhandlungen

► Mimik/Gang/Gebärden,

► Sprache (Stärke, Melodie, Tempo, Verlauf),

► Schrift (Graphologie, Zeichnungen), aber auch

► der Menschentyp an sich (Charakter usw.)

werden erhoben und ermöglichen damit die Beobachtung von Coping-Reaktionen.

Die psychologische Erhebung basiert also auf der Beschreibung und Beobachtung von Reaktionen und kommt damit meinen Intentionen schon wesentlich näher. Trotzdem reichen diese in der psychologischen Forschung angewandten Meßmethoden für die Beurteilung der Biographiesituation nicht aus.[53]

Messungen nach Böhm

Im täglichen Leben aber sollte die Methodik des Überlebens, der Überlebenscopings in Zusammenhang mit den Reaktionen (psychologischer Forschungsteil) Verwendung finden. Es sollen also die praktischen Fähigkeiten der Copings erhoben und beurteilt werden:

- Wie findet eine 90jährige ihr WC (obwohl sie nicht weiß, wo im Spital die Toiletten sind)?
- Wozu braucht man in seiner Bruchbude (Substandardwohnung) ein Urteilsvermögen und welchen IQ?
- Was ist wesentlich und unwesentlich im 80. Lebensjahr?

Lebens- und Gefühlserfahrungen sind es daher, die in meiner Forschung zum Ausgangspunkt der Messungen wurden. Aber gerade die Entwicklung eines Parameters, der sich mit Gefühlen, Erlebnisinhalten und Empfindungen unserer Klienten (und unseren eigenen) beschäftigt, trotzdem jedoch eine ratio-

---

[53] allerdings sehr gute Vergleichsparameter

nale Berechnung zulassen sollte, war ein schwieriges Unterfangen. Es stellte sich dabei vor allem die Frage, wie man etwas messen und rubrizieren kann, das man nicht selbst empfindet oder spürt?

Wie können wir uns erlauben, z.B. Angstzustände unserer Klienten zu benennen, wenn wir nicht einmal die Dosis unserer eigenen Ängste und Befürchtungen benennen können? Wie können wir die Sicherheit oder auch Unsicherheit eines Klienten abwägen? Wie können wir unser eigenes Gefühl zu Patient X deklarieren, wo doch unsere Kollegin ihm gegenüber völlig andere Gefühle hat?

Wie kann man also thymopsychische Vorgänge noopsychisch berechnen und benennen? Wie kann man subjektives Erleben objektivieren und nachweisen?

Viele Fragen führten mich zu einer recht einfachen (und in der Praxis) wirksamen Erklärung: Ich mußte eigentlich nur die *4 Entwicklungsstufen* (mit denen ich ja immer schon gearbeitet hatte) in *7 Interaktionsstufen* unterteilen. Dazu kreierte ich ein Schema, das erkennen läßt, auf welcher Erreichbarkeitsstufe sich der Klient gerade befindet.

Heute unterscheide ich **7 Interaktionsstufen oder Erreichbarkeitsstufen**, in denen ein Klient sein kann:

Entwicklung

1. Sekundäre Sozialisation
2. Mutterwitz
3. Seelische, soziale Grundbedürfnisse
4. Prägungen
5. Höhere Antriebe
6. Intuition
7. Urkommunikation

Entwicklungsumkehr

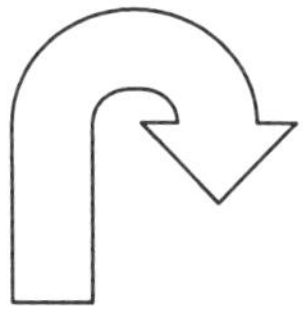

Wenn dies so ist, dann müßte der Klient mit verschiedenen Schlüsselreizen, die aus der entsprechenden Entwicklungsstufe stammen, wieder re-reizbar sein. Es müßte ab einer bestimmten Stufe zu einer Reaktion (wenigstens zu einem Wetterleuchten in seinem Gesicht) kommen.

9.2 Erreichbarkeitsstufen – Interaktionsstufen[54]

Erreichbarkeitsstufe 1: Tertiäre Sozialisation

Der Sozialisationsprozeß schreitet beim normalen Menschen von der Geburt an kontinuierlich voran und durchläuft dabei bestimmte Entwicklungsstufen. Sie sind durchaus typisch und werden zunächst mehr durch die Tatsache,

[54] Diese Stufen finden Sie auf dem Interaktionsbogen, 1. Rubrik/Erklärung

daß jedes Kind in einer menschlichen Gruppe aufwächst als durch das besondere So-sein dieser Gruppe fixiert.

Kinder werden als unfertige, hilflose Wesen geboren. Die Familie bildet den Rahmen für die „zweite Geburt“ des Menschen, die primäre Sozialisation. Sie formt Kinder zu Mitgliedern der Gesellschaft und vermittelt historisch entstandene, veränderbare Werte und Normen, die auf ökonomischen, kulturellen und religiösen Wurzeln basieren. Das Kleinkind lernt bestimmte Objekte zu lieben, zu hassen, zu fürchten. Die Gründe dafür lernt es erst später. Nicht Tatsachen, sondern Gefühlshaltungen oder Gefühlsäußerungen scheinen zunächst auf das Kind einzuwirken und es zu formen. Die Haltung und die Normen der es umgebenden Gesellschaft werden erworben, die Gefühlssteuerung erlernt. Das Kind entwickelt also innerhalb seiner individuellen Veranlagung ein emotionales Schema und damit die Bereitschaft, Tatsachen so wahrzunehmen und zu deuten, daß sie in das Schema passen. Diese Gefühlssteuerung sowie die meisten grundlegenden und gesellschaftlichen Verhaltensweisen erlernt das Kind zunächst durch Imitation und später durch Identifikation. Der Sozialisationsprozeß verläuft in verschiedenen sozialen Schichten und in jedem Zeitgeist anders, sodaß man den heutigen Buchinhalt etwa alle 15 Jahre revidieren muß.

Man versteht unter Sozialisation auch ein lebenslanges Lernen, sich der Kultur, der Gesellschaft und ihren Normen anpassen zu können. Ist eine Anpassung nicht mehr möglich, wird der Mensch (Klient) auffällig. Sein Erscheinungsbild paßt nicht mehr in dieses „Hier und Jetzt“ der Zeit.

Die *primäre Sozialisation* erfolgt durch das Milieu, die Familie, die nähere Umgebung. Bei einer Erziehung nach internationalen Mustern spricht man von einem internationalen Erziehungsstil; dieser ist eher bei Bürgerlichen und im städtischen Milieu anzutreffen. Erfolgt die erste Erziehung nebenbei, wie dies bei der armen Bevölkerung der Fall war, sprach man von „aufziehen“.

Durch die *sekundäre Sozialisation* in Kindergarten, Hort, Schule sowie durch andere gleichaltrige Kollegen und Freunde sowie auf Misthaufen, in Sandkisten und Bunkern wird die nächste Ebene geprägt (Daheim).

Die *tertiäre Sozialisation* findet dann schon durch Arbeitskollegen, Vorgesetzte usw. statt.

Arbeiten von MASTERS und JOHNSON besagen – und dies können wir in der Praxis nachvollziehen –, daß eine Resozialisation mit Betagten der Unterschicht kaum möglich ist. Männer und Frauen der Mittelschicht sind hingegen traditionell nicht so stark in ihren Rollen verwurzelt und können Anpassungen an die jeweilige Kultur und Zeit auch noch im höheren Alter vornehmen. Das würde heißen, daß gerade dementiell Veränderte nur aus ihrem Zeitgeist abholbar sind und demnach die Interpretation ihrer Lebensgeschichterln mit dem damaligen Zeitgeist verglichen werden müssen.

Seelenpflege u. Dokumentation nach Böhm | **Name, Vorname:** | **Geburtsdatum:** | **Blatt-Nr.:** 1

Psycho-Biographische-Erhebung

1 Stories	2 Folklore	3 Coping
		- bei Dekompensation (instabil) - stabile Phase •
Problem:		

Erreichsbarkeitstufen

1 Sozialisation	2 Mutterwitz	3 emotionales Grundbedürfnis	4 Prägung	5 höhere/niedere Antriebe	6 Intuition	7 Urkommunikation
Anwesend bei der Erstellung der Pflegeanamnese						
O Klient	O Angehörige/Bezugsperson Name: ______	O Pflegekraft Name: ______	Datum: ______		Handzeichen: ______	

Seelenpflege u. Dokumentation nach Böhm | **Name, Vorname:** | **Geburtsdatum:** | **Blatt-Nr.:** 2

Psycho-Biographische-Erhebung

4 Biografie - Abstrakt	5 Interpretation	6 Impulse
	- Grundtyp: - Motiv - Alltagsnormalität - Daheim Gefühl - Ich-Identität - offene Grundbedürfnisse/ was fehlt	

Erreichsbarkeitstufen

1 Sozialisation	2 Mutterwitz	3 emotionales Grundbedürfnis	4 Prägung	5 höhere/niedere Antriebe	6 Intuition	7 Urkommunikation
Anwesend bei der Erstellung der Pflegeanamnese						
O Klient	O Angehörige/Bezugsperson Name: ______	O Pflegekraft Name: ______	Datum: ______		Handzeichen: ______	

	ERKLÄRUNG	PSYCHO-GERIATRISCHE EINSCHÄTZUNG		
	Interaktionsstufen ● = Stabil ● = Dekompensation (instabil)	*I* ***Gefühlsleben***	*II* ***Psychomotorik***	*III* ***Kontaktfähigkeit Sozialisationen***
Aktivieren	***Aktivieren 1*** Tertiäre Sozialisation	normal, adäquates Verhalten ❶	sympatikoton, parasympatikoton ❶	Ungestört Sprachvermögen un Verständnis vorhand
	Aktivieren 2 Mutterwitz (je Region)	überschwänglich, traurig, verstimmt ❷	eher beweglich eher unbeweglich ❷	je nach Prägung, bestimmt personenbezogenen Kontakt selbst Sprachvermögen und Verstänc vorhanden
Re-Aktivieren	***Re-Aktivieren 3*** Seelische, soziale Grundbedürfnisse	fordernd, maßlos, himmelhochjauchzend bis zu Tode betrübt ängstlich, klagend, leicht gekränkt ❸	motorisch unruhig, gespannt still, bewegungsarm ❸	vermehrt Liebesbetteln, klebrig redet viel, stellt sich in den Mittelpunkt, neigt zu Kontaktvermeidung, meldet sich selbst nicht zu Wo
	Re-Aktivieren 4 Prägung (Aphorismen, Sprüchen der Region; Arbeiter, Bürger etc.): Was macht mich wichtig? Was erregt mich? Wie mache ich etwas nach meinem Stil?)	läppisch, misstrauisch, übertrieben optimistisch übertrieben pessimistisch mürrisch, ablehnend Selbstmitleid, Groll ❹	übertrieben affektiert, theatralisch ausdruckslos rigide ❹	Mangel an Krankheitseinsicht, Sprachvermögen und Verstänc teilweise in der Milieusprache erhalten, lässt passiv Kontakt zu, keinerlei Aktivität, zunehmende Vereinsamung
	Re-Aktivieren 5 Höhere / niedere Antriebe	*reduziertes Bewusstsein*: ungehemmt, emotional unruhig will sofort, stark problematisierend Resignation Somnolenz ❺	pathologische Antriebssteigerung, agitiert starke Unruhe pathologische Antriebsminderung Zähflüssigkeit Schläfrigkeit ❺	fordernd, will sofort, macht was er /sie will aufdringlich, verbal u. körperlic aggressiv, versteht und spricht einfache Sätze, Kontakt nur mit bestimmten Personen möglich, lehnt Kontakt ab, isoliert sich, vereinsamt
	Re-Aktivieren 6 Intuition (Aberglaube, Religion, Volks- und Brauchtum)	Fluchttendenz, Freiheitsdrang, Abwehrverhalten, schreien, schlagen uneinsichtig, hoffnungslos, Losigkeit Sopor ❻	Signalsprache, Wandertrieb, stereotype Bewegungen oder Laute nach Reiz, Stuhl schmieren, tiefer Schlaf, kaum weckbar ❻	nur nonverbale Kontaktmöglichkeit nach Daheimgefühl, Ein – Wortsätze werden gesprochen und verstanden
	Re-Aktivieren 7 Urkommunikation	Allmachtsgefühl Coma ❼	kaum noch Lebenszeichen Stupor, nesteln, klammern, oraler Reflex, Embryonalstellung, Coma ❼	mutistisch, autistisch Urkommunikation bis Ablehnu

Stabil: [ ] : [ ] = [ ]
Punktesumme — Anzahl der Spalten — durchschnittliche Erreichbarkeitsstufe

Bei Dekompensation (instabil): [ ] : [ ] = [ ]
Punktesumme — Anzahl der Spalten — durchschnittliche Erreichbarkeitsstufe

ƎBUNG nach Prof. Erwin BÖHM

Name des Klienten: Geburtsdatum:

e/ rieb	*V Orientierung*	*VI Gedächtnis*	*VII Formales Denken*	*VIII Inhaltliches Denken*
nal ❶	Ungestört ❶	Normal ❶	Ungestört ❶	Ungestört ❶
, was er/sie will ❷	leicht unsicher ❷	erste Beschwerden über Vergesslichkeit steigen ❷	Auffassungsstörung Scheinanpassung, Ersatzhandlungen ❷	Kontaktmangel, verarbeitet neue Situationen realitätsfremd ❷
sich schwer entscheiden, geschwätzig, nselnd, überschätzt gkeiten ❸	unsicher, holt Hilfe desorientiert auf einer Ebene zeitlich, örtlich, persönlich, situativ ❸	schwankt zwischen Neu– und Altgedächtnis Störungen des Kurzzeitgedächtnisses ❸	Realitätsflucht, Rückgriff auf bewährtes Bewältigungsverhalten ❸	Wahnstimmung, Wahneinfall ❸
eigert, unruhig mmt, gleichgültig, leer ❹	desorientiert auf 2 Ebenen zeitlich, örtlich, persönlich, situativ ❹	Inhalte werden aus dem Altgedächtnis abgerufen, Konzentrationsprobleme ❹	kritikunfähig, urteilsunfähig, klebrig, umständlich, konfabuliert ❹	systematisierter (geordneter) Wahn Wahngewissheit, unkorrigierbar, bezieht alles auf sich, Zwangsverhalten ❹
hafte Verstimmung, os, ichts mehr ❺	desorientiert auf 3 Ebenen zeitlich, örtlich, persönlich, situativ ❺	wichtige Informationen gehen verloren, Tertiärgedächtnis ❺	Gedankeninhalte wechseln ständig, Gedanken bleiben haften, vorbeireden, Perseveration ❺	nicht systematisierter (ungeordneter) Wahn mit vegetativen Symptomen, Unmöglichkeit des Inhalts, Zwangsimpulse ❺
eichen, unkontrollierte hlsregungen, getrieben, zielgerichtet, tisch ❻	desorientiert auf 4 Ebenen zeitlich, örtlich, persönlich, situativ ❻	Tertiär- bis Kollektivgedächtnis ❻	Sprachverarmung, Wortsalat, faseln, Symboldenken, Sperrung ❻	deliranter Wahn ❻
hlos, verarmt ❼	nicht mehr erreichbar, versteht die Welt nicht mehr ❼	Kollektivgedächtnis ❼	Denken nicht mehr möglich, Mutismus ❼	Delirium, Verwirrtheit ❼

Datum der Erhebung: ____________________

Name und Unterschrift der Pflegekraft: ____

Das Wiedereinsetzen von altgeprägtem (sozialisiertem) Material bringt verschiedene emotionale Vorteile für den Klienten mit sich: Jeder Mensch hat das Bedürfnis nach Sicherheit. Ist die Umgebung verändert, erfolgt Unbehagen, motorische Unruhe, Anspannung und ein Gefühl der Unlust. Wenn man ihm das Gefühl der guten alten Zeit zur Beruhigung gibt, kann mit einer angstlösenden Wirkung gerechnet werden.

Sozialisationsakte sind eingespielte, immer wiederkehrende Muster; sie sind das Resultat einer biologischen Reifung (E. ERIKSON 1957) und demnach generationsunterschiedliche Phänomene. Sozialisationen wieder anzubieten heißt, das psychische Gleichgewicht wieder herzustellen. Sozialisationen und Prägungen hängen sehr mit den Reaktionen bzw. Copings zusammen. Das bedeutet, daß wir in der Pflegediagnose vorwiegend die Reaktionen, die Gefühlsäußerungen zu einer Prägung suchen. Sozialisationen sind Eigenarten des Lebens und daher singulär. Der Mensch ist ein Gewohnheitstier, das man nicht entwurzeln kann. Die jüngeren Generationen müssen deshalb Geschichte lernen, um die Alten zu begreifen.

Sozialisation durch die Familie um 1920

Um 1920 fand die erste Erziehung im Daheim statt, man war stolz darauf und beschimpfte die Schulen. Man warf den Schulen vor, daß sie zuwenig Einfluß auf die Kinder nähmen. Beide Geschlechter lehrte man Regelmäßigkeit, Gehorsam, Selbstbeherrschung und Großmut. Für die Tätigkeiten das täglichen Lebens galt folgende Zeit- und Inhaltsprägung:

Mädchen	***Buben***
5jährig	
• einfache Arbeiten wie Tisch decken, Staub wischen	
8jährig	
• kochen	
• nähen	
• leichte Gartenarbeiten	
16jährig	
• Selbstversorgung	• Umgang mit Werkzeug
• sich mit Kindern beschäftigen	• Garten
• selbständig kochen und nähen	• einfache Tischlerarbeiten

Den Buben bis zum 16. Lebensjahr wurde kein Lebensplan vorgeschrieben. Das heißt, daß gerade die Mädchen familiär geprägt wurden, da sie nicht aus dem Haus kamen. Die Buben haben ja immer schon die heilige Familie verlassen und auf der „Straße“ gespielt. Es ist demnach kein Wunder, daß die Mädchen und nicht die Männer die Traditionen des Familienverbandes aufrechterhielten, mit Ausnahme jener Männer, die stark traditionell erzogen wurden (Klosterschulen, schrullige Ammen).

In der *Interaktionsstufe 1* befinden sich Menschen, die noch ein kognitives Gespräch zulassen und somit teilweise einer aktivierenden Pflege zugänglich sind. Die noch vorhandene kognitive Erinnerungsleistung wird allerdings sehr oft unter dem Begriff „biographischer Ansatz“ in verschiedenen Spitälern, aber auch präventiv verwendet (Gerontologie).

Die *Kommunikation* findet auf verschiedenen Ebenen statt. Watzlawik unterscheidet bei jeder Kommunikation eine Inhalts- und eine Bezugsebene. Wenn wir ein Gespräch führen, so tun wir dieses im bewußten Ich. Das von und zu uns gesprochene Wort ist jenes, an das wir tatsächlich glauben, was wir tatsächlich empfinden und uns vorstellen. Jeder von uns „meint es so“, wenn er es ausspricht. Dieses tatsächlich Empfundene, Gefühlte muß allerdings nicht mit unserem Wissen oder mit der Inhaltsebene übereinstimmen. Es kann schon vorkommen, daß wir einem Menschen sagen, daß wir ihn lieben (Inhalt), aber in Wirklichkeit durch unsere Ausstrahlung vermitteln, daß wir ihn nicht ausstehen können. Viele Betagte in dieser Stufe werden nicht mehr in der Lage sein, genau zu ordnen, ob nun der Inhalt zur Beziehung paßt. Sie werden das Gespräch nicht mehr richtig steuern können und meistens mit ehrlichen Gefühlsäußerungen antworten.

Die meisten Menschen haben ihre Bezugs- und Inhaltsebene nach einem eigenen Coping zugeschnitten. Auch bei gesunden Menschen ist somit bei der Eruierung ihrer Lebenswichtigkeiten das „Gefühl dazu“ tragend und erfragenswert. Am besten geht dies nicht mit Einzelwörtern oder gar einer Datenerhebung, sondern als assoziatives Gespräch zu früher.

Die assoziative Kette kann aus den altgespeicherten vorliegenden Mustern bzw. aus dem bewußten Lebenssinn und den Motiven erkannt werden, d.h. aus Folkloresituationen und Aphorismen, die uns aufhorchen ließen, Lieder die uns erregten, Lieblingsthemen, die uns sinnvoll erschienen, mit anderen Worten alles, was uns stark gefühlsmäßig beeinflußte. Zu erkennen sind die erwähnten positiven und negativen emotionalen Fixierungen in sich dauernd wiederholenden Redewendungen und den dazugehörenden Emotionen (Körpersprache).

Interaktionsstufe 2: Mutterwitz

Sind die Klienten auf der obersten Stufe nicht zu erreichen, kann man versuchen, auf der nächsten, tiefer liegenden Ebene einen Kontakt herzustellen.

Viele KollegInnen werden anstelle von Mutterwitz das Wort „Gag“ oder „Schmäh“ oder angeborener Humor womöglich besser verstehen. Fest steht, daß das Recht auf Herz und damit auf „Lachen“ schon immer den Frauen eingeräumt worden ist: die lachende Gattin, die fröhliche Frau, die mit lachender Heiterkeit auf alle Lebensbahnen Tageslicht bringen soll.

Nach dieser Prägungssituation würde das heißen, daß wir vom Vater den Ernst der Welt (rationales Denken) erlernen und geprägt bekommen, von unserer Mutter hingegen die emotionalen Anteile erwerben. Sehr häufig wird von den Betagten selbst ausgesagt, daß das Wort Mutterwitz von der damaligen Situation stammt. Die Väter waren im Krieg oder in der Gefangenschaft, und somit mußten die Mütter den Hauswitz weitergeben. Dieser beeinflußte demzufolge früher auch die rationalen Anteile im Leben.

F: „Lachen und Lächeln sind Tor und Pforte, durch die viel Gutes in den Menschen hineinhuschen kann."
„Heiterkeit ist meines Lebens Regel."
„Humor ist die Waffe des Überlegenen."

F: Um 1900 fragte man sich, ob auch Jesus Humor hätte; dies wurde natürlich bejaht, aber mit folgender Unterscheidung: Fanatiker lieben die Satire, Menschen hassen/lieben die Ironie. Jesus liebte es, wenn man mit dem Dritten lacht, aber nicht über ihn.

Mutterwitz ist also jene Form des Volkstums, nach der man spricht, „wie einem der Schnabel gewachsen ist". Mutterwitz ist eine Mischung aus Muttersprache und Kindersprache.

Frank FARELLY (1960) ist der Begründer der „Provokativen Therapie", in der der Humor schlechthin das therapeutische Moment ist: Humor kann einem Menschen Abstand zu seinen Wahnideen geben. Wenn ein Klient über sich selbst lachen kann, ist dies eine befreiende Erfahrung. „Du redest keinen Scheiß, sondern bist direkt", sind häufige Dankesworte der Klienten in ihrer Milieusprache. Das Wesentliche der provokativen Therapie ist ein liebevolles Necken zwischen Freunden. Du kannst alles sagen, meint FARELLY, aber lächle dabei. Provokative Therapie ist keine Gaudi auf Kosten der Patienten oder ein Freibrief für das Hänseln von Menschen, es ist eher das vertraute Hänseln zwischen Freunden, das wohlgemeinte „auf den Arm nehmen" (das nicht die jüngsten Pflegepersonen betreiben sollten).

Zum Blödeln benötigt man Witz, Einfallsreichtum und Phantasie. Wir flirten mit 85jährigen und erregen Tagträume, und es ist interessant, daß mein altes, eher verschrieenes Personal dies schaffte, die Jungen aber nicht – diese Generation nimmt sich noch zu ernst und wirkt dadurch kalt und unzugänglich. Wesentlich ist der spontane Ausdruck und nicht die vorsichtig kontrollierte Rede, sie ist eigentlich unglaubwürdig. Die Leute sehen, daß man ein humorvolles Zwinkern in den Augen hat, ein Lächeln um den Mund; sie hören einen Ton in der Stimme, der so offensichtlich ist, daß ihn selbst ein Kind dekodieren kann.

Erreichbarkeitsstufe 3: seelische, soziale Grundbedürfnisse

Solange ein Mensch in den oben beschriebenen Erreichbarkeitsstufen 1 und 2 ist, versteht er unser gesprochenes Wort. Wir können ihn mittels „aktivierender Pflege" betreuen. Erst wenn er noch dementer wird (ca. 33,6%), fällt er in eine tiefere Schicht der Erinnerung (ab Stufe 3) und kann nur noch mittels reaktivierender Pflege seelisch wiederbelebt werden.

Erlangt man auch auf der Stufe 2 kein gefühlsmäßig positiv besetztes Echo, kann man auf die nächstliegende Stufe, nämlich jene der Bedürfnisse und der Bedürfnisbefriedigung gehen. Bedürfnisse sind das Gefühl des Begehrens; sie erzeugen ein suchendes Verhalten und sind daher als Motiv zu werten. Wer Hunger hat, muß arbeiten, um Brot zu verdienen.

Jeder Mensch hat andere Bedürfnisse in seinem Leben gehabt und hat sie demnach noch immer, eine Nichtbefriedigung kann zur akuten Verwirrtheit führen. Das heißt, daß der Aufnahmegrund eben eine solche Nichterfüllung sein kann, die es zu rekompensieren gilt.

Es kann das Bedürfnis sein, um 5 Uhr früh aufzustehen. Es kann das Bedürfnis sein, dazugehören zu wollen, Anerkennung zu bekommen, um 22 Uhr nachts zu baden, sich selbst zu verwirklichen. Ein normales Bedürfnis ist das Bestreben, bestimmte Gegenstände zu erwerben oder eine begonnene Handlung zu beenden. Mehr im biologischen Sinn ist es, das triebhafte Streben, einen Mangelzustand zu beseitigen.

Wir unterscheiden *primäre Bedürfnisse* wie Hunger, Durst, Schlaf, also jene Bedürfnisse, die in der Krankenpflege als ATL bezeichnet werden, und *sekundäre* oder *reaktive Bedürfnisse*, die sich auf eine erlernte Situation beziehen, d.h. auf das Daheim-Gefühl. Beispielsweise hat man das Bedürfnis nach Schlaf, kann aber nur wirklich schlafen, wenn die sekundären Bedürfnisse erfüllt sind, wie die alte Wohnung, einen Schnarcher neben sich zu haben, etc.

Erreichbarkeitsstufe 4: Prägung

Eine besondere Form der Erklärung von Verhaltensweisen stellt die sogenannte Prägung dar. Sie ist insofern ein Mittelding zwischen psychoanalytischen und lerntheoretischen Erklärungsversuchen, als die Prägung auch lerntheoretische Grundsätze in sich birgt.

Überwiegend im Tierversuch konnte festgestellt werden, daß jede Verhaltensweise in eng umrissenen, zeitlichen Abschnitten erworben wird, und zwar indem verschiedene Verhaltensweisen sich zu unterschiedlichsten Zeiten (Aggression, Zärtlichkeit usw.) ergeben. Dies entspricht ganz den Vorstellungen von den verschiedenen Phasen bei Freud. Entscheidend ist, daß Prägungen, wenn sie einmal stattgefunden haben, oft irreversibel sind.

Der Verhaltensforscher Konrad Lorenz (1965) hat festgestellt, daß das Instinktverhalten mancher Tiere zu einem bestimmten Zeitpunkt ihrer Entwicklung dauernd beeinflußt und geformt wird durch das Lebewesen, welches das Tier zuerst erblickt. So nehmen z.B. junge Wildgänse das Lebewesen als Eltern an, das sie kurz nach dem Ausschlüpfen erblicken. In der natürlichen Lebenssituation gehen diese Eindrücke fast immer nur vom Muttertier aus. Wenn es wie im Versuch von Lorenz ein Mensch ist, dann folgen die Küken diesem Menschen, als sei er die Mutter, laufen ihm nach, so, wie wir unserer Mutter nachliefen. Solche Prägungsvorgänge wurden bisher bei Vögeln, Fischen und Insekten nachgewiesen. Lorenz glaubt, auch für gewisse Verhaltensformen einen ähnlichen Mechanismus beim Menschen annehmen zu dürfen – die sogenannte Liebe auf den ersten Blick könnte vielleicht einem solchen Vorgang entsprechen.

Da es gerade um das Wort *Prägung* wissenschaftliche Streitigkeiten gibt, möchte ich persönlich dieses verwendete Wort vorwiegend in volkssprachlicher Übersetzung betont wissen. Geprägt ist für das Volk alles, was tief verwurzelt, ratifiziert und unabänderbar ist: alle unsere Schrullen, Eigenarten und Rituale oder all jene geprägten Ereignisse, die wir als Kinder erlebten, wo wir als Kinder lernten, ritualisiert zu agieren. Ein mit Spinnenangst geprägtes Kind scheut Spinnen, und auch die Gewitterangst ist geprägt.

Prägungen sind erlernte, sich wiederholende, eingespielte Verhaltensnormen, die unser Gehirn wie eine Plakatwand austapezieren. Sie sind generationsunterschiedlich. Sie sind in unserem Ich und Über-Ich verankert. Geprägtes ist nicht anpaßbar. Es sind Rituale, die uns Sicherheit geben.

F: Ein gebranntes Kind scheut das Feuer.

Rituale/Prägungen stammen in unserer Kultur aus der Religion, aus der christlichen Mythologie, aus der stammesgeschichtlichen Situation; sie sind formalisierte Akte, sie geben Übersicht über die Jahreszeiten (Weihnachten, Ostern), Sicherheit für die Alltagsbewältigung, sind brauchbare Dramaturgien (Stender 1960), automatisiert, Zeremonien des Alltags, beim Essen, beim Schlafen, bei der Kleidung, beim Sex, beim Grüßen und in der Kommunikation. Sie sind sinnvolle Stereotypen und geben daher Sicherheit.

Diese geprägten Mechanismen (Rituale), ob nun positiv oder negativ, werden unsere Klienten in Grenzsituationen wieder ausspielen, somit auch bei einem dementiellen Prozeß, und mit diesen ihnen bekannten, vertrauten Mechanismen reagieren. Einer ist geprägt, immer zu lächeln (damit kommt man durch). Ein anderer ist geprägt zu lügen (das hilft in der Not), wieder ein anderer zu weinen (da beherrscht man alle). Andere Prägungen sind Autoritätsfurcht, Heimatprägung, Krankheitsgewinn, Sprachmilieu, politische Prägung.

Prägungen sind für das Leben fixiert. Die Griechen beispielsweise sagen: Die Schritte haben sie von Papa gelernt, die Füße gehören aber ihnen.

Beispiel:

Problem: Seit der Kindheit hat die Klientin die Angewohnheit, beim Stuhlabsetzen die Augen zu schließen. Den Grund der Eigenart konnte sie nicht angeben.

Prägung: Da es oft üblich ist, auf der Toilette obszöne Zeichnungen oder Inschriften zu finden, tat diese Klientin, wahrscheinlich aufgrund einer überstarken moralischen Zensur, das für sie Richtige: Sie schloß die Augen. Diese Prägung kann ohne weiteres durch den Pfarrer ausgelöst worden sein, dem das damalige Kind beichten mußte, daß es sich obszöne Bilder auf dem WC ansah. Der Pfarrer verstärkte durch heftiges Schimpfen die schon von Haus aus starken Über-Ich-Normen.

Erreichbarkeitsstufe 5: höhere Antriebe

Die Kräfte, die uns wohl am stärksten bewegen, sind die Triebe und Triebwünsche, die Tagträume und Phantasien. Die Lebenssinngebung kann sehr unterschiedlich sein, entweder auf den niederen Antrieben oder den höheren Trieben liegen.

Triebe sind angeborene, auf etwas Bestimmtes gerichtete Antriebserlebnisse. Nach K. SCHNEIDER (1972) sind zu unterscheiden:

1. Allgemeine Triebhaftigkeit alles Erlebten

2. Leibliche Triebe: Nahrung, Geschlechtstrieb, Trieb sich auszuruhen oder zu bewegen

3. Seelische Triebe: Streben nach Macht, Geltung, Einfluß, Reinheit, Heiligkeit, Schönheit, Pflicht, Demut.

Um die Erfüllung der seelischen Triebe oder, besser gesagt, deren Reaktivierung geht es bei der Abbaustufe 5.

Beispiele:

Problem: Rückzug

Interpretation (Biographie): Diese ehemalige Tänzerin lebte davon, schön (gewesen) zu sein. Im Alter läßt die Schönheit nach und damit auch die Ich-Wichtigkeit, sie stirbt langsam weg.

Impuls: Zähne machen lassen, fotografieren, Komplimente zu ihren schönen Augen machen

Problem: Patient ist laut, schreit.

Interpretation (Biographie): Er hatte immer Macht und war wichtig. Im Heim ist er unwichtig.

Impuls: Identitätserhöhung, Übertragung von wichtigen Aufgaben

Erreichbarkeitsstufe 6: Intuition

Intuition ist eine mit Evidenzerlebnis einhergehende Erkenntnis- und Urteilsform, die nicht analytische Reflexion und rationale Denkformen, sondern unmittelbare, ganzheitliche Zusammenschau einsetzt. Intuition ist die Fähigkeit, sich in Menschen und Situationen hineinzuversetzen, diese in ihrer Gesamtheit zu erfassen und entsprechend zu reagieren.

Auch der abgebaute Alte reagiert auf seine Heimsituation. Die Fähigkeiten des rationalen und analytischen Denkens sind ihm in der Demenz verlorengegangen. Trotzdem kann er noch intuitiv seine Situation erfassen und darauf reagieren. Er erlebt sich und seine Umwelt intuitiv – seine Einsamkeit, die anderen Mitbewohner, das Pflegepersonal, daß jemand etwas von ihm will usw. – kann dieses Erleben aber nicht mehr reflektieren.

Von der Personalstruktur her können Laien, die sich mit Patienten dieser Abbaustufe der Demenz beschäftigen, am meisten bewirken. So kann es vorkommen, daß Säuglingsschwestern, die vorher Kleinkinder betreut haben, nun Alte betreuen sollen und sehr gute Erfolge mit ihrer Pflege haben. Sie setzen Intuition bei der Pflege der Alten und auch bei den Kindern ein: „Essen wir noch ein Löfferl für den Papa und für die Mama!“ usw. Sollte sich der Greis einmal mit seinem Vater identifiziert haben, ißt er tatsächlich. So kann man den Dementen in der niederen Interaktionsstufe nicht nur als „Verwirrten“ bezeichnen, sondern muß ihm vielleicht einfach nur mehr Intuition zubilligen.

Mythen

Unser Leben wird von vielen unbewußten Mythen beeinflußt, sie sind mit den Geschichten verwoben, die wir von uns erzählen. Mythen im eigentlichen Sinn beziehen sich auf *Erzählungen, Rituale* und *Sitten*. Sie sind Glaubensvorstellungen, die für eine Person, Familie, Gemeinschaft oder Kultur eine zentrale Bedeutung haben und richtungweisend sind. Ein Mythos bestimmt, woran wir glauben, wie wir die Realität interpretieren, welche Helden wir verehren, aber auch wen wir verteufeln.

Zu einem Mythos gehört die bewußte Verherrlichung. Es ist ein Glaubenssystem, jeder Mensch möchte seinen Mythos als Wahrheit erkennen. Hindus wollen Kühe verehren, Wiener den lieben Augustin. Im europäischen Raum werden Mythen auch unterteilt in:

- pädagogische Mythen
- psychologische Mythen
- ethische Mythen
- politische Mythen

Der Mythos gibt uns somit eine soziale Ordnung, eine Orientierung auf der untersten Ebene. Er bietet Sicherheit, er bestärkt uns, dem Glauben „unserer Väter“ zu folgen, Herrscher über die Natur zu sein, Untertan im Reich Gottes.

Familienmythen, die zum Zusammenhalt prägen, besitzt ein Clan. Mythen sind durchlebte Vergangenheit, und so sagt ein alter Spruch: „Wer sich an die Vergangenheit nicht erinnern kann, ist dazu verdammt, sie zu wiederholen.“ Jede Familie hat ihre „zehn Gebote“, jeder einzelne sein unbewußtes „Drehbuch“, nach dem er sein Leben entwirft. Wer sich verändern oder selbst näherkommen will, muß seine Mythen erkennen und neu finden. Mythen gehören somit in die Biographie, da sie biographisches Material darstellen.

Viele Betagte träumen von ihren Mythen, sie träumen vom Krieg, vom Verschüttetsein, von Fliegerangriffen. Sie erleben den Mythos ihrer Geschichte nochmals. So betrachtet, müssen wir bei den nächsten Generationen, die unsere Heime belegen werden, mit noch mehr Schuld und Sühne und paranoiden Situationen rechnen.

Einige Mythen über uns selbst lösen sich auch auf, wenn die Persönlichkeit gewachsen ist. So verlieren wir den Mythos der nur schönen Kindheit, der

Kameradschaft unter den Soldaten, des Zusammenhalts der Sozialisten (einer für alle, alle für einen), der Grausamkeit in der Schule.

Sollten Menschen eine Veränderung anstreben, können sie ihre Lieblingsmythen, ihre Helden, ihre Bösewichte, ihre Glücksbringer erzählen lassen und im Anschluß eine Änderung der Erzählung anstreben. Mythen sind therapeutisch einzusetzen.

Gerade beim Demenzpatienten können wir erkennen, daß die Mythen und Legenden, von denen unser Patient lebte, wieder auftauchen, sodaß wir die Möglichkeit nutzen sollten, auf seine bewährten Mythen, seinen Aberglauben, seine Religion, seine bösen und guten Geister einzugehen und sie zu respektieren. Mythen und Geschichten schützen uns vor der harten Realität, sie schützen uns vor unerträglichen Umständen, die in unserem Leben eben vorgekommen sind und vorkommen.

Magisches Denken

Werden wir an unsere Kindheit erinnert, können wir nachvollziehen, daß Kinder eine Phase des magischen Denkens in ihrer Entwicklung durchmachen. Wer kennt nicht von sich selbst oder von seinen Kindern das Stadium, in dem wir überzeugt sind, wenn wir das eine tun, wird das andere passieren (wenn wir heute ganz brav sind, scheint morgen die Sonne). Wir waren davon überzeugt, weil wir die Phantasie besaßen, uns dies vorstellen zu können. Das Kind mit einer Angst vor Hunden wird sich selbst immer wieder einreden, daß der Hund harmlos ist. Auch alle Geschichten, die sich um eine Hexe, um einen Zauberer drehen, sind magisches Denken und forcieren die Phantasie des Kindes, aber auch sein Gefühl.

Ist es nicht denkbar, daß Verwirrte wieder zurück ins magische Denken gehen und dort „Hexen und Hunde“ sehen, die ihre Phantasie anregen, bewegen? Sind sie deshalb Verwirrte oder gar Geisteskranke?

Aberglaube

Man kann nicht leugnen, daß alle Menschen abergläubisch sind, aber nicht alle wissen, daß sie von ihrem Aberglauben beherrscht werden. Aberglauben ist der Wunsch, mit Hilfe von geheimnisvollen Formeln und Ritualisierungen das Unglück fernzuhalten und das Glück anzuziehen. Vor allem in Zeiten der Krisen, Kriege, Naturkatastrophen oder gar in Grenzsituationen – die ja auch in der Demenz existieren – brechen diese urtümlichen Vorstellungen hervor und lassen die Ereignisse in einem anderen, fast magischen Licht erscheinen. Oft werden sie auch als Strafe für mangelnde Aufmerksamkeit gegenüber mystischen Kräften und Mächten gesehen, der man hätte entgehen können, wäre man nur den Regeln gefolgt. Derartige Vorstellungen von Strafe sind in der Demenz häufig zu finden.

Diese Eigenart läßt auch den Schluß zu, daß nicht befolgte Rituale paranoide Reaktionen auslösen können. „Verschrei nichts“ heißt, nichts auszuplaudern – vor allem nicht, wenn man Glück hat. Denn wenn man etwas verschreit bzw. nicht den Mund hält, kommen alle Neider. Man fordert den Neid der bösen Geister heraus, welche das Glück kaputtmachen. Die paranoide Grundstimmung beginnt. Wir wünschen einander Hals- und Beinbruch und nicht viel Glück, denn das würde ja verschreien bedeuten. Talismänner und Amulette haben Schutzsymbol-Charakter. Dreimal auf Holz geklopft heißt, daß die Geister nicht hören sollen, wenn wir etwas Erfreuliches verkünden. Man zeigt nicht mit dem Finger auf Menschen, sonst gehen die Geister an den Angezeigten; der Gegenzauber ist, das blanke Hinterteil herzuzeigen. Diesen Hintern herzuzeigen, gilt auch als Abwehr des „bösen Blicks".

Der Rauchfangkehrer zum Beispiel weckt das Bedürfnis nach Sicherheit. Alte Leute freuen sich über diesen Brauch, sagen die Rauchfangkehrer, aber auch die Betagten selbst. Sie sind eben Glücksbringer. Die Angst vor Feuer wird gelindert, wenn der Rauchfangkehrer da war.

Mystik

Mystik ist eine Geheimlehre, die eine besondere Form der Religiosität darstellt, bei der der Mensch durch Hingabe und Versenkung persönliche Vereinigung mit Gott anstrebt.

Mystisches erregt normalerweise positiv und befriedigt unsere Bedürfnisse. Jeder weiß, welch magische Kraft das Christkind hat; es erfüllt Wunschvorstellungen und Tagträume. Alle kennen den Kinderspruch: „Wenn das Christkind kommt, dann kann ich schon lesen."

Erreichbarkeitsstufe 7: Urkommunikation

Auch die Basisstimulierung ist „geschichtlich" zu sehen; es ist ein großer Unterschied, ob ein Säugling in eine optimistische oder pessimistische Familienstruktur hineingewachsen ist.

Sehr viele Kommunikationsformen zwischen Pflegepersonal und Patienten/Klienten, auch zu jenen, die geistig noch vollkommen klar sind, verlaufen „Face to face", ohne daß wir es wissen. Sehr oft kann man beobachten, daß ein völlig desorientierter Mensch auf ein bestimmtes Gesicht einer Schwester oder auf die bestimmte Ausstrahlung einer Pflegeperson reagiert, obwohl eine ausgebildete Gesprächstherapeutin ohne diese bestimmte Ausstrahlung keinerlei Beziehungen entwickeln und damit keinerlei therapeutischen Effekt erzielen kann.

Auch bei der Durchführung der Grundpflege findet Urkommunikation sehr häufig statt. Trotzdem sollte diese spezifische pflegerische Zuwendung auch separat erfolgen. Es ist ein großer Unterschied, ob man Patienten berührt um des Berührens willen und der Klient den Eindruck hat, daß man in diesen Minuten nur für ihn da ist, oder ob man dabei Betten macht. Seelenpflege und die für uns doch unumgängliche Zuwendung müssen getrennt durchgeführt und in der Pflegedokumentation dokumentiert werden, um eine Evaluierung der Maßnahme überprüfen zu können. Das heißt unter anderem auch, daß nicht vergessen werden darf, daß auch der liegende Altersheimpatienten eine psycho-biographische Geschichte hat und diese als Pflegeprozeß zu berücksichtigen ist, und daß gerade beim liegenden Altersheimpatient eher die unteren Stufen 4, 5, und 6 die Möglichkeit zur „Abholung, wo sie stehen" (L. JUCHLI) bieten.

Mit anderen Worten: Auch der immobile, liegende Patient bedarf allein schon um des seelischen „Bewegungswillens" (Psychomotorik) einer psychischen Pflegemaßnahme. Die Bewegung der Beine allein (passive Mobilisierung) ist demnach nicht effizient. Heute würde ich sagen, daß gerade der Immobile mehr Reizanflutung benötigt als der Mobile, da Stillstand an sich schon Angst macht und auch liegend sein zu müssen einen „psychischen Stillstand" darstellt.

Diesen „seelischen Stillstand" und daher die Förderung des Destruktionstriebs haben unsere mobilen Klienten nicht, sie bewegen sich und damit ihre Seele, sie reagieren sich ab und „leben". Dieses „an sich leben" können wir auch bei Desorientierten beobachten. Viele Ängste werden abreagiert ohne unser Zutun, es sei denn, wir beschränken diese Menschen mit physikalischen oder pharmazeutischen Mitteln. Der liegende Patient hingegen hat nur die Möglichkeit, die Gesichtsmuskulatur zu benutzen, um eine Bewegung in sein Leben zu bringen. Daher sind für ihn die Gespräche aus der Biographie im unteren Gedächtnisniveau noch wichtiger als für den noch Gehfähigen.

„Abholen, wo sie stehen" würde heißen, im unteren Emotionsanteil der Reaktivierungsstufe 6 zu beginnen und unseren Klienten in das Hier und Jetzt zurückzubringen. Nicht immer wird es möglich sein, das angegebene Ziel zu erreichen. Auf alle Fälle wird es aber nötig sein, diesen Gedankengang zu verfolgen. Denn die Pflegediagnose ist die richtige Fluchthilfe in das maximale Reaktivierungspotential von früher oder in die Symptomlinderung.

Die hier beschriebene Grundidee der Reizung auf einer bestimmten Höhe der Gefühle funktionierte auf Anhieb.

Nun ist es aber doch ein wenig komplizierter als man meinen könnte. Es reicht nicht aus, nur festzustellen, daß sich ein Klient z.B. auf Stufe 5 oder 6 befindet, ohne dies näher zu erklären. Vielmehr muß man sich auch psychiatrischen Terminologien und Unterteilungsversuchen anschließen.

9.3 Psychopathologie

Interaktionsbogen/Terminologie

(Beschreibung der Längsspalten auf dem Interaktionsbogen)

Die 8 Parameter

I. Gefühlsleben
II. Psychomotorik, Bewußtsein
III. Kontaktfähigkeit / Sozialverhalten

IV. Wille/Antrieb
V. Orientierung
VI. Gedächtnis
VII. Formales Denken
VIII. Inhaltliches Denken

I. Gefühlsleben

Emotion ist ein psychophysiologischer Prozeß mit subjektivem Gefühlserleben und Änderung der Verhaltensbereitschaft.

Emotionen bestimmen die Art und Weise zwischenmenschlicher Interaktionen, sie sind das Echo der Außenwelt. Erfahrung und Intellekt spielen ihnen zwar Informationen zu, doch manchmal weichen sie vom Weg der Vernunft ab, wie eine Art Strudel innerhalb ruhig dahinfliegender Gedankenströme. Jedes Gefühl bringt ein Verhalten mit sich SCH&P&G = C

- **Verhaltensumkehr:** Rückgriff auf infantile Verhaltensweisen. „Lässt das Hirn nach, nimmt das Gefühl zu." Erwin Böhm
- **Affektivität:** die zusammenfassende Bezeichnung für Gefühle, Affekte und Stimmungen.
- **Stimmung:** gleichmäßige Gesamtlage des Gefühlszustands über längere Zeit wie Wut, Ärger, Verzweiflung
- **Emotionen:** zahlreiche einzelne Gefühle elementarer und höherer Art wie Liebe, Freude, Trauer, Zuneigung und Abneigung.

Störungen sind: Affektabilität, Affektinkontinenz, Stimmungslabilität, Depressivität, Euphorie, Dysphorie, Affektverflachung, Aphatie, Gefühl der Gefühllosigkeit, Störungen der Vitalgefühle, Angst, Phobien.

Sie können den sieben Interaktionsstufen folgendermaßen zugeordnet werden:

Stufe 1: In jedem Alter und zu jeder Zeit kommt es zu angenehmen oder unangenehmen Gefühlsregungen, hier kann auf Gefühlssituationen adäquat und je nach erlernten Copings reagiert werden. Wir reagieren nach unseren Mustern und setzen Strategien ein, die angepasst erscheinen. In der Trauer weinen wir, auf Wut und Ärger reagieren wir trotzig, zornig oder setzen Humor als Mittel der Wahl ein. Hier ist jede Strategie zur Bewältigung situationsbezogen und für andere nachvollziehbar.

Stufe 2: Dem Gefühl, älter zu werden, kann man durch Scheinanpassung oder Überkompensation entkommen. Erfolgreiche Strategien werden vermehrt und verstärkt eingesetzt. Für die Außenwelt erscheint man etwas schrullig. Angehörige sagen dann oft: „Jetzt wird die Mama aber schwierig!" Je nach Charaktertyp wird man sich noch mehr zurückziehen oder noch läppischer, dysphorischer, sparsamer sein. Einfach schon ein wenig schrullig.

Stufe 3: Erst ab Stufe 3 nimmt uns die Gefühlswelt gefangen. Nach außen wirken die Strategien nicht mehr angepasst. Hier kommt es, verglichen mit der Pubertät, zur Identitätskrise, mit allen vorhandenen Mittel wird nach Auswegen und Lösungen aus dem Gefühlschaos gesucht. Starke Stimmungsschwankungen sind hier zu beobachten. Wo gehöre ich hin, wer bin ich noch, steht hier im Vordergrund. Die Erkenntnis, nicht mehr dazuzugehören, in einem Heim zu sein, führt zu Ängstlichkeit, jammern, klagen über das Leben oder auch, sich ständig in den Mittelpunkt zu stellen, zu nörgeln und mit jedem zu streiten.

Stufe 4: Hier kommt es zur weiteren Zunahme der depressiven Grundstimmung. Altgeprägtes wird zur Alltagsbewältigung immer wichtiger. Jede Veränderung wird zur Katastrophe. Urvertrauen bzw. Urmißtrauen werden verstärkt. „ Was macht mich besonders" oder die Ich-Wichtigkeit stehen hier im Vordergrund.

Stufe 5: Die Einengung der Über-Ich-Normen bzw. ihr Zerfall nehmen zu. Hier wird ohne Reflexion gehandelt. „Ich will sofort" ist hier der Leitsatz. Es werden alle Strategien zur Befriedigung der Triebe eingesetzt.

Stufe 6: Selbst im Glauben (Intuition) erscheint das Leben sinnlos. Gefühle und deren Copings erscheinen nicht mehr zielgerichtet. „Ich spüre" ist der Leitsatz, daher klopfe ich, schreie, weine, laufe herum, ohne Ziel. Man verarmt und geht schließlich ...

Stufe 7: ... in den Rückzug und Todestrieb über.

II. Psychomotorik

Ist eine vom Willen weitgehend unabhängige Kraft, verantwortlich für alle seelischen Bewegungen hinsichtlich Kraft, Tempo, Intensität und Ausdauer.

Der Antrieb für Lebendigkeit, Initiative, Aufmerksamkeit, Tatkraft.

Störungen: Antriebssteigerung bis Antriebshemmung, Akinese, Stereotypien, Raptus, Stupor.

– Bewusstsein

Unter **Bewusstseinsstörung** versteht man die Beeinträchtigung der Selbstkontroll-Fähigkeit und der Gesamtheit aller gegenwärtigen, empfundenen psychischen Vorgänge.

– **Benommenheit:** Denken und Handeln des Klienten sind verlangsamt, die Orientierung ist eingeschränkt.

– **Somnolenz:** Der Patient ist schläfrig, kann aber durch äußere Reize aufgeweckt werden.

– **Sopor:** Der Klient befindet sich in einem schlafähnlichen Zustand und kann nicht geweckt werden, er ist bewusstlos. Um Abwehrgewegungen auszulösen, bedarf es starker Schmerzreize.

– **Koma:** Die Schwerste Form der Bewusstseinsstörung. Der Klient kann aus seinem schlafähnlichen Zustand nicht mehr geweckt werden.

Nach Erwin Böhms empirischen Forschungen und Jahrzehnte langen Beobachtungen ist der sympatikotone Typ in Interaktionsstufe 1 und 2 antriebsgesteigert, der parasympatikotone hingegen eher antriebsarm, was im Zusammenhang nicht als pathologisch, sondern als biographisch normal zu sehen ist. Ab Interaktionsstufe beginnt die Auffälligkeit.

Stufe 3: Angst und Unsicherheit werden zunehmend als Abwehrmechanismus erhöht. Sympatikotone Menschen werden motorisch unruhig, gespannt, parasymptikotone Menschen bewegungsarm.

Stufe 4: zu den erwähnten Symptomen kommt hier noch übertrieben affektiertes theatralisches Verhalten beim Sympatikotonen und ausdruckslos rigides Verhalten beim Parasympatikotonen.

Stufe 5: Hier kommt es zu pathologischen Antriebssteigerungen, agitiertem, stark unruhigem Verhalten oder Antriebsminderung bis Zähflüssigkeit.

Stufe 6: Hier zeigt sich Wandertrieb, Signalsprache, sterotype Bewegungen

Stufe 7: Die Endstufe der seelischen Bewegung ist beim Parasympatikotonen, der stuporöse Zustand (Embryonalhaltung), bei Sympatikotonen, der „letzte Angriff" von Neologismen oder Hyperkinese

III. Kontaktfähigkeit = Primäre Sozialisation Sozialverhalten = Sekundäre Sozialisation

- Kontaktfähigkeit: „Contact sensation" ist die Bezeichnung für eine auf leichten Druck hin erfolgte Empfindung. Berührung löst nicht nur eine Hautempfindung aus, sondern auch ein Gefühl. Die Prägung erfolgt in der primären Sozialisation. (Eltern)
- Sozialverhalten: beschreibt den Umgang mit anderen und Gruppen. Die Prägung erfolgt in der sekundären Sozialisation. (Umfeld).
- Sprachvermögen und Sprachverständnis sind ein wesentlicher gesellschaftlicher Bestandteil in der Kontaktaufnahme mit Menschen, daher wurde dies hier im Sinne des Umkehrphänomens berücksichtigt. Ein Kind gibt anfangs Laute von sich, lernt dann einzelne Wörter, später einfache Sätze verstehen und sprechen, bis es schließlich Wünsche, Bedürfnisse und Vorstellungen in Worte fassen und so in Beziehung mit anderen treten kann.

Stufe 1: Hier ist das Sozialverhalten angepasst. So wie man immer war, Einzelgänger oder Gruppenmensch. Die tertiäre Sozialisation wird sozusagen gelebt. Kontakte, Berührungen, Hautkontakt wird von den Klienten unter Berücksichtigung eines gesunden Nähe- und Distanzverhältnisses zugelassen.

Stufe 2: Hautkontakt, Berührungen waren aus der Sicht der heute 80-jährigen nicht normal, auch die Eltern berührten ihre Kinder so gut wie nie. Kontakte und Beziehungen werden hier je nach Prägung selbst bestimmt.

Stufe 3: Betagte sind hier auf der Suche nach Verbündeten. Sie zeigen sich klebrig, als Liebesbettler, sie reden oft viel, stellen sich in den Mittelpunkt, oder zeigen je nach Grundtyp zurückhaltendes, Kontakt vermeidendes Verhalten.

Stufe 4: Wie in der Kindheit lassen sie Berührungen passiv zu. In der Milieusprache ist Kontakt möglich. Neues und Unbekanntes lehnen sie meist ab. Es kommt zu zunehmender Vereinsamung.

Stufe 5: Hier erscheinen die Klienten sehr fordernd, nachdem hier nur mehr einfache Sätze verstanden und gesprochen werden, ist eine erfolgreiche verbale Kommunikation sehr schwierig. Entweder zeigt sich hier ein sehr aufdringliches, forderndes Verhalten oder aber ein Kontakt ablehnendes und isolierendes Verhalten.

Stufe 6: Einfache Sätze werden hier verstanden und gesprochen, es steht die nonverbale Kontaktaufnahme im Vordergrund. Hier ist insbesondere auf die Signalsprache von Lust und Unlust zu achten.

Stufe 7: Urkommunikation möglich: Hautkontakt als erster Einstieg, den ein Säugling zur Interaktion mit seiner Umwelt lernen muss.

IV. Wille/Antrieb

- Seelische Energie, die je nach Stärke der Beweggründe/Motive die Durchhaltekraft eines Menschen bestimmt. Wenn die Beweggründe weniger werden, die Motive nach und nach ausgehen, kommt es zu einer Willensverarmung.
- Wollen: bewusste Entscheidung und zielgerichtetes Handeln
- Antrieb: Elan Vital, der Motor, der uns bewegt - mehr oder weniger.

V. Orientierung

Orientierungsstörung:

Der Patient ist wach, hat aber keinen Überblick über seine Situation und/ oder zeitliche, örtliche Gegebenheiten und zu seiner Person.

- **zeitlich:** kennt weder Tageszeit, Wochentag, Jahreszeit, Monat, Jahr
- **örtlich:** Weiß nicht, wo er sich befindet
- **situativ:** Hat keinen Überblick über die Situation, in der er/sie sich befindet. Fragen – Warum sind Sie da, oder was ist vorgefallen, können nicht beantwortet werden
- **persönlich:** weiß nicht, wer er ist, weder Name, Geburtstag, Familienstand

VI. Gedächtnis nach Vester

- Neugedächtnis = Kurzzeitspeicher Interaktionsstufe 1 und 2
  Speichert unmittelbare Erfahrungen

- Altgedächtnis = Langzeitspeicher Interaktionsstufe 3 und 4
  Speichert lange zurückliegende Ereignisse
  Übernimmt auch Infos aus dem Neugedächtnis
- Tertiärgedächtnis = Alltagsgedächtnis Interaktionsstufe 5 und 6
  Speichert Routineabläufe, Handlungen, die sehr oft und lange Zeit in der gleichen Art und Weise durchgeführt wurden
- Kollektivgedächtnis = Gruppengedächtnis Interaktionsstufe 6 und 7
  Erfahrungen, die einer Gruppe gemeinsam sind
  Erbinformationen, die für bestimmte Gruppen gelten

Im täglichen Leben sind die Gedächtnisformen in gemischter Form zu finden. Bei Menschen mit Demenz überwiegen Alt-, Tertiär-, und Kollektivgedächtnis

VII. Formales Denken

Formale Denkstörungen sind Störungen des Denkablaufs.

- **Perseveration:** Der gleiche Gedanke muss immer wieder gedacht werden, er wiederholt sich wie in einer Schleife
- **Denkhemmung:** Das Denken ist verlangsamt und stockend; ein Gedanke kann nicht oder nicht sofort zu Ende gedacht werden. Dies ist zum Beispiel bei Depressionen möglich.
- **Neologismen:** Hierbei handelt es sich um Wortneubildungen, teilweise werden auch gegensätzliche oder ähnliche Worte zu einem neuen Wort zusammengesetzt (Kontamination)
- **Gedankenarmut:** Die Gedanken kreisen um nur wenige Themen, der Wortschatz ist eingeschränkt, teilweise sind Gedächtnisinhalte verloren gegangen.

VIII. Inhaltliches Denken

- **Wahn:** Dabei ist der Denkinhalt unrichtig und nicht realitätsbezogen. Der Betroffene glaubt etwa, ein hinter ihm fahrender Pkw würde ihn verfolgen, obwohl dies nicht der Fall ist. Inhaltliche Denkstörungen kann man einzeln auch als Wahneinfall bezeichnen, in ihrer Summe ergeben sie einen Wahn. Unkorregierbar und absolute Gewissheit für den Betroffenen. Bis Interaktionsstufe 4 zeigt sich ein geordneter Wahn, ab Stufe 5 ein ungeordnetes Wahnsystem.
- **Zwangsstörungen** sind psychische Störungen, bei denen sich den Patienten Gedanken und Handlungen aufdrängen, die zwar als quälend empfunden werden, aber dennoch umgesetzt werden müssen, auch wenn sie übertrieben oder vollkommen sinnlos sind. Die Erkrankten erkennen dies zwar meistens, können sich darüber aber nicht hinwegsetzen.

9.4 Interaktionsbogen – Vorgangsweise

Es können nur einzelne Situationen eingeschätzt werden!

Nachdem die Problemerhebung erfolgt ist, kommt es zur Beschreibung der emotionalen Krise.

Hier ist aufgrund von beobachtetem Verhalten die Situation der emotionalen Dekompensation genau zu beschreiben. Wir nennen dies **instabile Situation**. Danach ist ein emotional **stabiler Zustand** des Klienten zu beschreiben. Hier zeigen sich meist deutliche Unterschiede in der Interaktionshöhe. Es wird hier sehr deutlich, dass emotionale Krisen im Alltag andere Interventionen benötigen als emotional stabile Phasen. Ebenso zeigt sich, dass in emotionalen Situationen auch die Noopsychischen Parameter deutlich „schlechter" funktionieren als in emotional stabilen Situationen. Wir benötigen die Einschätzung also einerseits, um in Krisen angemessene Impulse unter Berücksichtigung der einzelnen Parameter zu setzen, andererseits um stabile Phasen zu erhalten oder noch zu verbessern (erst nach Biographieerhebung möglich).

Als erster Schritt ist hier das Formular Psychische Pflegeplanung anzuwenden (siehe Seite 162)

9.5 Berechnungsvorgang

Im Team wird jede Rubrik erst in der instabilen Situation, dann in der stabilen Situation bewertet. Dabei wird jeder Kästcheninhalt vorgelesen; wenn nur ein Wort in einem Kästchen auf die Situation passend ist, gehen wir zum nächsten darunter liegenden weiter, sobald ab einer Kästchentiefe kein Symptom mehr ersichtlich ist, wird das vorhergehende als Kennzahl angenommen.

Es muss immer nur ein Wort pro Kästchen und Interaktionshöhe zutreffen. Am Ende der Einschätzung wird die Punktezahl jeder Rubrik addiert und durch 7 bzw. 8 (wenn inhaltliche Symptome vorliegen) dividiert. Dies ergibt die Interaktionsstufe.

Die Rubrik inhaltliches Denken wird nur bei eindeutigen Symptomen berücksichtigt, ansonsten nicht bewertet.

9.6 Leitsymptom

auch **Kardinalsymptom** oder **Kernsymptom**

Nach der Einschätzung der Interaktionshöhe in der emotional instabilen und stabilen Situation stellen wir uns die Frage nach der Ursache!

Sind die thymopsychischen oder die noopsychischen Defizite die Ursache für die emotionale Krise?

- Bei der Altersdemenz ist das Leitsymptom im noopsychischen Bereich, d.h. verliert man das Gedächtnis, die Orientierung und ist zielgerichtetes Denken nicht möglich, kommt es zu Unruhe, Angst und Verhaltensauffälligkei-

ten. Der Auslöser für unangepasstes Verhalten liegt im kognitiven Bereich. Nach emotionaler Stabilisierung ist also im Alltag auf Stärkung der kognitiven Defizite zu achten, durch Alltagsnormalität, Milieutherapie und entsprechende Orientierungshilfen aus dem Zeitgeist des Betroffenen.
- Ist die Gefühlstörung das Leitsymptom, ist die kognitive Leistungsfähigkeit ebenfalls beeinträchtigt. Die Ursache der Verhaltensauffälligkeit liegt hier im emotionalen Bereich, also ein **Seelennahrungsmangelzustand**.

Ein Mangel an Seelenlebensmittel entsteht durch Mangelzustände in der Kindheit – unbewältigte Kinderkrisen werden im Alter Verhaltensauffälligkeiten

Das, was ich zuwenig hatte, will ich jetzt.

Das, was ich nicht hatte, will ich jetzt in doppelter Dosis (Überkompensation)

Wenn die Seele in der Kindheit zuwenig bekommt, reagiert sie im Alter auffällig! Es kommt zu Seelennahrungsmangelzuständen.

10. Pflegequalität und Personalberechnung

Die *Personalberechnung* wurde im allgemeinen von der somatischen Medizin übernommen (L. JUCHLI, deutsche Modelle usw.) und führte in der Praxis dazu, daß auch die Psychiatrie bei psychisch auffälligen Menschen mit Symptomen und Problemen die Behandlungs- und Grundpflege als Nonplusultra betrachtet, dabei aber die *psychische Pflegebedürftigkeit* weitgehend vergißt, mit Ausnahme von ideologischen, soziotherapeutischen Ansätzen. Dies führt dazu, daß man auch bei einem *verwirrten* Patienten, der gehend ist und selbst essen kann, Pflegequalitäten auf diesem Gebiet, beispielsweise die Ressourcen, sucht (allerdings nicht findet), vor allem aber für einen adäquaten Umgang (Pflegediagnose) keinen Arbeitsaufwand berechnen kann.

Somatische Berechnungen dienen der Erhebung und Erfüllung der *somatischen Pflegequalitäten*, maximal noch den nach der Behandlungspflege orientierten Grundsätzen, aber fast kein geistig auffälliger Patient hat primär Probleme mit den Grundbedürfnissen des Lebens nach HENDERSON oder mit den Lebensaktivitäten nach ROPER. Unsere Klienten haben eher Probleme spezifischer Art, z. B. seelischen Hunger auf Emotionen ihrer Prägungszeiten (Jahrg. 1900–25). Auf diesen Hunger wird jedoch einerseits aus Mangel an Fachwissen, andererseits aus Zeitmangel nicht eingegangen. Dieses Manko wirkt sich direkt und sichtbar auf die herkömmlichen Pflegedokumentationen aus, die strukturell nur die Beobachtung, aber nicht die symptomspezifischen Maßnahmen (z.B. Angstlinderung) erkennen lassen.

Gerade diese Probleme aber gehören zur Eigenart einer psychiatrischen Pflege und daher zu den psychiatrischen Pflegemodellen. Es scheint allerdings so zu sein, daß psychische Probleme weniger transparente Probleme sind. Oft sind die subjektiven Daten kompliziert, oft spielen Vermutungen, Gefühle und Intuition der Pflegeperson eine größere Rolle als die Gegebenheiten (J. NEEDHAM 1988).

Natürlich berücksichtigen alle Pflegemodelle (z.B. nach HENDERSON) wertvolle Pflegebedürfnisse. Damit ist aber nur eine sehr *einseitige Pflegequalität* ausgewiesen. Das heißt, daß bei den Regelkreisen die spezifische Situation, vor allem aber geeignete Interpretationsparameter für einen individuellen Pflegeakt vergessen wurden. Das heißt aber auch, daß es in der Psychiatriepflege bisher kaum geeignete Modelle gab (z.B. der sieben Interaktionsstufen) und daher in den verschiedensten Arbeitsgruppen diverse Notizen gemacht wurden, um die Arbeit und Pflege nachweisbar zu machen.

Unabhängig von diesen Pflegeaufwandserhebungen einzelner Arbeitsgruppen haben sich in letzter Zeit zur Berechnung des psychischen Pflegeaufwands einige Kurzbeschreibungen, meistens von Firmen vorgedruckt, in der Pflege etabliert (HAMILTON-Angst-Skala, NOSKA, NOSGER). Sie haben sich als Parameter zur Berechnung der psychischen Pflegequalität und des psychischen Pflegaufwandes eingebürgert, wobei diese Berechnungen allerdings noch nicht von den Trägern einer Institution akzeptiert werden.

Da für mich die derzeit vorhandenen Parameter für eine psychische Pflegequalität nicht ausreichend sind und zu keinem Pflegemodell passen, habe ich eine eigene Berechnung anhand dieses Pflegemodells konstruiert. Die *psychogeriatrische Bedürfniserhebung* paßt sich vollkommen meinen Pflegeinhalten an und geht – wie das ganze Modell – von den sieben emotionalen Erreichbarkeitsstufen und demnach Impulsstufen aus.

11. Umstellung auf das BÖHMsche Pflegemodell

Die Umstellung auf mein Modell erfordert an der Station nicht nur eine fachliche, sondern auch eine ideologische Veränderung des Personals.

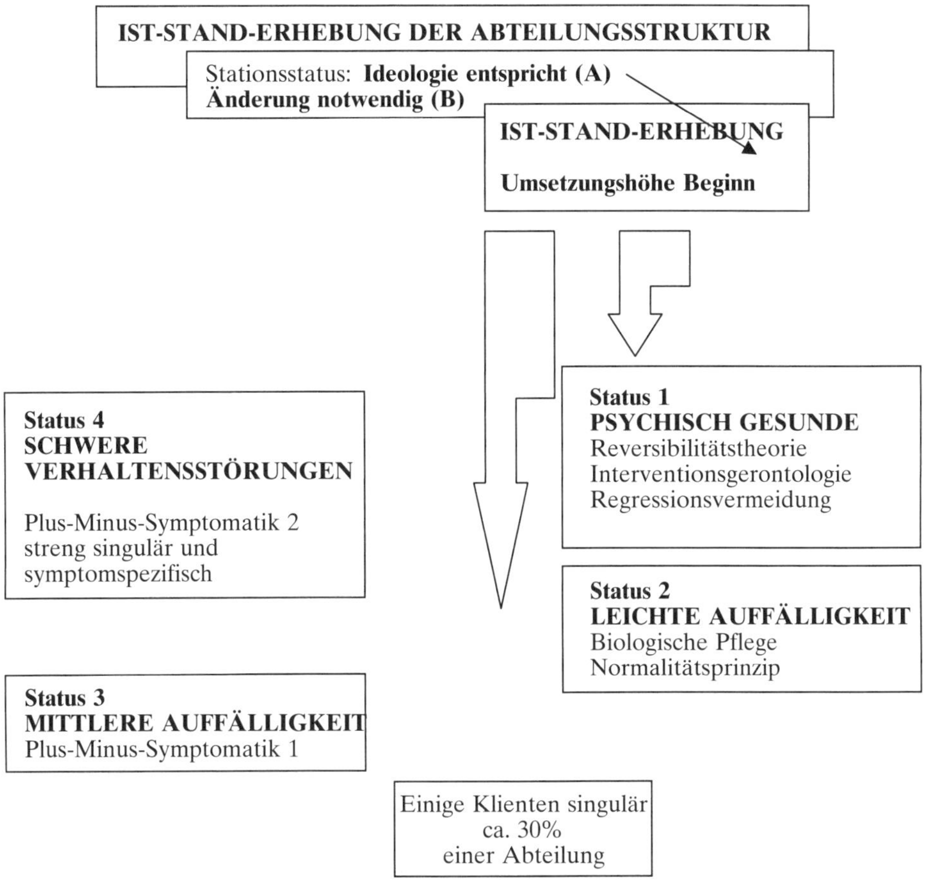

Abb. 19: Die Qualitätsentwicklung an der Station vollzieht sich in vier Stufen. Insgesamt sollten mindestens 30% des Klientels mit dem BÖHMschen Modell gepflegt werden

11.1 Ist-Stand-Erhebung

Ehe man direkt mit dem Patienten arbeitet, sollte man die Situation der Abteilung und des Teams durchleuchten: Ist-Stand-Erhebung.

Stationsstatus A: Arbeitsweise aktivierend;

Stationsstatus B: Arbeitsweise nicht aktivierend, eher w.s.s.

Ergibt der Ist-Stand eine nach dem Irreversibilitätsprinzip fühlende und arbeitende Station, ist eine Neuorientierung der Ideologie die Grundvoraussetzung für eine Umstellung auf das psychobiographische Modell.

Ziel: Erreichen einer
– nach den reversibilitätstheoretischen Gedanken arbeitenden Station
– Regressions-verhindernden Station
– klassisch-aktivierend-pflegenden Station
– interventionsgerontologisch arbeitenden Station

Vorgangsweise: Verhaltensanalyse der Station aus psychogener, somatischer und gruppendynamischer Sicht.
– Wo steht die Station heute?
– Wird die Station eher nach den irreversibilitätstheoretischen Grundlagen oder nach der reversiblen Ideologie geführt?
– Was ist das Stationsziel?
– Welchem Weltbild entspricht das Stationskonzept?
– Welches Weltbild haben die Führungs- und Basismitarbeiter?

Rezept: Interesse wecken, sollen freiwillig Kurs 1 des ENPP (s. Seite 13) belegen wollen.

Arbeiten: Reizanflutungsreferat, Bewußtmachungsübungen.

Tests:
a) Fremderhebung (Tab. 17, siehe Seite 251 Test 0/2)
b) Selbsteinschätzung des Personals (Tab. 16, siehe Seite 250 Test 0/1) – Auswertung Fachwissensstand-Ideologie: Glauben statt Wissen
c) Was will Wer? Warum?
d) Abwehrmechanismen der Abteilungsbediensteten

Die psychisch rehabilitative Pflegequalitätserhebung ist primär mit den Fragen verknüpft, in welcher Form an der Station Pflegeideologien, Modelle, Konzepte, Strategien, Strukturen, Settings durchgeführt werden. Diese gilt es zu erfragen!

Stationsstatus A

Beim Status A ist die Fachkompetenz der Pflegenden zu erkennen. Der Wissens- und Umsetzungsstand entspricht der Größenordnung 1–4 (s. Bd. 2, S. 185).

Auswirkungen:

❖ Psychogene Impulse werden zur Reaktivierung bzw. Symptomlinderung verwendet.
❖ Das Somatisieren wird weitestgehend verhindert (Arztfrage).
❖ Aufleben statt Ableben
❖ Es gibt auch Nachmittagssettings.
❖ Es gibt Entlassungen an der Station.
❖ Klienten werden vom liegenden in den gehenden Zustand gebracht.

- ❖ Klienten werden vom Tagraum in ein Übergangspflegeheim, in die Übergangspflege geleitet.
- ❖ Der Wissensstand entspricht der Umsetzungshöhe 1–2 (s. Bd. 2, S. 185).

Stationsstatus B

Der Status B einer Station entspricht der irreversibilitätstheoretischen (veralteten) Grundstruktur und Ideologie (residuale Zustände der uniformierten Pflege). Der fachliche Wissensstand und die Kompetenz der Pflegenden entsprechen nicht den modernen psychogeriatrischen Standards.

11.2 Versuch der Neuorientierung beim Stationstyp B

Sollte die Station einen Status B aufweisen, sollte zur Umstellung auf unser Modell folgende Vorgangsweise versucht werden: Zunächst muß eine Pflegediagnose der Pflegenden (11.2.1) erstellt werden und im Anschluß daran sollte man nach einem Stufenplan (11.3) vorgehen.

11.2.1 Pflegediagnose der Pflegenden

1. Pflege ist eine Kumulation von Gefühlen.
2. Wir haben nur ein gewisses Maß an Energie.
3. Selbsteinschätzung der Eigenpsyche
4. Pflegende agieren mit Ersatzhandlungen (auch dem Rückzug).
5. Änderungsversuche (Impulse)

11.2.1.1 Pflege als kumulatives Syndrom

Kumulation von Gefühlen

Gerade in „menschlichen“ Dienstleistungsbetrieben und noch mehr bei seelisch erkrankten Klienten dürfen wir nicht vergessen, daß wir es mit einem Problemanhäufungsprozeß zu tun haben und gerade deshalb müssen wir die eigenen Abwehrmechanismen sehr stark in den Vordergrund rücken.

Es kumulieren:

(1) die kranke Seele des Klienten

(2) die Seele der Pflegenden

(3) die Seele der Öffentlichkeit

(4) die Seele der multiprofessionell Bediensteten

(5) die zerrissene Welt der Berufstätigen

(1) Die kranke Seele des Klienten

Wir dürfen vor allem nicht vergessen, daß wir es mit Patienten zu tun haben, deren Krankheitsbilder kaum mehr eine große Chance auf spontane Heilung haben, sondern daß sie – ganz im Gegenteil – meistens nur noch schlechter (multimorbider) werden.

Dieses Negativ-Empfinden, nämlich „sehr oft nicht viel tun zu können“, wird man sonst in keinem anderen sozialen Beruf finden können.

Der Betagte selbst befindet sich in einer Grenzsituation, sodaß auch wir für die Öffentlichkeit grenzwertig erscheinen.

Das bringt mit sich, daß jede Kommunikation zwischen dem Kranken und der Pflegeperson eine eigene Kommunikationsform darstellt.

Nimmt man die normale Kommunikationslehre und Gesprächsform als Grundlage, verläuft die Kommunkation nicht von (psychisch) Gesunden zu Gesunden. Sie ist von Herrn Böhm zu Herrn Schmidt zu betrachten, wobei Schmidt psychogeriatrisch verändert erscheint, Böhm hingegen pflegeneurotisch (also auch nicht gesund) ist.

Diese abnorme Kommunikationsform bringt im allgemeinen eine abnorme Reaktion der Beteiligten mit sich.

Denn jeder Mensch reagiert auf Kranke, Abnorme, Andersartige mit Angst, Unsicherheit und Abwehr.

Unabhängig von der pathologischen Kommunikation bieten unsere Klienten folgende Bilder:

1. Sie sind herausgelöst aus dem normalen Leben.
   (Wer braucht sie schon oder besser gesagt, welchen Tauschwert stellen sie noch dar?)
2. Sie haben Krankheiten, die diesen Prozeß ihrer Untauschbarkeit noch verstärken.
3. Zu den Grundkrankheiten kommen weitere hinzu, wobei man in der Geriatrie von etwa 16 Diagnosen (plus der Leiden) spricht.
4. Die Heilungsaussichten verringern sich dadurch rapide.
5. Die Aussichtslosigkeit in der somatischen Pflege nimmt zu.

(2) Die Seele der Pflegenden

Wir sind sehr jung. Wir sind nun die, die „Aussätzige“ betreuen und leider selbst seelisch fast nie ganz gesund sind. Aber was noch schlimmer ist, wir sind meistens viel zu jung im Vergleich zu unseren Klienten.

Ich möchte dieses Phänomen kurz erklären, bevor alle meine jungen KollegInnen verärgert sind. Nun, dieses Problem des Alters ist nicht nur ein Problem des „Betagten“ an sich, sondern beginnt eigentlich schon bei den Jungen, also beim Betreuer. Jeder Jüngere glaubt oft, die Ewigkeit für sich gepachtet zu haben. Für ein 10jähriges Kind zum Beispiel ist ein 18jähriger uralt.

Das heißt, daß aus dem Blickwinkel der eigenen Selbsteinschätzung die Fremdeinschätzung (des Betagten) resultiert.

Da staunt man (in der Selbsteinschätzung), wie alt da erst unser Klient für uns ist, wie weit er wirklich von uns entfernt ist! Unsere Selbst- und Fremdeinschätzung ist somit aus verschiedenen Blickwinkeln und Bedürfnissen heraus zu sehen. Gerade an der eigenen Selbsteinschätzung der Jungen – „Junge blicken immer in die Zukunft" – sind schon viele Pflegemechanismen gescheitert. Es darf ja nicht vergessen werden, daß die „Betagten in der Selbsteinschätzung in die Vergangenheit blicken" und somit eine Gegenstellung zu den Jungen einnehmen (Generationenkonflikt).

Die Selbst- und Fremdeinschätzung hängt somit mit der eigenen Biographie zusammen. Die Alten erscheinen uns als kontaktscheu und passiv, als Opfer der Familie und der Gesellschaft. Sie scheinen Ausgestoßene zu sein, die einerseits viel Liebe benötigen, anderseits aber wegen ihrer fortschreitenden Verwirrung auch unberechenbar sein können und zuweilen undankbar herumnörgeln.

Im Mittelpunkt steht daher der „Kampf gegen den körperlichen Verfall", der sich mit einem gewissen „Liebesbetteln" beim Pflegenden zu einer nicht erfüllbaren Forderung ergänzt. Diese Haltung führt zum sinnlosen Aktionismus, da jeder auf der Station der „Liebste" sein möchte. Letztendlich sind es aber meistens die Ängste des Personals, die sie zur immerwährenden Bewegung antreibt.

Das Personal hat meistens Angst, daß ohne lückenlose Versorgung der Alten das totale Chaos ausbrechen könnte. (Dies führt uns zu dem Irrtum der Tagesstrukturen, Wochenstrukturen, etc. als einer egozentrischen Pflegemaßnahme.)

Die Unkultiviertheit der Klienten als Erklärungsversuch

Die zunehmenden Defizite alter Menschen entpuppen sich (bei näherem Hinsehen) für die Pflegenden als eine Gefahr der Vielfalt unkultivierter Lebensformen, vor der man als Erwachsener Angst hat, überschwemmt zu werden.

Erwachsenen-Ich – pseudokultiviert

Säugling	Betagter
Kleinkind	Dementer
unkultiviert	wieder unkultiviert
Maßnahmen:	*Maßnahmen:*
Windeln zur Ruhigstellung	Windeln zur Ruhigstellung
Mohnkapseln	Neuroleptika
10 Gebote	Hausordnung

Das Problem wird durch die Stillegung der Regsamkeit der Alten bekämpft. Es kommt zur beruhigenden Form der Altenbetreuung.

Eine Forderung an das System wäre: „Laßt im System mehr Unkultiviertes zu!"

Die Kluft zum unkultivierten Betagten- oder Erwachsenen-Ich wird ständig größer. Wir züchten auf der einen Seite Pflege-"Pfauen", die als Ersatzhandlung die Matura oder das Doktorat für die Pflege verlangen, stellen aber den Klienten maximal einen Altenhelfer zur Seite.

Negative Verstärker

Seit 1979, also mit der Einführung der Reversibilitätstheorie, wird die Problematik und somit die „Crazy making-Situation“ der Pflegenden immer stärker. Herz allein genügt nicht mehr.

Als Verstärker sind anzuführen:

- Charismaveränderung
- mündige Bürger
- Hilfe zur Selbsthilfe
- Fördern durch Fordern
- Bettenreduktion
- Verlagerung nach Spitex

(3) Die Seele der Öffentlichkeit

Nun ist Altenbetreuung nicht nur ein Problem des Patienten, sondern auch ein Problem der „Öffentlichkeit“ an sich. Die Öffentlichkeit ist nicht an einer Auseinandersetzung mit unseren Problemen oder denen unserer Klienten interessiert.

Kein Laie will in Wirklichkeit wissen,

- daß das Leben gnadenlos ist,
- daß jeder ein liegender Pflegefall werden kann,
- daß dementielle Syndrome zunehmen,
- daß der Tod unausweichlich ist.

Die Öffentlichkeit bezahlt die Pflegenden – somit projiziert sie ihre Probleme. Man will nichts von diesen Problemen hören. Man verdrängt und bezahlt für die Verdrängung.

Natürlich werden uns einige Laien teilweise zuhören, trotzdem wird unser Problem, über das wir mit den anderen reden wollen, von ihnen als emotionale Störung wahrgenommen. Gerade die Pflegenden sind mit Ereignissen konfrontiert, die außerhalb jeder normalen menschlichen Vorstellung liegen und bei jedem Laien Stress auslösen.

(4) Die Seelen der multiprofessionell Bediensteten

Nun ist es mit der Kommunikation im Grenzbereich zwischen Pflegern, Ärzten und Patienten noch lange nicht getan. Seit neuestem mischen auch diverse Berufsgruppen fleißig mit. Letztendlich geht es jedem (auch mir) persönlich einmal darum, sich selbst zu verwirklichen (ROGERS).

Dies kann man nur dann, wenn man:

- sich selbst einbringt,

- eigene Konzepte erfindet,
- selbst bei allen AGs herumsitzt,
- vor allem aber ein fertiges Ich hat.

Dieses multifunktionelle Dilemma führt dazu, daß in einem Spital jeder seine eigenen, singulären Ideen und Vorstellungen einbringt und diese ohne besondere Rücksicht auf andere Berufsgruppen zu realisieren versucht. Erfindet jemand eine Pflegedokumentationsmappe, sagt der andere, das sei nichts wert und bringe nichts! Hat einer eine Idee, wird diese von anderen abgewertet usw.

Das heißt, daß das Spiel „Mensch ärgere Dich nicht" – jeder schmeißt jeden raus – eines der wichtigsten Spiele in einem Krankenhaus oder Heim ist.

Wir Pflegepersonen können unsere Hegemoniestellung, die wir ja immer schon hatten, mit vielen „Sechsern" ausgleichen. Dieser Sechser heißt in der Praxis:

„Wissen um den eigenen Beruf und dessen Durchführung."

(5) Die zerrissene Welt der Berufstätigen

In den traditionsgebundenen Gebieten Afrikas verbringt der Mensch sein ganzes Leben in einem einzigen Lebensraum – nämlich dem seines Stammes. Er wird nicht wie wir in verschiedene Menschen aufgeteilt. Sein Leben ist überschaubar, seine sozialen Positionen geklärt. Der zivilisierte Mensch hingegen bemüht sich, drei völlig verschiedene Welten und Lebensbereiche gleichzeitig zu führen: Familie – Beruf – Freizeit.

Er gehört einer Familie an, und er gehört von Montag bis Freitag auch einer bestimmten Tagesgemeinschaft an, nämlich der Station und zwischendurch auch noch einigen Patienten. An Freizeit für sich selbst braucht er kaum zu denken.

Das bedeutet, daß eine Familisierung sowie eine Bezugspflege dieses Lebenserhaltungscoping noch weiter beeinträchtigt.

Wir werden hin- und hergerissen! Man kann fast sagen, schizophren, weil wir nicht wissen, wo wir wirklich hingehören. Das heißt in der täglichen Praxis: Der sogenannte böse oder normale Pfleger trennt strikt seine Lebensbereiche – hier der Beruf, da die Familie.

Der sogenannte brave Pfleger hat mehr Interesse an seinem Beruf als an seiner Familie oder an der Freizeit, um den Anforderungen, die an ihn gestellt werden, ohne schlechtes Gewissen gerecht werden zu können.

Damit landen wir aber früher oder später in der Situation der Familienverwahrlosung und aller ihrer Komplikationen. Wir werden einen Streit nach dem anderen austragen müssen und diesen Konflikt früher oder später auch an den Arbeitsplatz und somit an die Patienten transferieren. Damit suchen wir uns wieder schlechtere Patienten, weil es zu Hause nicht so gut geht – die Spirale unserer eigenen Vernichtung nimmt zu.

Die psychische Belastung wird zur psychosomatischen Erkrankung oder mündet in die Flucht aus dem Beruf. Der in der Einführung erwähnte Problemanhäufungsprozeß ist gelaufen, und eine gute Pflegeperson geht der Station verloren.

11.2.1.2 Wir haben nur ein gewisses Maß an Energie

Ich denke, daß jeder Mensch nur eine bestimmte Menge an seelischer Energie hat. Diese Menge ist für jeden 100%. Mehr haben wir nicht und mehr können wir nicht geben. Diese 100% bedeuten für jeden Menschen eine andere Menge. Wir wissen, daß es eben Bacherln, Flüsse und Ströme gibt und daß ein Bach nie zu einem Strom werden kann!

Wir können von unseren 100% nur einen Teil an unsere Klienten abgeben und müssen daher gut damit haushalten. Ist ein Mensch mit sich selbst nicht zufrieden, hat er zu viele eigene Probleme, werden ihm seine 100% sehr bald ausgehen, und er wird eine „ausgebrannte Lampe", ein „ausgetrockneter Bach" sein.

Gerade in unserem Beruf sind diese 100% aber sehr schnell verbraucht. Der Umgang mit psychisch auffälligen Menschen stellt schon an sich eine Problemanhäufung dar. Wie ich bereits erwähnt habe, geht es mir vor allem um die seelisch-emotionalen Probleme, die uns soviel Energie rauben. Ich denke, wir sollten die Pflege auf die rationale Ebene verlagern.

Ich erwarte mir also von einer rationalen Pflege – einer Pflege mit geringem Gefühls- und Intuitionsanteil – die Erreichbarkeitsstufe 6.

Gefühle in der Pflege zu sparen bedeutet, daß jedem einzelnen mehr Energie bleibt und daher als Auswirkung

- eine geringere Fluktuation,
- eine Ich-Identitätserhöhung,
- eine psychische Stabilisierung und
- ein besseres Haushalten mit unseren 100%

erreicht werden kann.

Rechnung:

Wir haben nur 100% Gefühlsenergie, ob wir nun als Bacherl oder als Strom auf die Welt gekommen sind. Mehr ist nicht da, und jeder macht sein Bestes daraus, ob nun als Strom oder Bacherl.

Nun ist aber Pflege eine Kumulation aus

- Eigenproblemen und
- Problemen der Patienten,

und kann daher die Pflegenden nur mit Hilfe von Abwehrmechanismen überlebensfähig machen.

Diese Ersatzhandlungen sind normal in der Pflege – nämlich Gefühle zu erzeugen und zu projizieren, Aggressionen gegen sich selbst oder andere zu richten, etc.

In meiner Rechnung möchte ich nun versuchen, von den Gefühlen wegzukommen und eine andere Form der Ersatzhandlung – nämlich eine rationalere (professionellere) einzuführen.

Normale Ersatzhandlung	BÖHMsches Modell
emotionell	kognitiv
Ist-Stand	Soll-Stand

Nun werden einige sagen, das stimmt alles nicht, mir geht es in der Pflege gut! Ich tanke sogar Energie bei meinem Dienst!

Nun, das mag ja für einige aus bestimmten Gründen (eigene Biographie) zutreffen. Für andere ist es aber so, daß sie einen Rechenfehler ihres Energiehaushaltes durchführen. Wir Menschen vergleichen uns gerne mit anderen Menschen, wie gut es uns geht und wie gut den anderen (Bedürfnis nach sozialen Vergleichen).

Der normale Mensch vergleicht sich mit anderen normalen Menschen. Wir vergleichen uns am liebsten mit

- Leuten aus derselben Berufsgruppe (also Kollegen – „Gleich und gleich gesellt sich gern“) und
- Betagten, Blinden, Oligophrenen.

Rechenfehler:

Und so stehen wir einfach besser da, weil unsere Eigeneinschätzung zu einem Selbstbetrug wird. Wir setzen uns nämlich nicht gleich, sondern schauen bei dieser Rechnung auf „andere hinunter“.

Rechnung zum Quadrat:

Wer von uns kennt das nicht? Je schlechter es mir geht, desto „schlechter“ ist auch der Klient, den ich mir zur Betreuung suche (dann erscheine ich höher, mein Selbstbewußtsein wird erhöht). Je schlechter es mir geht, umso mehr kümmere ich mich um andere usw.

F: Da steht man einfach besser da.
F: Unter Blinden ist der Einäugige König.

Das ergibt auch den Unterschied zwischen Laienpflege und professionell-rationaler Pflege.

emotionale Laienpflege	kognitive Fachpflege
Altruismus	Wissen

11.2.1.3 Selbsteinschätzung der Eigenpsyche

Welche Ersatzhandlungen setze ich? Wie gehe ich mit meiner Psychoenergie um?

Die Einschätzung, welche Ersatzhandlungen Pflegepersonal am ehesten betreibt, ist eine Einschätzung der Gesamtsituation der Pflegenden.

Eine Pflegeperson besteht aus mehreren Persönlichkeitsschichten, sodaß sich verschiedene Fragen ergeben:

Wo will die Pflegeperson arbeiten?

Was will sie eigentlich arbeiten?

Wie wird sie diese Arbeit durchführen?

Es liegt meistens im Arbeitsfeld der Chargen, die Pflegeperson auf ihre Einstellung usw. zu durchleuchten. Dabei wird man auf die Tatsache stoßen, daß sich das Ergebnis unserer Fremdbeurteilung kaum mit der Selbsteinschätzung des Arbeitnehmers deckt.

Überprüfung der Selbsteinschätzung des Pflegenden

Wie im Vorkapitel besprochen, hat unser eigener Seelenzustand sehr viel mit Selbst- und Fremdeinschätzung zu tun. Wir wollen uns an dieser Stelle kurz mit der Einschätzung unserer Lage beschäftigen. Ich erlaube mir, in diesem Zusammenhang auf die Literatur von Rolf DEGEN „Wer sich selbst erhöht" hinzuweisen.

„Der Mensch erkennt sich im Menschen!" sagte GOETHE; das bedeutet aber, daß sich kein Mensch selbst erkennen kann. GOETHE selbst schrieb seine Autobiographie unter dem Titel „Dichtung und Wahrheit" nieder. Er wußte, daß dies sehr viel zu seinen Gunsten verändern würde, da Lebenslügen für das eigene Überleben notwendig sind und man alles nur so sieht, wie man es sehen will und kann (Gefühle sperren ja bekanntlich das Hirn).

Selbsterkenntnis ist daher sehr häufig mit Selbstverkennung ident, da der „blinde Fleck" unserer eigenen Seele nicht betrachtet werden kann. Menschen, die sich nicht eines Supervisors bedienen, versuchen sich mit ihrer Vorstellungskraft mit anderen Menschen zu vergleichen.

Wir sind höher als andere

Wir wollen erkennen, wo wir stehen und wo die anderen. Sehr häufig sehen wir dabei auf die „anderen hinunter", wir erheben uns sozusagen über die Masse, weil wir im Vergleich zu den anderen eben doch

- nicht so pflegeaufwendig,
- nicht so gewöhnlich (eben besser),
- meistens sogar gescheiter sowie
- belesener und tüchtiger sind.

Dies kann gerade für den Einzelbetrachter in der Betagten- und Behindertenpflege ein sehr falsches, aber trotzdem „positives Gefühl" ergeben, das allerdings auf Kosten der Betagten geht.

Wie heißt es so schön:

F: Vom fremden Unglück tut der Kopf nicht weh.
F: Eigenes Unglück mißt man nach Zentnern – fremdes nach Pfunden.

Wir sind kleiner als andere

Nur selten sieht man sich „tiefer stehend“ als andere. Dies ist nur dann der Fall, wenn der andere, natürlich „ungerechterweise“

- eine schönere Frau zu Hause hat,
- einen Lotto-Sechser oder einen Toto-Zwölfer gemacht hat,
- oder gar eine Prüfung besteht (und natürlich viel blöder ist).
- Ganz schlimm ist es, wenn ein anderer gar Doktor ist oder berühmt wurde.

Wir wollen eben wissen, wo wir stehen, es mangelt uns aber an einem geeigneten Maßstab. Daher verwenden wir als Maßstab etwa gleiche Personen, zum Beispiel dieselbe Berufsgruppe oder Personen aus der Kategorie, der man selbst angehört. Es ist das Bedürfnis nach sozialen Vergleichen, das zu uniformen Gruppenbildungen und Vergleichen führt.

F: Gleich und gleich gesellt sich gern.

Wir suchen dann in dieser Gruppe einen „schwarzen Peter“, mit dem wir uns messen können, auf dessen Rücken wir unsere Ich-Identität erhöhen können.

Nun, in unserem Fall ist dies leicht möglich! Wir bedienen uns unserer Patienten, die es ja wohl immer schlechter haben als wir. Die Begegnung mit den Benachteiligten erhöht das subjektive Wohlbefinden, vor allem, wenn diese sich am Ende ihrer Sichtweite befinden.

Diese Betrachtungsweise – die Eigenerhöhung durch niedere Lebewesen – hat nur einen Nachteil: Sie führt zum schlechten Gewissen und damit zu Ersatzhandlungen, je nach Möglichkeit. Nun gilt es natürlich in unserer Kultur, sich nicht an den Nachteilen anderer zu delektieren. So gesehen, gerät man in Zugzwang und legt für sich selbst die Pflege als Altruismus aus. Jetzt ist man wieder der, der man sein will – nämlich der brave Bürger.

Interessant ist, daß das Leid des anderen für einen selbst eine größere Lebenszufriedenheit in sich birgt.

Maria v. Ebner-Eschenbach umschrieb die Pflegenden mit den Worten: „Die Menschen, denen wir eine Stütze sind, geben uns den Halt im Leben.“

Geht es einem in der gestohlenen Rolle gut, will man diese immer weiter auskosten. Dies führt zu einem Steigerungsverhalten im Akutfall. Das heißt, wenn das eigene Unglück zunimmt, uns die Probleme über den Kopf wachsen, versuchen wir immer, auf „schlechtere Patienten“ auszuweichen, um Eigenbefriedigung zu erlangen.

Die derzeitigen „Hits“ sind Sterbebegleitung, Sterbeseminare u.ä. Man sucht bewußt die Nähe von Menschen, die noch wesentlich nervöser, bösartiger, kindischer, etc. sind als wir, um dem Eigenvergleich besser standhalten zu können. Man sucht Patienten, die noch schlechter dran sind als die vorherigen. Man wechselt von der Hautstation auf die Geriatrie, von der HNO auf die Unfallchirurgie usw.

Alle diese Rechnungen führen dazu, daß man als einzigartig dastehen will. Das weibliche Individuum hebt sich dabei vorwiegend durch seine (eingebildeten) moralischen Vorzüge von der Masse ab; der Mann begibt sich eher auf die athletische, intelektuelle und kämpferische Ebene, um den Vergleich „mit dem anderen Gockel" aufzunehmen.

Frau	***Mann***
sucht sich einen Ehemann,	sucht sich schlechtere Sportfreunde,
der ihr Arbeit macht, ohne die sie nicht leben kann.	bei denen er noch eine Chance auf Gewinn hat.

Nun, für einfache Rechner mag diese Gleichung aufgehen und ausreichen (infantile Lebensform). Für rational denkende Menschen ist dieser Stand der Dinge wohl zu gering und führt zu einer gewissen Unzufriedenheit des Seelenzustandes des Pflegenden.

Auf die Ärzte raufschauen – auf den Patienten runterschauen. Dies führt nur zu einer „Notnagelideologie", die kaum einem reifen Menschen zum Überleben genügen kann. Diese infantile „Selbstwertkosmetik" wird wohl nicht ausreichen, um im Berufsleben Selbstzufriedenheit zu finden.

11.2.1.4 Pflegende agieren mit Ersatzhandlungen

Wie in der Vorgeschichte dargestellt, ist es heutzutage für eine Pflegeperson sehr schwer zu überleben. Alle Pflegepersonen (auch ich) versuchen durch Ersatzhandlungen zu überleben. Wir unterscheiden, wie Sie bereits wissen, zwischen

- gefühlsmäßigen Ersatzhandlungen und
- rationalen Methoden.

Ich möchte vorab den heute noch sehr häufig üblichen, gefühlsmäßigen Ansatz in der Pflege als infantile Reaktion (Ist-Zustand) beschreiben und im Anschluß Vorschläge für „fachliche Abwehrreaktionen" bringen.

Infantile Reaktionen

Gedächtnis, auch berufliches Gedächtnis, hängt sehr tief mit Aufmerksamkeit, Vorstellung und Interesse zusammen. Die sogenannte willkürliche Aufmerksamkeit ist mit Interesse und demnach mit Lustgewinn verbunden.

Interesse und Lustgewinn

Man kann im Menschen verschiedene Lustgefühle erzeugen. Einerseits ist dies mit der Vollführung einer guten Tat möglich, und man spricht von sittlichem, ethischem und religiösem Lustgewinn.

Man kann sich aber auch eines höheren Triebes, dem des Studierens oder der Wissensbildung als Lustgewinn bedienen. Dies ergibt in der Praxis mindestens zwei Menschenbilder. Obwohl beide andere Lebensstile, anderere Ideologien haben, erreichen beide – aus verschiedenen Hirnanteilen – ein Lustgefühl bei der Erfüllung ihrer Aufgabe.

Höhere Triebe:

Alle Triebe – und besonders deren Erfüllung – sind mit Lust verbunden. Die berufliche Lust hängt sehr eng mit

- Aufmerksamkeit
- Vorstellung
- Interesse

zusammen.

Niedere Triebe:

- Sexualität
- Nahrung
- Aggression
- Macht

Motive von A–Z

Nun kann man als Pflegeperson entweder in den unteren oder höheren Trieben, aber auch in Motiven von A-Z pflegen (siehe Seite 139).[55]

Gute Tat	*Intellektuell*
Pflegepersonen sind nach den Lebensmodellen christlich-karitative (kosmologische) Typen.	Sie gehören eher zum Typ des instrumentellen Lebensmodells.
sittliche Werte ethische Werte religiöse Werte NIGHTINGALE-Werte Mutterwerte guter Mensch-Werte	inhaltliche Werte falsche Werte Abwehr

Werden alle drei Möglichkeiten der beruflichen Befriedigung nicht gestillt, erzeugt dies ein Unlustgefühl und damit normale oder pathologische Ersatzhandlungen.

- Abwehr infantil
- Anpassung an das Spital
- Dienststellen-Treue
- Behandlungspflege
- Selbsthilfegruppen
- Supervision

[55] Wobei ich glaube, dies nicht mehr erwähnen zu müssen. Meine Vorstellung besteht darin, Pflegepersonen von den niederen Trieben in die höheren zu bringen.

- Witze über Patienten
- Bezugspflege
- Beziehungsakt (Patient statt Herr)

Fest steht, daß die meisten Pflegepersonen ihre Lust bei der Erfüllung ihrer Aufgabe im Sinne der sittlich-ethischen Richtung gewinnen. Sie müssen daher natürlich auch nach (der heute veralteten Irreversibilitätstheorie) praktizieren. Gerade diese Kollegengruppe gerät heute in große emotionale Schwierigkeiten, da dieser Stil nicht mehr gefragt ist. Es ginge darum, ihre willkürliche Aufmerksamkeit, ihr Engagement auf das intellektuellere Gedächtnis zu heben.

Ist-Stand des Copings – sittlich-moralischer Pflegestil

Da ich selbst die Erfahrung gemacht habe, daß es mir – solange ich in der Emotionalpflege tätig war – psychisch schlechter ging, möchte ich hier damit beginnen. Ergänzend möchte ich erwähnen, daß ich heute noch Pflegeneurotiker bin (dies allerdings weiß) und daß mein Liebesbetteln (Bedürfnispflege) von meinem augenblicklichen psychischen Zustand abhängig ist. Geht es mir schlechter, versorge ich mehr; geht es mir wieder besser, versorge ich eine Spur weniger. Oder mit anderen Worten ausgedrückt: Meine Klienten konnten mir alles abverlangen, was ich zu bieten hatte.

Klienten nehmen sich eben alles, was sie bekommen können. Sie können keine Rücksicht darauf nehmen, wie es uns dabei geht. Eines Tages kann man nicht mehr nur geben! Man beginnt – weil man nicht mehr kann – mit emotionalen Abwehrreaktionen (Lainz).

Abwehr infantil

1. Ich denke, daß ich auf die uns allen bekannten und in meinen früheren Büchern beschriebenen infantilen Abwehrmechanismen nicht mehr näher eingehen muß. Ich möchte hier nur auf ein paar neue, in der letzten Zeit sichtbar gewordene Reaktionen aufmerksam machen.
2. Personal, das nicht mehr kann, sucht Sicherheit durch Anpassung an das Spital. Es befolgt alle Anodnungen, ist froh, daß „der da oben" (Verwalter) schuld ist, daß nichts Neues passiert und ist zufrieden. Sollten Sie so leben, dann liegen Sie heute falsch! Sicherheit können Sie nur durch sich selbst erlangen. Ich denke, daß Leute, die ununterbrochen ihrer Dienststelle die Treue versichern, nichts anderes zu bieten haben als Treue.
3. Auch die Selbsthilfegruppen sind eine moderne Form zur Abreaktion geworden. Das Sich-Treffen mit Gleichgesinnten bei diversen Arbeitsgruppen birgt eine sehr gute Abreaktionsmöglichkeit in sich. Man kann sich selbst einbringen, kann über das reden, worüber alle reden und schließlich nichts machen. Das hat den großen Vorteil, dabei gewesen zu sein und so-

mit kein schlechtes Gewissen mehr fürchten zu müssen. Man steht einfach besser da.

4. Daß auch Supervision – womöglich patientenzentriert – die selbe Entlastung bringen kann, muß wahrscheinlich nicht weiter diskutiert werden.
5. Interessanterweise wirken auch sogenannte „rituale Entlastungshilfen“ im Geschehen angstlindernd. Bei jeder ritualisierten Handlung hat man das Gefühl, wichtig zu sein, alles im Griff zu haben und erlangt durch diesen Glauben Sicherheit.
6. Besser geht es da unserem Kollegen, dem Sportler. Er geht zu keinen Sitzungen, sondern reagiert sich weitaus gesünder bei jeglicher grobmotorischen Tätigkeit ab. Sport bietet eine gesunde Möglichkeit der Abreaktion.
7. Auch Witze über Patienten sind nichts anderes als eine Möglichkeit, sich durch „ab-lachen“ aufzubauen.

Der Nachteil der emotional ausgerichteten Pflege liegt eindeutig auf der Hand: Pflege, die rein gefühlsbetont ist, will natürlich ihre Klienten emotional nach Gefühl oder Intuition pflegen. Diese Pflegeform ist aber im Sinne eines rehabilitativen Konzeptes nur für die Pflegeperson gut, aber auf keinen Fall für den Klienten. Natürlich läßt sich jeder gerne verwöhnen, möchte jeder Zuwendung geschenkt bekommen oder gar über die Krankenkasse erhalten. Nur ist diese Art der Gefühlszuwendung nur im Bordell oder im Vier-Sterne-Hotel normal. Man erzeugt mit der Bedürfnisbefriedigung und dem Beziehungsakt pathologische Bezugsformen und Abhängigkeiten, die auf beiden Ebenen schwere, irreversible Störungen verursachen.

Dieser pathologische Beziehungsaspekt ist aber eindeutig lustiger und auch in der Pflegedokumentation zu ersehen. Schreibt man z.B. „Patient“, so meint man auch einen Patienten mit allen Folgen der Betreuung. Schreibt man hingegen den Familiennamen, meint man eben Herrn XY, der im Augenblick gerade krank ist, und dessen Heilung wir in unserem Aufgabengebiet zu forcieren haben, nicht dessen Glück.

Bezugspflege – Beziehungspflege – Bedürfnispflege ist daher nur für Heime und Spitäler gedacht, die sich einen bezugsfähigen, angepaßten Klienten auf Dauer züchten wollen. Diese Pflegeform spricht völlig gegen ein rehabilitatives Konzept, sodaß auch die Pflegeperson schließlich und endlich als „hospitalisiert“ bezeichnet werden kann. Die Pflegeperson gehört – wenn man den Menschen nach den Lebensmodellen betrachtet – eher zum christlich-karitativen Modell (kosmologisches Lebensmodell) und erwartet aus ihrem Bravsein auch im Leben oder nach dem Leben eine Vergütung.

Fachliche Abwehrmechanismen

F: Jeder ist seines Glückes Schmied!

Daher glaube ich, sollten Sie auch zu Ihrem Vorteil einmal über normalere Abwehrmethoden und gesunde Ersatzhandlungen nachdenken bzw. ob für Sie persönlich das emotionale Denkmodell das einzig richtige ist.

Für mich ist es interessant nachzuvollziehen, daß es unseren ärztlichen Kollegen seit Paracelsus psychisch wesentlich besser geht als uns. Wie ist ihnen das geglückt? Nun, sie versuchen eben seit Paracelsus, ihre Gefühle zu rationalisieren. Sie setzen die Rationalisierung als Abwehrmechanimus ein. Sie orientieren sich an der Pathophysiologie ihrer Patienten und nur sporadisch am Menschen als Ganzes (Balint). Dadurch entkommen sie der Gefühlsabwehr, bleiben in ihren Gedanken und Handlungen realistischer. Ihre eigene Psyche wird dadurch unangreifbarer. Sie entkommen der emotionalen Ebene durch Verwissenschaftlichung ihres Klientels.

Dieses Abwehrverhalten übertrage ich nun seit vielen Jahren auf mein Pflegemodell (natürlich mit pflegerischem Inhalt) und kann damit auch bei meiner Kollegenschaft von Besserung sprechen. Natürlich soll das Endziel die Übersetzung des gesamten Modells sein. Hier werde ich nur einige Feedbacks anbieten, die man an der Abteilung durchprobieren kann.

1. Geht es Ihnen psychisch schlecht? Versuchen Sie sich selbst oder Ihre Mitarbeiter dazu zu bewegen, etwas Anstrengendes zu tun. Zufrieden ist man nur, wenn man etwas Anstrengendes tut, das uns selbst und die Welt um uns herum vergessen läßt (Psychologie heute). Ich kann mich noch sehr gut an die Zeit erinnern, in der wir Fußböden schrubben mußten und keine Zeit für eine Unterhaltung mit den Patienten hatten. Es ging uns psychisch besser, denn wir waren müde, vor allem aber wußten wir, was wir zu tun hatten!

2. Versuchen Sie das sozialgeriatrisch-sozialpsychiatrische Denkmuster auch für andere Klienten (Geriatrie) mit Inhalten zu füllen; die Frage, was denn nun Pflege bei ... ist, zu klären. Erst ein geeigneter Inhalt gibt Sicherheit und Kompetenz; diffuse Maßnahmen und Handlungen hingegen Unsicherheit.

3. Wesentlich ist, daß Ihnen und Ihren Mitarbeitern nicht langweilig wird. Verschaffen Sie Ihnen (und sich selbst) die Möglichkeit, hie und da auch im Dienst sagen zu können: „Das hat Spaß gemacht!“

4. Machen Sie eine Beziehungsbilanzierung! Wie verhalten Sie sich und wie Ihr Klient? Sind Sie der Vater oder die gute Mutter und der Klient das Kind, auf das wir aufpassen müssen? Oder ist der Klient Ihr Vorgesetzter, weil er gebildeter ist und dies auch ausstrahlt, weil er verbalisieren kann?

5. Welche Strukturierung hat Ihr eigenes Leben? Welche Nah- und Fernziele haben Sie noch?

6. Jedes Kind bekommt meist schon daheim die Möglichkeit, seinen Gefühlen von Zeit zu Zeit freien Lauf zu lassen. Diese Möglichkeit müssen wir auch uns selbst einräumen. Jeder von uns muß in der Dienstzeit die Möglichkeit haben, seine Gefühle ausdrücken zu dürfen. Meist findet diese Abwehrform im Sozialraum statt; hier wird in der Abwehrsprache gespro-

chen. Man erlaubt sich, zu einer Dame auch einmal „böse Alte“ zu sagen. Und das ist gut so. Es soll nicht zur Speicherung von Aggressionen kommen, die sich dann irgendwann und unkontrolliert als Affektentladung äußern.

7. Wir sollten versuchen, von der emotionalen, uns aufgezwungenen „ethisch-moralischen Phase“ in eine kognitivere, inhaltliche zu gelangen. Dazu hat die Pflegeperson selbst den Schlüssel zur Selbstheilung in der Hand! Sie muß sich nur auf die Grundlage von Fachinhalten „Was ist Pflegeinhalt?“ konzentrieren und intuitive Pflege weglassen.
8. Die Pflegeperson sollte die derzeitige Identitätskrise in der Pflege als Chance für sich selbst nützen und nicht – wie derzeit üblich – auf der emotionalen Ebene herumnörgeln!
9. Die Pflegeperson muß lernen, unabhängiger von der Meinung anderer zu werden. Ich kann Sie trösten: Das funktioniert mit zunehmendem Alter immer besser!
10. Man sollte lernen, wieder die Grundüberzeugungen über den Wert und die Ziele der eigenen Person als handelnde Person einzunehmen und mehr oder weniger die Schulsituation vergessen.
11. Es ist erforderlich, sich wieder selbst zu finden und die Frage der Selbstdefiniton „Wer bin ich?“ zu stellen. Wo liegen meine Grenzen, was mache ich nicht mehr mit? Wie autonom bin ich eigentlich als Pflgeperson noch? Habe ich meinen Platz im Leben hier gefunden? Stimmen die Leistungen, die ich erbringe, auch für mich oder genügen sie nur der Institution, in der ich beschäftigt bin? Bin ich den ganzen Tag nur der Gebende (oder Nehmende)? Was ist heute beruflich mein Lebenssinn, mein Motiv? Was ist heute mein Beitrag zur Pflege, zu meinem „Lieblingsberuf“? Halte ich meine privaten und dienstlichen Belange in Balance? Erledige ich alles nur mehr mit Routine?
12. Wo liege ich bei der Suche um einen „schwarzen Peter“?
13. Es ist wissenschaftlich bewiesen, daß gerade soziale Menschen große Angst vor öffentlichen Auftritten haben. Sie können die sich eventuell daraus ergebenden Blamagen nicht ertragen und distanzieren sich daher von allem. Es ist klar, daß sie damit ihr Licht unter den Scheffel stellen und mehr zu bieten hätten als sie zeigen. Nun, dies ist sicher einer der vielen Gründe, warum die Pflege nichts weiterbringen kann, wenn jeder Angst hat sich zu blamieren. Blamieren Sie sich! Üben Sie Ihr Selbstbewußtsein! Nur selbstbewußte, problembewußte, hier auf der Welt lebende und fühlende Menschen können gesundheitsbewußt (also unserer Aufgabe der Heilung entsprechend) agieren.
14. Arbeiten Sie problembewußt und nicht institutionsbewußt! Auch im Sinne einer Kosten-Nutzen-Rechnung (hier auf der Erde). Die Belohnung

im Himmel für gute Taten wird nur unbewußt oder vorbewußt mitberechnet.

15. Die rehabilitative Pflegeperson hat eine Selbstdisziplinierung! Sie würde in der Betrachtungsweise im Sinne der Lebensmodelle eher zum Typ des instrumentellen Lebensmodells gehören.

In einer post-christlichen Zeit, in der Normen und Daseinsstrukturen sowie Ordnungen schlechthin angezweifelt werden, ist es mit und ohne Lebensschulung schwer, einen für sich gangbaren und gültigen Weg zu finden. Immerhin zerfallen fast alle ideologischen Weltanschauungen, Einstellungen von Ordnung und Sicherheit!

Warum soll es gerade uns, die wir einen so schweren Beruf haben, besser gehen als allen anderen Menschen auch? Es ist daher nicht verwunderlich, daß das heutige Lebensmodell weder christlich noch protestantisch ist, sondern eher dem „Hier und Jetzt" entspricht. Heute fragt man sich, was man tun kann, um mit dem Leben so angenehm und sorglos wie möglich zurechtzukommen? Wie kann man sein Leben „nur" positiv gestalten?

Somit ist wertvoll geworden, was sich im Alltag als nützlich erwiesen hat, indem es uns individuelle Befriedigung verschafft. So gesehen, ist auch der heutige Krankenpflegeschüler, solange er Schüler ist, nur schulorientiert. Gleich nachdem er diplomiert hat, wird er praxisorientiert, er wird das tun, was die Führung will, um seine Ruhe zu haben. Einige Monate später ist ihm auch das egal, er wird hausbau-, kinder-, kur- und pensionsorientiert handeln. Sein Gehalt ist ihm sicher, die Stellung, in der er sich befindet, ebenfalls.

Leute, die sublimieren oder überkompensieren, werden aufgrund des wirtschaftlich guten Lebens seltener und gehen uns im heutigen Spitalssystem ab. Es könnte eine Aufgabe von uns älteren Pflegepersonen sein, mehr strebsame, gute Pflegepersonen auf unsere Seite zu bekommen.

Denn wie sagt ein altes Sprichwort?

F: Den Kräften des Bösen genügt es zum Sieg in der Welt, wenn genügend gute Männer nichts tun.

Nur die rational denkende, strebsame, überkompensierende Pflegeperson sucht sich Aufgaben. Dabei ist es erforderlich, daß sie von den Chargen soweit gefördert wird, daß sie nur Aufgaben annimmt, denen sie auch gewachsen ist. Das heißt, es gilt dieselbe Devise wie für Patienten: „Nicht überfordern, nicht unterfordern, aber belasten!" Die Konzentration auf unsere Arbeit wird besser, wenn wir ein Ziel haben und unmittelbare Rückmeldungen erhalten.

Denken Sie daran, daß die Sorge um das Selbst verschwindet, sobald man eine Aufgabe hat! Daß die Verunsicherung und das Schimpfen über unseren „furchtbaren" Beruf (oder Patienten) aufhört, weil unsere Interessen am Fach zum Tragen kommen.

11.2.1.5 Änderungsversuche (Impulse)

a) Aufwecken

Ersatzhandlung/Rückzug

Einige Pflegende halten die Kumulation von Gefühlen nicht aus und treten den Rückzug an, sie regredieren und flüchten vor der Berufswelt (Burnout-Syndrom).

Therapie

Bewußtmachung und Vigilanzsteigerung – vor einer Neuorientierung in der Pflege ist es notwendig, das Personal und die Klienten aus dem Dornröschenschlaf einer ritualisierten „Warm-satt-sauber-Pflege" (W.s.s.-Pflege) aufzuwecken oder tiefenpsychologisch gesehen, mit einer von Märchen herrührenden und bekannten „Erlösungszeremonie" wachzuküssen. Zu dieser Wekkung oder Wachküssung benötigt man Menschen, die vor allem selbst nicht schlafen, denn:

F: Wer selbst schläft (oder schlafen will), kann andere nicht wecken.

Ich persönlich bin ein Typ, der nicht gerne die Zeit verschläft. Das ergibt sich aus zwei biographisch unterschiedlichen Momenten:

1. Ich bin ein sympathikotoner Typ und schlafe nicht gerne lange, weil ich immer glaube, daß ich im Leben etwas versäume oder daß es ohne mich vorbeigehen würde.

F: Wer schläft, sündigt nicht, sagt man. Ich möchte aber sündigen, weil ich leben will. Für den Todestrieb habe ich später noch Zeit genug.

2. Ich stamme auch noch aus einer anderen Generation (von meinem Vater geprägt), in der man meinte:

F: Schlafen kann man, wenn man tot ist.

Schlafen bringt kein Brot ins Haus.

Morgenstund' hat Gold im Mund.

Sich regen bringt Segen.

Das bedeutet aus meiner Prägung, also für mich persönlich:

F: Der Teufel schläft nicht (in mir).

Ich muß wachbleiben (sonst schimpft mein Vater in mir) und muß zu diesem Zwecke alle anderen Kollegen ebenfalls aufrütteln. Aber eines sagte mein Vater nie zu mir (das erfuhr ich erst am eigenen Leibe): Daß es einer der größten Fehler ist, die man überhaupt begehen kann, *F: ... schlafende Riesen zu wecken.*

So habe ich in bester Absicht seit 1979 „Schlafende geweckt", „Ruhende wachgeküßt", zu erlösen versucht. Diese Erweckten haben aber – wie kann es anders sein – sofort wieder versucht, in den Schlaf zu versinken. Menschen, die schlafen wollen, werden alles tun, um wieder schlafen bzw. ruhen zu können. Sie werden sich in Ersatzhandlungen begeben.

Sie werden sagen: „Ja gleich ... ein bißchen noch“, und sie werden alles Erfragte zugeben, bestätigen, formulieren, um ja nur wieder ins Bett zu kommen. „Das machen wir schon lange“ ... „Was ist da Neues“ ... „Na ja, aber die Öffentlichkeit ist schuld“ ... „Wir würden ja, wenn die anderen auch würden!“ Das sind so typische Sätze von „Aufgeweckten“.

Nun gibt es Pflegepersonen, die fest schlafen, und solche, die herumkrabbeln oder gar schon Morgensport betreiben. Leute, die besonders fest schlafen, muß man mit besonders lauten Argumenten reizanfluten, um die Retikularformation zu erregen. So sind und waren meine Bücher und Einstiegsreferate immer besonders laut und heftig, um wenigstens eine Reaktion zu erhalten. Teilweise waren die Reaktionen – und damit muß man rechnen – die eines schlaftrunkenen Kindes ...

Warum muß man Leute wecken?

Der ursprüngliche Mechanismus des sozialen Lebens, wie er bei primitiven Rassen noch üblich ist, funktionierte bei den einzelnen Menschen, ohne daß irgend eine Form von Führung erforderlich war. Es gab zweifellos bestimmte Stammesbräuche, denen sich alle unterwarfen, aber es ist anzunehmen, daß die Menschen keinen Drang verspürten, sich diesen Bräuchen zu widersetzen. So waren weder Beamte noch Oberschwestern erforderlich, um die Befolgung (oder Qualität) ihrer Anweisungen zu sichern.

In der Neuzeit geriet der Instinkt immer mehr in den Hintergrund, und „Führer“ wurden geschaffen. Das Volk wurde Zwängen unterworfen, Regeln wurden installiert, Personalmanagements zur „Sicherung“ irgend einer Ideologie eingeführt.

In dieser (der heutigen) Zeit, die streng nach Regeln und Systemen abläuft, leben die Menschen ständig erfüllt vom Gedanken an morgen. Wenn ein vorsichtiger Mensch an morgen denkt, wird er veranlaßt zu sparen, ein unbedachter Mensch wird Angst bekommen, daß er seine Schulden nicht zahlen oder seine Leistung nicht erbringen kann. Für beide hat der Augenblick seinen Reiz verloren. Alle sind organisert, nichts geschieht freiwillig. Die Auswirkung der Personalführung stoppt somit den gesunden Ehrgeiz und das Selbstvertrauen.

Wir wissen zuviel und empfinden zu wenig oder wissen zu wenig und empfinden zuviel

Die Initiative eines Wilden wurde, wenn er auch Mitglied einer Gruppe war, nur gering bis gar nicht eingedämmt. Was er wollte, tat er auch.

In der heutigen Personalführung ist es demnach wieder erforderlich, nicht einen Managementkurs zu besuchen, sondern den gesunden Ehrgeiz jedes einzelnen wieder zuzulassen, ohne Normen und Regeln, die Initiative eines Wilden zu akzeptieren, um einen gewinnbringenden Beruf zu sichern. Erst wenn der Weg des Strebens zum Ziel nicht zu lang ist, hat man auch an der Arbeit selbst Freude.

In diesem Kapitel möchte ich Ihnen Feedbacks vorstellen, die „Schlafende“ erwecken können. Ich werde aber teilweise auch von meinen mißglückten Aufweck-Versuchen erzählen. Es wäre ja dumm, würde keiner aus meinen Fehlern lernen! Oder geht das gar nicht? (Coping)

Einführung meines Modells für das Personal

Die Einführung des seelischen Pflegemodells an den Stationen soll nicht nur den Patienten das Überleben erleichtern, sondern viel mehr noch die Psyche des Personals berücksichtigen. Ich sehe mein Pflegemodell auch als „psychohygienische Maßnahme für Bedienstete“ und werde mich im ersten Teil somit vermehrt mit „uns“ beschäftigen.

b) Desensibilisierungsversuche – Ansprechen der Intellektualität der Pflegenden

Wir sind alle nur Menschen – kaum einer von uns ist sofort davon zu überzeugen, daß ihm ein Mehr an Fachwissen bei seiner eigenen Persönlichkeitsentwicklung helfen würde oder könnte. Das eigene Wollen und Handeln in der Selbsterkenntnis ist schon zu lange brach gelegen, wurde nicht reaktiviert.

Jeder wird versuchen, das beschwerlichste aller Dinge, die Vernunft (Kant) zu verdrängen. Er wird versuchen, seinen bisherigen Berufsweg weiterzugehen, um ja nicht seine Sicherheit aufgeben zu müssen. Er ist glücklich und sicher, wenn er weiß, daß Ordnung herrscht. Er wird glücklich sein zu wissen, daß es eine Hausordnung (Über-Ich-Norm) gibt, auf die man sich ausreden kann, daß die Anstaltsordnung alles regelt, daß es „Schemata“ gibt, nach denen man sich richten kann. Denn jedes Schema überzeugt, daß man das Richtige tut, daß man brav und fleißig ist!

Nun hat sich in den letzten Jahren dieses angeblich „Richtige“ geändert, und die Kollegenschaft hat Probleme damit, die alten Gebote und Verbote auszuwechseln und somit neue Ethik- und Moralbegriffe anzunehmen.

Was machen wir denn, wenn wir um 7 Uhr nicht baden dürfen, um 9 Uhr nicht das Frühstück austeilen und um 11 Uhr nicht ausspeisen müssen, damit wir auch fertig werden? Das Rauchen in der Klinik nicht verbieten, die Bettruhe nicht einhalten, den Patienten gar aufstehen lassen oder die Besuchszeit Tag und Nacht gestatten, etc. Wenn wir uns also neuorientieren sollten?

Vorerst stehen wir einmal da und wundern uns, da wir nichts zu tun haben. Die Sicherheit der Uhr ist weg, und ein ungutes Gefühl kommt auf. Was wird jetzt? Neuorientierungen – und das muß uns klar sein – verunsichern unsere Kollegenschaft. Die Verunsicherung erhöht sich zum Quadrat – vor allem dann, wenn sie zusätzlich mit einem Umlernen des alten Fachinhaltes gekoppelt ist, wie dies eben bei meinem Pflegemodell der Fall ist.

Interessant ist für mich die jahrelange Beobachtung, daß nur sehr emanzipierte KollegInnen mein Pflegemodell umsetzen. Selten findet man in den Kursen emotionell verwurzelte Pflegepersonen – diese bleiben anscheinend in ihrem gefühlsmäßigen Dasein und sind in der reinen Helferrolle zufrieden und glücklich. Ihre vergleichende Forschung zu noch altruistischeren Kollegen und zu ihren Patienten macht sie sicher. Die Anstaltsverwaltung verstärkt dieses Ritual, und dieses gibt ihnen wiederum die Sicherheit, auf dem richtigen Weg zu sein.

Wer will denn schon eine Änderung? Wir machen das schon jahrelang so, und es hat sich noch keiner beschwert!

Ja, wer sollte sich eigentlich beschweren? Der einzige, der das Recht hätte, „nicht rehabilitativ" gepflegt zu werden, wäre der Patient, aber den lassen wir ja nicht zu Wort kommen, uns anzuklagen, daß wir ihn bettlägrig gemacht, mit Diäten traktiert, von sitzend zu liegend gebracht haben und seine Wohnung aufgelöst haben!

Ich habe mir einmal einen Spaß erlaubt und die Abwehrverhalten an einer Station überprüft. Hier ist das Ergebnis – die Neuorientierung brachte folgende Abwehrverhalten mit sich:

Datum	*3.3.89*	*29.3.89*	*12.4.89*	*27.4.89*	*usw.*
Anwesende	8	4	8	9	
Verdrängung			2		
Regression	3		3	4	
Projektion		2			
Fixierung					
Resignation	1				
Aggression	4	1	3	4	
Ambivalenz					
Scheinanpassung		1			
Motivation				1	

Das für mich Erschreckende ist die Tatsache, daß an einer psychiatrischen Station vorwiegend mit Aggression abreagiert wird, während an geriatrischen Stationen mehr die Regression zum Ausdruck kommt. Auf alle Fälle entsteht bei einer angeordneten Pflegequalitätserhöhung eine neuerliche Gruppenspaltung und aus dieser wiederum eine Art Gruppenabwehrverhalten, das sich meist in den sogenannten versteckten Stationsphilosophien äußert.

c) Stationsphilosophien

Es gibt demnach immer eine, die angeordnet wurde und eine, die tatsächlich betrieben wird.

Da ich die – hier kurz angeführten – menschlichen Probleme der Abwehr in meinen ersten Umsetzungsversuchen nicht beachtet habe, sind – wie sollte es anders sein – auch einige meiner Modellstationen wieder jämmerlich zugrunde gegangen. Die geforderte Stationsphilosophie wurde nie durchgeführt – die versteckte Philosophie der Bediensteten hat gewonnen!

Ich habe bei meinen früheren Umsetzungsversuchen sehr haufig den Fehler gemacht, meine Mitarbeiter zu überfordern. Ich wollte immer, daß alles gleich und sofort passiert! Ich dachte, daß ich sofort verstanden wurde, daß die Umsetzer vielleicht sogar schon besser sein könnten als ich.

Heute weiß ich, daß ich meine eigene Neurose (Interesse für die Biographien und eine 80 Stunden-Woche) nicht auf meine Kollegen übertragen kann. Meine zu schnelle Gangart und meine Forderungen an die Kollegen waren von mir eine Fehlerwartung, die sich nicht erfüllen konnte!

Von meinen jungen Kollegen lernte ich vieles, vor allem aber geduldiger zu werden. Heute meine ich, daß die Umsetzung meines Modells in die Praxis nur langsam und stufenweise vor sich gehen kann und soll. Ich meine auch, daß alle KollegInnen, die Umsetzversuche wagen, Pioniere sind und auf der Gefühlsebene einer Station eine Eisbrecherfunktion zu erfüllen haben, daß aber gerade diese Eisbrecherfunktion viel an Energie und Ausdauer erfordert.

Das heißt, daß heute meine Kollegen – so wie ich früher – mit gar manchen Abwehrreaktionen zu rechnen haben, daß sie diese Abwehr viel Energie und Engagement kosten wird. Ich denke, daß man die Kollegenschaft, die primär nichts mit einer Neuorientierung zu tun haben will, auf ihre eigene Intellektualität ansprechen sollte.

Lustgewinn durch Gutes tun – Lustgewinn durch Intellekt!

Das Ansprechen auf die Intellektualität jedes einzelnen Bediensteten birgt die Chance in sich, einige noch „Umschulungswürdige" zu erreichen. Information und Aufklärung zur Suche nach Gleichgesinnten ist das A und O. Meiner Ansicht nach haben Fachautoritäten die größten Chancen in der Kollegenschaft, als Alpha-Typen akzeptiert zu werden. Dabei meine ich nicht institutionalisierte Alphas, also die Oberschwestern oder Pfleger, sondern die tatsächlichen Gruppenalphas! Bei diesen sollte man zuerst versuchen, mit seinen Argumenten durchzukommen und mit praktischen Beispielen auf der Station zu überzeugen.

Als zweiten, sehr wichtigen Schritt würde ich heute die Umschulung oder Einschulung, die Änderung eines Stationskonzeptes, das mein Modell beinhaltet, nach einem Stufenplan vornehmen. Erst wenn ein Teilgebiet funktioniert, kann man zum Nächsthöheren aufsteigen.

11.3 Stufenplan zur Neuorientierung an der Station

Ein ***Stufenplan*** unterteilt sich in einen ***emotionalen*** und einen ***fachlichen*** Aspekt.

Emotionaler Aspekt

Beim emotionalen Fundus geht es darum, Unlustgefühle wie Zweifel, Inkonsequenz, Widerspruch, Desinteresse oder Aussprüche wie „Das ist ja alles Sch...“, „Das machen wir schon lange so“ in Lustgefühle umwandeln, wie die Freude am Denken oder etwas zu entdecken, Zusammenhänge zu erkennen, die uns dann erfreuen usw. Auch diese geistigen Gefühle können natürlich wie alle Gefühle durch bestimmte Schlüsselreize geweckt werden.

Der größte Schlüsselreiz ist wohl, etwas von einer Materie zu verstehen, denn je größer das Fachwissen ist, umso mehr Interesse und Verständnis und damit Zufriedenheitsgefühl ist zu erwarten. Dies führt auch dazu, daß man in den Kursen immer dieselben Leute trifft, die dann sagen: „Die, die es angeht, sind sowieso nicht da!“ Natürlich nicht! Denn der Schlüsselreiz, daß auch Wissen Freude bereiten kann, ist noch nicht bis zu jenen Leuten vorgedrungen, die nicht auf Fortbildungsveranstaltungen gehen.

Den Schlüsselreiz für die jeweiligen Stationsbediensteten sollen die Chargen der Station selbst suchen, sie kennen wohl ihre Mitarbeiter am besten und könnten entscheiden, welcher Impuls wann der richtige ist, um gruppendynamisch Erfolg zu haben. Den Gefühlston, der gefunden werden soll, nennt man einfach „Interesse“. So wie die Durchführung einer „guten Tat“, soll auch in der Folge die Durchführung eines „guten Impulses“ helfen, ein Lustgefühl zu erzeugen.

Fachliche Aspekte

Inhalte:

Impulse je Erreichbarkeitsstatus

Modus:

Erst wenn die Emotionen und Ideologien einer Station geändert und mit Argumenten auf die Intellektualität der Nachahmer ausgerichtet worden sind, kann man mit dem fachlichen „Background“ der Pflege inhaltlich beginnen. Ich würde folgende praxiserprobte Schritte empfehlen:

1. Ethik
2. Ideologie
3. Konzepte
4. Managements

11.3.1 Ethik

Erst wenn man wirklich Betagte betreuen will und sich deren psychischer Zustand noch dazu plötzlich verschlechtert, merkt man, wie das in uns „wirkt“. Erst dann werden wir uns der Hoffnungslosigkeit unseres Tun und Wollens, unserer Selbsteinschätzung im Beruf voll bewußt. Wir fühlen uns plötzlich nicht mehr als „Herr der Lage“, sondern eher den Klienten ausgesetzt. Plötzlich wird uns klar, daß wir uns für unsere Klienten im Namen der nützlichkeitsphilosophischen Ethik aufopfern. Ein Burnout-Syndrom, eine Flucht in eine Ersatzhandlung ist dann nur mehr eine Frage der Zeit und der Möglichkeiten.

Um diese Einstiegssätze näher zu erklären, ist vorweg eine objektive Begriffsbestimmung des Wortes Ethik notwendig sowie unsere eigene emotionale Prägung dazu.

Ethik – Nomenklatur (rational)

Ethik ist die Wissenschaft vom guten, sittlichen Verhalten und von den sittlichen Werten.

Der Name Ethik stammt von Aristoteles, der der praktischen Philosophie die Bezeichnung Ethik gab und als höchstes Gut die „vernunftmäßige geistige Betätigung“ erklärte.

Der Name Moralphilosophie geht auf Seneca zurück. Griechische Ethik heißt: „Alles Schöne ist ethisch.“ Sokrates-Schüler sahen „Streben nach Lust“ als ethisch an.

Im Modernen spricht man von der Ethik als „Nützlichkeitsphilosophie“. Das ist jene Einstellung, die Egoismus mit Altruismus verbindet. Das Interesse für die anderen mit dem Interesse der eigenen Person wird verknüpft.

Nach Kant ist das „Moralische“ die Selbstgesetzgebung der Vernunftethik.

Aus der Individualethik entstand die „soziale Ethik“, in der wir uns heute befinden und die uns in der Praxis oft schwer zu schaffen macht.

Ethik – Prägung (emotional)

Ethische Gefühlseinstellungen werden aber nicht durch wissenschaftliche Nomenklaturbegriffe zum Tragen kommen, sondern viel mehr durch meine eigene Sozialisierung und Prägung. Es steht hier ohne Zweifel fest, daß es, seit es Menschen gibt, verschiedene Sozialisierungsformen, vor allem die zwischen Mann und Frau gibt. Wenn man sich in unserem Beruf die beiden Geschlechter ansieht, erscheint es lustig, daß der Arzt und dies meistens als Mann vollkommen andere Prägungen und damit eine andere Berufsethik hat als die Schwester als Frau.

Ethik allgemein

Im Leben ist es wohl so, daß jeder von uns sowieso seine eigene Ethik, Weltanschauung und noch mehr seine eigene Prägung zur Ethik einfließen läßt. Damit vertritt jede Pflegeperson ihr eigenes Gefühl, ihre eigenen Moral- und Wertvorstellungen.

So sind wir wieder bei der schon beschriebenen Selbsteinschätzung und Fremdeinschätzung gelandet. Daher erscheint es mir günstig, die eigene Gefühlswelt von fremden Pflegepersonen einschätzen und überprüfen zu lassen.

Ist es Egoismus oder Altruismus, der mich steuert? Versteckter Haß oder Mitleid zu den Betagten, wenn ich eine Transferierung erwäge? Liebe ich nur gesunde Betagte, die mir Liebe zurückgeben, oder liebe ich psychogeriatrische Klienten, weil ich mein Fachwissen einbringen kann? Verstehe ich, daß das Beste für meinen Klienten eine Änderung zu erfahren hat, also nicht mehr das Beste vom Guten ist? Daß Reversibilität besser ist als therapeutischer Nihilismus – oder bin ich damit überfordert? usw.

Die Ethik in der Altenpflege ist nicht nur eine Frage der Prägung und Sozialisation, sondern auch eine Frage nach dem Zustandsbild des Klienten. Menschen, die beispielsweise in einem Pensionistenheim arbeiten und dazu selbst auch noch sicherheitsneurotisch sind, werden natürlich eine große Freude mit der Nützlichkeitsethik haben. Sie können, da die Patienten psychisch gesund sind, das Interesse ihrer Patienten mit ihrem eigenen Interesse verknüpfen und „Liebesbettelpflege“ durchführen. Verschlechtert sich allerdings das Zustandsbild des Klienten, z.B. eine Gefühlsdeprivation, wird auch ihr ethisches Bewußtsein eingeengt. Das heißt, daß sich, sobald der Gefühlszustand des Klienten schlechter wird, auch der Gefühlszustand des Betreuers mitbewegt.

Die ethischen Erwartungen, die man an den Patienten stellt, werden nicht mehr erfüllt! („Ich gab dir Liebe – gib du mir Liebe!“ „Liebe deinen Nächsten wie dich selbst!“)

Ich glaube aber, daß der Handel mit Gefühlen (1:1) nicht jene Ethik sein kann, die wir in Zukunft in der Pflege benötigen. Ich denke, wir müssen eher von der Tatsache ausgehen, daß in der Zukunft viele Menschen älter werden, ein Drittel davon psychisch auffällig wird und damit der Tauschhandel mit unseren Klienten zu Ende geht. Anders ausgedrückt, brauchen wir in der Pflege für die Zukunft nicht Leute mit einer Aufopferungsethik, sondern Personal mit Fachwissen. Dieses Personal muß vor allem in Alters- und Pflegeheimen eine Aufwertung seines Ichs erfahren. Vorerst liegt es an uns umzulernen, danach an den Politikern zu bezahlen.

Ich möchte nochmals darauf hinweisen, daß die von uns geforderte Moralethik eine nicht durchführbare Forderung darstellt und durch ihre Nichterfüllung zum Frust führt. Da der Mensch in erster Linie ein biologisches Wesen ist, hat sich seine Kultur in seiner Evolution erst später entwickelt. Es ist daher klar, daß sich der Mensch zuerst an seiner eigenen Person orientiert und nur an dieser interessiert ist.

F: „Das Hemd ist uns näher als der Rock.“

Erst in zweiter Linie kümmert man sich um jene Menschen, die man persönlich kennt, weniger oder gar nicht um all die Millionen gesunder Menschen, die irgendwo leben. Wer ist denn dann noch am fremden Kranken interessiert?

Natürlich ist es verständlich, daß wir uns nicht damit abfinden wollen, Egoisten zu sein. Wir wollen gefühlsmäßig alle „vor den anderen gut dastehen“, sozial und kooperativ sein. Ethik ist somit ein aufgezwungenes Sozialspiel und hängt sehr mit der Frage „Was ist gut?“ und „Was ist schlecht?“ zusammen.

Ethik ist also primär die Frage, was gut und was schlecht ist. Was darf man und was nicht? Aufgrund welcher Handlungen sagen die anderen oder wir selbst, daß wir „lieb“ sind oder genau das Gegenteil? Wie stehen wir hier und jetzt vor den anderen, vor der Familie, den Patienten, dem Arzt da?

Ich kann mich sehr gut an ein Seminar in Maria Trost, Österreich, erinnern, bei dem ich als Referent mit meiner doch etwas eigenen Sprachart auftrat. Etwa 20 geistliche Schwestern hatten daran teilgenommen. Nachdem ich einige zünftige Reizanflutungsaussprüche getätigt hatte, lachten die Nonnen, und ich war noch mehr verunsichert.

Beim Mittagstisch fragte ich die Oberin: „Werte Oberin, ich kenne mich nicht aus! Ich sage ‚Alte Leute soll man (psychisch gesehen) in den Hintern treten, damit sie sich weiter bewegen und ihre Nonnen lachen! Das ist doch nicht zum Lachen aus der Sicht eines Katholiken!“

Darauf meinte die Oberin: „Herr Böhm, Sie sind ein Traumdozent, sie haben aber keine Ahnung vom katholischen Glauben. Schau'n Sie, der katholische Glauben will nichts anderes als das Beste für seine Christen. Wenn es bis heute geheißen hat, man soll alten Damen das Handerl halten und lieb sein, haben wir dies getan. Wenn es nun heißt, wir sollen alte Damen reaktivieren, dann werden wir dies tun. Warum verstehen Sie das nicht?“

Ich denke, diese Story sagt viel aus. Sie sagt auch aus, daß wir Krankenpflegepersonen viel ärgere Betreuungsneurosen haben als die Nonnen. Wir sind die, die für unsere Zwecke versuchen, als „Gute dazustehen“, um die Abhängigkeit unserer Klienten zu fördern. Wir wollen eine Belohnung – jetzt, und nicht erst im Himmel. Kleriker können sich viel besser auf die Belohnung zu einem späteren Zeitpunkt freuen. Ich möchte aber trotzdem festhalten – obwohl ich nicht Theologe und schon gar nicht Moraltheologe bin –, daß das christliche Modell, das wir immer als Ausrede für unsere Neurose verwenden, nicht Schuld ist an unserem Dilemma. Unsere Philosophie ist eher:

F: „Einer für alle – alle für einen.“

Diese Thematik griff auch TURRINI auf (obwohl er kein Pfleger ist) und verfaßte ein Gedicht über die Nächstenliebe:

Ich möchte meine Feinde so lange lieben
bis sie unter meiner Liebe zusammenbrechen
Ich möchte meiner Freundin so lange verzeihen
bis sie an ihrer Schlechtigkeit verzweifelt
Ich möchte meinen Freunden so lange helfen
bis sie ihre Unfähigkeit einsehen
Ich möchte mit allen Mitteln ein guter Mensch sein!

Kann man seine Gefühle nicht austoben, kommt man auch nicht in ihren Genuß.

Gebrauchsethik

Betrachtet man den Begriff Ethik aus der modernen Literatur, dann versteht man darunter im allgemeinen Verantwortung oder besser gesagt, eigentlich nur Verantwortungsgefühl (denn ein Machtloser, wie wir Pflegepersonen, kann ja gar keine Verantwortung tragen). Es bleibt also beim Gefühl.

Allerdings ist es ein Unterschied, ob ich für das Gefühl „Mitleid, Aufopferung, Empathie" etc. Verantwortung tragen soll oder ob mein Gefühl „ich liege richtig, ich bin gut" eine tatsächliche Fachverantwortung wird.

Eine Gebrauchsethik nach meiner Vorstellung benötigt Ideale statt Herz-Schmerz, statt Akzeptanz und Empathie ganz andere Verantwortungsbereiche:

- Risikobereitschaft
- Zivilcourage
- Fachinhalte
- Verantwortung für unsere Handlungsresultate (Entlassung, gehend oder liegend, symptomfrei oder niedergespritzt, etc.)

„Was soll ich tun, was ist heute das fachlich Richtige?" Das sollte die Berufsethik sein und nicht die Erzeugungsstätte von schlechtem Gewissen.

Ethik soll heißen darüber nachzudenken, was meine Handlung, was ich sage und tue, eigentlich im Nächsten auslöst. Fachethik soll nicht eine Verbotsethik darstellen, sondern soll erfolgversprechend sein, soll in uns positive Gefühle wecken. Reaktivierend pflegen soll Lust erzeugen, aber nicht Angst, daß eventuell jemand stürzen könnte.

Berufsethik

- ist das Ertragen von Tatsachen
- ist Pflegeforschung praxisrelevant
- heißt, etwas Gutes bewirken – nicht etwas Gutes tun
- ist Seelenpflege statt reiner Grundpflege
- ist eine Überlegung wert, daß Patientenbeschreibungen nicht mehr atmosphärisch sein sollten (Patient ist alkoholisiert! Was ist das?)
- bedeutet, im Patienten keine unrealistischen Erwartungen zu wecken
- heißt einfach: beruflicher werden!
- bedeutet, den Klienten als Mitarbeiter für seine Gesundheit zu gewinnen
- ist die Tatsache, daß ich nicht alle Menschen akzeptieren und demnach mit Empathie betreuen kann
- aber: das Verlangen, jedem eine 100% fachlich richtige Betreuung zukommen zu lassen.

Vaterliebe ist in der Pflege besser als Mutterliebe. Nächstenliebe ist nur dann gut, wenn es zwischen Betreuer und Betreutem 1:1 steht. Ethik muß vor allem, wenn sie im Pflegebereich nützen soll, je nach wissenschaftlicher Ansicht entweder von der Über-Ich-Region oder von der Es-Region weg in das Ich gelangen, um wirksam werden zu können. Und dies bedarf noch einiger Pflegegenerationen.

11.3.2 Ideologie

Ist-Stand-Erhebung

Ideologie ist die Lehre der Vorstellungen und Gedanken, die unser Wollen und Handeln bestimmen. Die Vorstellung wird so zur Grundeinstellung in der weltanschaulichen Konzeption. So wird, weil wir alle nur Menschen sind, auch die Pflege je nach Pflegeperson mit einer bestimmten ideologischen Einstellung betrachtet.

So gesehen, hat jeder Mensch eine verschiedenartige Mischung aus ethischen Werten und Vorstellungen sowie Ideen zur Pflege, die an sich wieder von zu Hause, vom Daheim sozialisiert und geprägt wurden. Jeder hat eine bestimmte Vorstellung von der Welt, vom Funktionieren eines Spitals, von der Tasache, wie ein Betagter funktionieren soll, von Pflegeformen. Manche haben sogar eine „fixe Idee" dazu, und gar mancher hat „gar keine Idee", wie Pflegen ablaufen soll. Einige haben somit die Vorstellung, daß „Betagte" nichts mehr können, nichts mehr leisten, etc.

F: Denken oder sich etwas vorstellen heißt nicht wissen!

Wenn jeder etwas anderes denkt, kann man sich vorstellen, daß Pflege als kommunikatives Geschäft unmöglich wird. Die Vorstellungen und Denkinhalte sind von den verschiedensten Prägungen abhängig. So kann man in der Praxis Pflege mit ganz anderen Vorstellungen, z.B. politischen Ideologien etc., verbinden.

So haben wir zwischen

- ❖ dem sozialdemokratischen (ideologisch denkenden) Pfleger
- ❖ dem christlich-sozialen Pfleger
- ❖ dem ethisch-moralischen Pfleger
- ❖ dem ökonomisch denkenden Pfleger usw.

zu unterscheiden.

Ideologie ist demnach (De Tracy) ein Interessensmotiv, das unser Denken und Handeln lenkt. Es scheint mir wesentlich zu sein, die verschiedenen Ideologien der Pflegenden, die an einer Station beschäftigt sind, mit einem gemeinsamen Fachwissen (Fundament) „unter einen Hut zu bringen" und damit die Ideologiestreitigkeiten auszuräumen.

Sie können sich vorstellen, welche Gruppendynamik an dieser oben dargestellten Station ablaufen wird. Wobei alle recht haben, und das ist das Schlimme daran! Nun ist die Sache aber nicht so einfach, denn auch Arzt und Patient haben eine Vorstellung, also eine Ideologie. Wir können allesamt nur durch geeignete Pflegeleitlinien auf fachlicher Ebene auf einen gemeinsamen Nenner kommen. Dies ist dann die Ideologie des Hauses oder besser gesagt, das Fachwissen – oder eben nicht.

Ideologie Sr A	*Ideologie Sr B*	*Ideologie Sr C*	*Ideologie Sr D*
sieht ihre Haupttätigkeit im Blutdruckmessen	stellt sich vor, daß ihre Haupttätigkeit die Kommunikation im Team sei	meint, daß alle Patienten entlassen werden sollten	glaubt, daß alle älteren Klienten sofort ins Heim transferiert werden sollten

Die heutige Ideologie besteht darin, daß wir keine gemeinsame Ideologie haben, sondern jeder Beteiligte eine für sich vertritt. Diese Situation führt in der Praxis zu folgenden Situationen:

11.3.2.1 Die Ideologie der Pflegekonzepte

Typisches Beispiel einer getrennten Ideologie: Jede Gesprächsform setzt den guten Willen und die Einsicht der Teilnehmer voraus. Unser Klient ist dement und daher krankheitsuneinsichtig, das heißt, das primäre Verständnis ist nicht gegeben. Die Vorstellung von dem, was er reden soll, fehlt! Die Pflegeperson hingegen will aber ihr Ideal, ihr Konzept nach eigener Ideologie durchziehen, weil sie dieses als gut erachtet. Sie will dem Patienten ihr Wissen und ihr Können schenken. Der Patient nimmt dies aber nicht an, verweigert die großartige Therapie. Die Kommunikation ist gestört – die Pflegeperson samt ihrer Vorstellung, was Pflege sein soll, ist frustriert.

11.3.2.2 Die Ideologie der Ordnung

Ein manischer Klient verfolgt seine Pflegeperson auf Schritt und Tritt. Als der Pfleger Kaffee trinken geht, ist auch der Klient schon wieder hinter ihm. Der Pfleger reagiert emotional, da dieses Verhalten seiner Vorstellung von Ruhe und Ordnung nicht entspricht. Er gibt dem Patienten zu erkennen, daß das sein persönlicher Sozialraum ist und er nun Pause hat. Der Klient geht, kommt aber nach einigen Minuten wieder. Daraus zieht der Pfleger den Schluß, daß der Klient stark psychotisch sei, daß er zuwenig Therapie erhalte und daß die Ärzte keine Ahnung von Therapie hätten. Nun gerät wiederum der Arzt in Zugzwang, erhöht die Medikation und meint seinerseits, daß doch alle Pfleger unfähig seien!

Die beiden Beispiele zeigen, daß unterschiedliche Ideologien einen sehr großen Machtfaktor an einer Station darstellen. Ich möchte darauf hinweisen, daß gemeinsames Verständnis, eine gemeinsame Ideologie, bei erhöhter Toleranzgrenze und nicht intuitiv, in maximal 50% der Fälle möglich ist.

11.3.2.3 Die Ideologie zwischen Drinnen und Draußen

Die Verschiedenheit der Ideologien erkennt man sehr deutlich an der unterschiedlichen extramuralen und intramuralen Betreuung.

Intramural	*Extramural*
Beziehung bedeutet Hingabe, Aufopferung, Erfüllung der Ansprüche, keine Abgrenzung, keine Distanz	Hilfe zur Selbsthilfe Beziehungen kontraindiziert

Die Beschäftigten drinnen haben eine andere Vorstellung von Pflege als die von draußen. Wer das nicht aushält, muß gehen oder geht freiwillig. Die Fluktuation nimmt aufgrund falscher Vorstellungen zu.

Weitere Beispiele, aus dem Leben gegriffen:

Die Patientenideologie

Die Ideologie unserer Mitarbeiter wird anhand der Pflegedokumentation sichtbar. Die reine Pflegerseele wird sehr gerne ihre(n) Herrn/Frau XY als Patient bezeichnen. Nun, sobald Sie Herrn oder Frau Müller als Patienten einstufen und dies auch so niederschreiben, werden Sie ihn oder sie auch als solchen betreuen. Die Ideologie wird eine intramural fixierende sein, der Patient sich danach zu richten haben und sich auch so benehmen. Das Pflegeziel wird ein verwahrendes. Der Patient wird sich früher oder später seiner Krankenrolle bedienen müssen. Ein Gesundenpfleger (nicht ein Krankenpfleger) würde daher statt Patient Müller eben Müller schreiben und mit dem Müller als Herrn Müller umgehen.

Fortbildung und Pflegeideologie

Ein ebenfalls sehr gutes Beispiel für das ideologische Verhalten heute ist der Nachweis über das Verhalten der Pflegepersonen in bezug auf ihre Fortbildung. Heute würde sich jede Pflegeperson wohl auch ein neues Auto auf Kredit kaufen, sie würde aber kaum Geld für ihre Fortbildung ausgeben. Sie pflegt lieber per Intuition, wie sie es selbst nennt (obwohl doch Bildung Kapital ist). Das Berufskapital hat in der heutigen Pflege kaum einen Wert. Man betrachtet die Fortbildung als Bringschuld, wobei Fortbildung eigentlich eine Holschuld sein müßte (Privatwirtschaft).

Die Ideologie-Vorstellung ist, daß W.s.s.-Pflege genügt!

Ideologisch und fachlich wird man sich in Zukunft die Frage stellen müssen, was ein Heim eigentlich anbietet und welche persönlichen Dienstleistungen die Pflegepersonen für ihre Patienten erbringen. Welche Leistungen werden – mit Ausnahme der w.s.s-Pflege – in einem Heim erbracht, sodaß das Heim auch für den Patienten lukrativ wird?

Die Ideologie der Macht

Ihre Ideologie wird davon mitbestimmt, welche Erlebnisse Sie früher mit Alten hatten. Als Alter gilt dabei nicht immer nur ein Betagter oder Kranker, sondern auch Geschwister, Lehrer und Eltern, die unsere eigene Altenrolle prägen. Nicht immer waren die älteren Leute für die jüngeren angenehme

Zeitgenossen! Ja, fast das Gegenteil ist wohl der Fall. So kann man sich in der Altenpflege bei den wirklich Alten (und Patienten) für das Unrecht, das uns einst widerfahren ist (erlitten oder nur eingebildet), rächen.

Sehr häufig wenden wir diese Bestrafung im Dienst (unbewußt) in Form von Sätzen wie diesen an:

„Na, wie geht es uns den heute?"

„Wollen wir nicht lieber ins Bett gehen?"

„Sie werden noch stolpern, wenn sie andauernd herumgehen!"

Die Hilflosigkeit als Ideologie

Der Umgang mit Hilflosen ist wieder einmal eine Prägung von uns selbst, unser Coping. Es stellt sich die Frage, wie mit uns umgegangen wurde – waren wir hilflos und wie oft befanden wir uns in einer solchen Lage? Wurde uns dabei geholfen? Oder wurden wir unfreundlich oder gar lieblos behandelt?

Hilflose, wie z.B. ein Bettler am Straßenrand, ein bettlägriger Alter, können in uns all den Ärger, die Wut, den Haß auslösen, der in uns jahrelang aufgestaut war. Das Objekt dient als Blitzableiter für unser einmal erlittenes, unbewältigtes Schicksal.

Die Frage ist also: Haben wir selbst Erbarmen oder das völlige Gegenteil erfahren? Was denken Menschen wirklich über Berufe, in denen sich Menschen für andere einsetzen? An wie vielen Stellen wird Mitleid belohnt? Was erleben Sie, wenn sie sich zu Pennern setzen? Was ist der höchste Wert in der Welt? Was bedeutet Sorgfalt bei der Arbeit? Wie geht es Ihnen beim Wandern, wenn ein anderer nicht mehr kann? Wie geht es Ihnen, wenn Sie einen Schwerstbehinderten sehen? Heben Sie den Ball auf, wenn Sie mit einem Behinderten Tischtennis spielen? Helfen Sie jedem Behinderten ins Auto?

Die Ideologie der Hoffnung

Jeder, der noch eine Zukunft hat, hofft auf etwas Bestimmtes, etwas Vorausschauendes im Leben. Der Ausspruch *F: „Der wäre sowieso nicht mehr gewachsen!"* bedeutet, daß die Pflegeperson ihrem Klienten keine Zukunft mehr einräumt. Kinder hoffen auf das Größerwerden, Pflegeschüler auf ihr Diplom, Erwachsene auf eine erfolgreiche Berufslaufbahn. Immer liegt die Hoffnung in der Zukunft.

Die Zukunftshoffnung der Betagten ist sehr gering, es bleiben nur mehr ganz wenige Hoffnungen für sie übrig. Man beschäftigt sich mit Minihoffnungen wie: Werden die Kinder noch kommen, bevor ich sterbe? Wird der Pfleger kommen, bevor ich mich anmache?

Die Ideologie des kranken Kranken

Manchmal kann man sehr deutlich sehen, was wir von unseren Klienten wollen. So verlangen einige Ideologen, und zwar die, die die Defizittheorie vertreten, daß der Klient kindisch, krank, liegend, dankbar und lieb sein soll.

Die Ideologie des Dauerlobes

Es ist ja in Ordnung, daß Sie sich einen lieben Opa, eine gute Oma als Patient wünschen, besonders dann, wenn Sie selbst keine(n) hatten. Aber irgend wann wird die Ideologie, „die sind ja alle so lieb“ zum Bumerang. Irgend wann kann man nicht mehr nein sagen. Dann wächst der Groll den Alten gegenüber zunehmend oder plötzlich. Das Burnout-Syndrom oder – noch schlimmer – die Aggression dem Patienten gegenüber beginnt.

Die „Ohne mich geht gar nichts“-Vorstellung

„... der macht das immer so liebevoll“ ist der Beginn, als einziger und bester Pfleger da zu stehen. Dieser Pfleger weckt nie den Arzt auf, er ist daher ein toller Pfleger – ohne den es nicht mehr geht.

Die Ideologie, von „oben nach unten“ zu blicken

Sehr häufig schauen Pfleger von oben nach unten. Das Weltbild, wie ich jüngere Menschen sehe, ist ein guter Test, um zu sehen, ob wir auf die anderen herabschauen:

Was halten Sie von Jüngeren? Wie erleben Sie jüngere Menschen? Welche Rolle spielen jüngere Personen in Ihrem Leben? Haben Sie Geschwister? Erinnern Sie sich, wie Sie Kindergartenkinder beurteilt haben, als Sie selbst schon zur Schule gingen? Wie ernst nehmen Sie normale Schulkinder? Würden Sie jemanden um Rat fragen, wenn er viel jünger ist als Sie selbst? Wieviel Kompetenz haben Jüngere?

Ideologie und Kommunikation

Man sollte sich von Zeit zu Zeit selbst testen, wie es mit unserer Kommunikation zum Patienten steht. Folgende Fragen öffnen vielleicht unser Bewußtsein:

Was macht der Kranke mit mir? Welche Gefühle löst er in mir aus? Habe ich Angst, genauso zu werden? Wehre ich ab, weil er gereizt und starrsinnig ist, mich praktisch hilflos macht? Nütze ich seine Hilflosigkeit aus, indem ich ihm alles wegnehme? Nehme ich die Pflege auf mich, um mir selbst zu beweisen, was für ein guter Mensch ich bin? Kann ich, obwohl er behindert ist, zurücklächeln? Habe ich Vorurteile, daß es sich sowieso nicht lohnt? Ist mein Patient unter meinem Niveau? War mein Vater, meine Mutter so? Wie sind sie mit dem Trotzverhalten ihres Kindes zurecht gekommen?

Ideologie der Versorgung

Manchmal wäre es interessant zu wissen, ob man denn nicht selbst ein parasympathikotoner Typ, also ein Sicherheitsneurotiker ist. Folgende Fragen, mit ja beantwortet, ergeben einen Angsthasen, der zuungunsten der Klienten an einer Geriatrie beschäftigt ist:

Sind Sie der Meinung, daß Menschen ihren Ruhestand in einem Heim verbringen sollten? Sollten Alte in ihren vier Wänden bleiben? Sollte man den sogenannten „schlechten“ Patienten transferieren? Sollten Gehgestörte liegen, damit sie nicht stürzen? Soll in einer Geriatrie alles sauber sein? Sollten alte Leute Schonkost essen? Sollte man Verwirrte und Nichtverwirrte trennen? Ist Ihre Station Familienersatz für Sie? Sollte man etwas Gutes tun?

Eine gemeinsame Ideologie könnte mit der Fragestellung „Was wollen wir pflegen?“ eine Beantwortung durch das Team ergeben.

Soll-Stand der Ideologie

F: Früher war es, ideologisch gesehen, erforderlich, einem Bettler, der Hunger hatte, einen Fisch zu geben. Heute ist es erforderlich, ihm eine Angelrute zu schenken.

Sie können sich vorstellen, wie schwer es ist, von der Beschenkungsideologie (anscheinend auch im Sozialismus der Fall) zu einer rationalen Denk- und Vorstellungswelt überzuwechseln. Ich bin der Ansicht, daß man eine gemeinsame Ideologie, ein gemeinsames Denken sowieso nicht schafft, aber brauchbare Kompromißlösungen anpeilen sollte. Zu unterschiedlich sind unsere Biographien, unsere politischen Denkrichtungen und Ideale, um gemeinsame Ideologien zu finden!

Nun haben wir festgestellt, daß jede Pflegeperson eine eigene Vorstellung von ihrer Welt hat. Sie können sich aber wahrscheinlich auch vorstellen, wie es zwischen der Kollegenschaft blitzt, wenn man die verschiedenen Ideologieachsen einer Station betrachtet. Sehr häufig ist es so, daß sich zwei Partner (meistens sind es Nachtdienstpartner) mit derselben Ideologie treffen oder so lange die Station tauschen, bis sie einen gleichgesinnten Partner finden. Das bedeutet meiner Meinung nach, daß meist paarweise Kampfhandlungen stattfinden. So kämpft das Tourpaar A gegen das Tourpaar B, das Nachtdienstpaar C gegen das Nachtdienstpaar D. Meistens wird nur über die gefühlsmäßige Vorstellung um das Allmächtigkeitsgefühl des Säuglings gestritten, nie geht es um tatsächliche Fachprobleme.

Bei der Umsetzung meines Modells geht es nun darum, die Anzahl der Paare mit der Gleichgesinntenideologie im Sinne des Reversibilitätsdenkens zu erhöhen bzw. Gleichgesinnte, die im kognitiven Bereich pflegen, zusammenzubringen. Um gleichgesinnte Paare eher aufspüren zu können, verwende ich die zuvor bereitgestellten Testverfahren (vgl. Arbeitsbuch). Sie sollen Aufklärung darüber bringen, wie viele meiner Mitarbeiter sich in ihrer Vorstellungswelt zur Pflege wo befinden. Im Anschluß daran werden sie dort abgeholt, wo sie gerade stehen und auf eine gangbare Vorstellungswelt, die der heutigen Zeit der Reversibilitätstheorie entspricht, umgeschult. Jenen Pflegepersonen, die sehr starke emotionale pflegeneurotische Anteile zeigen, wird empfohlen, sich auf eine W.s.s-Station versetzen zu lassen.

Vorschläge zur Soll-Ideologie

Zur Umschulung der Vorstellungswelten werden folgende Bewußtmachungsprozesse (Fragen) noch weit vor einer fachlich-inhaltlichen Umschulung geklärt:

- Pflege soll zwar ein psychologisches Motiv haben, dieses soll aber nicht auf Einfühlung und Mitleid ausgerichtet sein.
- Pflege kann und soll nicht asketisch, aber missionarisch sein.
- Pflege ist eine gesellschaftliche Aufgabe. Wir sind aber nicht Repräsentanten einer Institution oder vertreten jenen Teil der öffentlichen Meinung, die meint, Alte gehörten beschützt und Pfleglinge seien unsere Schützlinge.
- Wir sind nicht Durchführungsorgan zwischen Ordnung und Sorge, also Fürsorger.
- Auch Kranke sind vollwertige Mitglieder der Gesellschaft und müssen lernen, wie man als „Gepflegter" mitarbeiten kann.

Herr/Frau XY ist Teil jener Gesellschaft, die lernen soll, wie man als Pfegefall mitarbeitet und wird so zum Mitarbeiter und gleichwertigen Partner in der Pflegesituation. Hier ist im Sinne der Öffentlichkeitsarbeit noch einiges zu tun. Vorbildung durch Erfahrung des Gepflegtwerdens könnte ein Volkshochschulprogramm werden. Gepflegt sein heißt: Mitverantwortung tragen, sich nicht fallen lassen!

Pflege ist auch ein wirtschaftlicher Faktor. Unsere Ideeologie muß aber sein, darauf zu achten, daß der Betagte nicht zur Verdienstquelle wird. Praxisanleitung und Supervision müssen 24 Stunden lang von einem Profi durchgeführt werden – und nicht zwei Theoriestunden am Abend. Ich bin daher auf meinen Stationen sehr dafür, daß die „ganzjährige Vertretung" (die Vertretung der Stationsführung) die Praxisanleitung übernimmt und aufgrund ihrer Fachkundigkeit das Basispersonal ganztags begleitet.

Pflege ist primär Persönlichkeitsbildung

Pflege ist auf gar keinen Fall „Bildung statt Pflege". Viele Pädagogen mischen sich zur Zeit in unseren Beruf ein und vertreten die Meinung, daß psychogeriatrische Patienten schutzbedürftig und unfertig seien, also Menschen, die nicht mehr oder noch nicht voll für ihr Tun verantwortlich seien.

Ideologisch gesehen bin ich gegen die „Oma oder den Zivildiener" fürs Grobe. Geriatrische Pflege braucht mehr Fachwissen, nicht weniger. Ich glaube, daß man eine bestimmte Ideologie benötigt, um an einer Geriatrie arbeiten zu wollen oder zu können. Diese Einstellung sollte folgende Faktoren mit sich bringen:

- Alle sollten für sich selbst die Verantwortung tragen lernen, niemand soll das Opfer seiner selbst, anderer Menschen, Ideen oder Institutionen werden.
- Jeder soll ein rehabilitatives Gedankengut in sich tragen: Alle sind reversibel.
- Man muß es ideologisch schaffen, nicht ständig zu helfen!
- Ideologisch gesehen, ist auch Hilfe durch Hilfeverweigerung möglich.

- Ideologisch muß man das Geistige schlechthin vertreten können und nicht Pflege als Intuitives sehen.
- Man muß dem Klienten auch einmal Ruhe geben können, akzeptieren, daß er seinen Schuh an- und auszieht. Man darf ihn dabei nicht behindern.
- Ideologisch sollte ich grundsätzlich nicht unbedingt zum „analen Charakter“ neigen.
- Ideologisch bedarf Pflege einer Charismaveränderung.
- Die Überzeugung des mündigen Bürgers muß sich ändern – auch wenn jemand desorientiert erscheint, ist er nicht entmündigt.
- Ich bin als Pfleger nicht für ganz Europa zuständig.
- Die Hilfe zur Selbsthilfe ist ideal.
- Fördern durch Fordern ist besser als Verwahrungspflege.
- Bettenreduktion und Verbilligung der Anstalt sind eine Notwendigkeit.
- Die Verlagerung nach extramural muß stattfinden.
- Handgeben lernen
- Gespräche mit Patienten ab 15 Uhr forcieren
- Emotionen beim Pfleger und Patienten wecken
- Schüler und Praktikanten einschleusen
- Fremde durchs Haus führen – dadurch entsteht wenigstens Bewegung
- Übergangspfleger von einer Station auf die andere schicken

Viele meiner Stationen haben nicht funktioniert, weil wir es nicht geschafft haben, die Ideologie der Bediensteten umzuprägen. Heute bin ich der Ansicht, daß eine Station durchschnittlich 40% anders orientierte, also W.s.s.-Pfleger tolerieren kann. Mehr ist nicht möglich, denn W.s.s-Pfleger agieren im Gefühl, und Gefühlsmenschen gewinnen immer gegen Fachmenschen. Das eigene Daheim der Pflegeperson muß erforscht werden, denn Prägungen von Daheim sind – ebenso wie bei unseren Patienten – unauslöschbar.

11.3.3 Konzepte

Konzepte und Strukturen einer Station

Stimmen Ethik und Ideologie, was den Willen zur Rehabilitation angeht, einigermaßen überein, sind wir auf dem richtigen Weg, eine fachkompetente Station auf- oder umzubauen. Der Mensch ist aber – und davor möchte ich Sie warnen – ein sehr eigenartiges Lebewesen, denn jeder wird anderswo hinbauen, obwohl jeder dasselbe meint.

Einige Menschen können nicht ohne Konzepte und Strukturen leben (parsympathikotone Typen), anderen wiederum gehen gerade diese Konzepte und Strukturen auf die Nerven, sie können sie nicht einhalten und fühlen sich eingeengt. Die meisten Pflegepersonen lernen schon in der Schule und in den ersten Tagen auf einer Station, nach Konzepten zu leben. Diesen Personen wird nie mehr inhaltlich etwas Neues einfallen, denn sie haben Angst, daß durch etwas Neues die alte Struktur zugrunde gehen könnte.

Ferner ist darauf hinzuweisen, daß Konzepte und Strukturen nur für den Kampf „Ego kontra Ego" in der Abteilung eingesetzt werden können – und der Patient dabei zu kurz kommt. Konzepte werden auf diese Weise nur zu Feststellungen, wer bei einem Kampf gewonnen hat. –

So braucht jede Abteilung einen *Struktur-Halter (Stationspfleger),* der die Ego-Struktur verwaltet und für die Institution zuständig ist und einen *inhaltlich Verantwortlichen (den Vertreter des Stationspflegers)* und *Patientenanwalt,* der die Interessen der Klienten vertritt (oder auch umgekehrt), um keinen Stillstand aufkommen zu lassen.

Ich besetze seit vielen Jahren meine Stationsführungen nach diesem Schema und habe die besten Erfolge damit. Zum einen gibt es immer WC-Papier, das ja zu einem bestimmten Termin angefordert werden muß; und gleichzeitig herrscht auch Bewegung an der Abteilung, weil der zweite Mann immer etwas im Auge hat, das er gestalten will und muß, auch wenn es gegen die Dienstordnung gehen sollte. Und das ist sehr leicht möglich, denn gerade die Dienstordnung wurde von Menschen erstellt, denen das Inhaltliche nicht so vertraut ist.

Um festzustellen, wo wir gerade stehen, sollte an jeder Station mindestens einmal jährlich eine Mittellinienerhebung durchgeführt werden, die die jeweilige Pflegequalität (und Struktur oder Fachinhaltsebene) in drei Achsen ausweist:

- Grundpflege in Prozent,
- Behandlungspflege in Prozent,
- therapeutische Pflege in Prozent.

Dieser Vorgang soll ein Überprüfungsmechanismus sein, der feststellt, ob es uns gelungen ist, aus einer „Babypuppen"-Station eine fachkompetente Station zu machen.

Ich möchte nicht unerwähnt lassen, daß eine nach der Pflegediagnose arbeitende Station schon von vornherein über ein somatisches Pflegemodell verfügen muß. Dabei ist es völlig egal, welches somatische Modell sich die Station selbst ausgewählt hat. Fest steht, daß das Modell nach LEVIN (also Hilfe zur Selbsthilfe) am wenigsten die psychischen Programme stört. Denn Hilfe zur Selbsthilfe ist auch in unserem Grundkonzept der psychischen Pflege enthalten.

Konzepte umfassen vor allem den Zielbereich einer Station und haben einen organischen, einen sozialen und einen psychischen Anteil (PURZNER).

Das Zielkonzept der Station orientiert sich im heutigen Ist-Zustand vorwiegend an der funktionellen Widmung der jeweiligen Träger-Ansichten. So wird man im Heim aufhebend, im Spital somatisierend und in der Psychiatrie sozialpsychiatrisch agieren.

Ist-Stand in der Grundpflege

Die Ist-Stand-Situation ist demnach heute meistens noch auf ein der Anstalt entsprechendes Ziel orientiert, das sich kaum mit den Zielen der Pflegerschaft deckt.

Es steht also ***Anstaltskonzept gegen Pflegekonzept.*** Nach dem Konzept der Anstalt bedeutet das, daß die Pflegenden nach dem Modell „rechzeitig fertig werden" arbeiten. Dieses Modell kann man auch als „nach der Reihe" bezeichnen.

Es geht darum,

- die Bewohner nach der Reihe zu waschen,
- sie nach der Reihe anzukleiden,
- an sie nach der Reihe die Medikamente auszuteilen,
- ihnen nach der Reihe Frühstück auszuteilen.

Wie der Tag anfängt, hängt kaum vom Klienten und seinen Bedürfnissen (seiner biographisch geprägten Natur) ab, sondern schlicht und einfach davon, ob sein Zimmer das erste oder das letzte in der Waschversorgungsreihe ist.

Dies erzeugt eine Art Akkordarbeiter-Verhalten an der Station. Das Merkmal der Ablauforganisation heißt: „Bis zum Frühstück bzw. Nachtmahl muß alles fertig sein." Das heißt aber auch, daß in den ersten Stunden des Pflegealltags eine hohe Arbeitsintensität, am Nachmittag eher ein Betriebsstillstand gegeben ist. Nicht der Patient entscheidet, was er heute anziehen will, sondern die Zeit. Nicht der Patient entscheidet, ob er länger liegenbleibt oder aufstehen will, wie er es biographisch gewöhnt ist. Wer im Spital ist, gibt sein Leben auf. Es handelt sich um eine verrichtungsorientierte Arbeitsabwicklung in Form einer „Rundpflege" (Wagenservice).

Dafür, daß sich der Patient in der Früh beeilt, hat er mit einem ereignislosen Nachmittag und mit einer frühen Liegezeit zu rechnen, für die er ca. 80% seiner Pension bezahlen muß. Er bleibt sich in seiner Lethargie selbst überlassen und wartet ...

Ist-Stand in der Behandlungspflege

Die Behandlungspflege besteht in der Durchführung ärztlicher Anweisungen. Die Tabletteneinnahme oder noch besser die Infusion (da diese wenigstens medizinisch aussieht und ihren Plazebo-Effekt nie verfehlt) wird ordnungsgemäß nach Spitalsmuster über die Bühne gebracht. Meistens werden die Medikamente fünfmal umgefüllt, bis sie schließlich im Dispenser landen und dann von Herrn Meier ausgespuckt werden. Wobei natürlich Meier nach seiner Entlassung zu Hause keinen Dispenser hat, sondern die Originalpackungen von der Apotheke erhält und sich somit erst in der Wohnung vergiftet. Die Behandlungspflege findet ihre Krönung in der Visite, die natürlich ohne Patienten als Zettelvisite stattfinden muß.

Das heißt, in der Behandlungspflege (die ich nicht missen möchte) sind wir ganz gut. Sie entspricht unserer ärztlich fundierten Teilausbildung. Besonders diplomiertes Personal flüchtet in den „Behandlungsraum", wenn die Klienten zu lästig werden, füllt um, räumt ein und entkommt so den Wünschen der lästigen Klienten.

Sehr oft habe ich gestaunt, daß gerade das Basispersonal meine Kurse besucht. Nun, heute weiß ich, warum sie die einzigen sind, die diese Kurse brauchen, weil sie nach der Rangordnung auf der Station den Patienten nicht entkommen können. Ich habe festgestellt, daß sie durch die Flucht der Diplomierten, der Stationsgehilfen oder Altenpfleger der Kommunikation mit den Klienten nicht ausweichen können und daher die Belastetsten in der Versorgungskette sind. Wahrscheinlich muß das auch so sein, da ja die Ausbildung bei diesen Leuten am geringsten ist ... Daher sind sie psychisch belastbar, weil sie intuitiv immer das Richtige machen und das richtige Wort finden ...

Ist-Stand in der therapeutischen Pflege (eigenständige Aufgaben)

Außer Spazierengehen im Park (bei Schönwetter), teilweise organisierten Ausflügen, Urlauben oder Plastilinaktionen ist mir außer NEEDHAMS soziotherapeutischer Stilrichtung nichts bekannt, das auf eine spezifisch therapeutische Pflege hinweisen würde. Dies ergibt sich aus der Tatsache, daß das Pflegepersonal zwar viele Arbeitsgruppen besucht, daß aber jede Arbeitsgruppe etwas schon immer Dagewesenes wieder neu erfindet. Wenn wir es nicht schaffen, pflegewissenschaftlich zu arbeiten, wird auch in den nächsten Jahren nur viel Energie und Papier verschwendet werden. Ziel muß es sein, sich vorneweg mit Literatur zu beschäftigen und erst danach AGs zu installieren.

Soll-Stand-Konzept

Ich habe bereits beschrieben, daß die Pflege mehr von der Grund- und Behandlungspflege in eigene Pflegekonzepte und Strukturen einfließen lassen muß. Es soll daher nicht noch näher darauf eingegangen werden, da das komplette Buch – also die Pflegediagnose nach Böhm – nichts anderes darstellt als ein neues Konzept, das stufenweise in die Station integriert werden soll.

Ich möchte Ihnen nur nochmals die Situation vor Augen führen: Es ist erforderlich, unablässig an unserem – in der Pflegerseele sehr stark ausgeprägten – „blinden Fleck" zu rütteln. Man sollte seine eigene Arbeitssituation von Zeit zu Zeit niederschreiben und sich diese damit bewußter machen.

Vorschlag: Feedback

Grundgedanken vor der Installierung eines Konzepts.

In der geriatrischen Pflege haben wir den großen Vorteil, daß der Arzt nicht gerade operieren will, wenn wir reaktivieren wollen. Das heißt, in Wirklichkeit haben wir die Situation im Griff zu pflegen.

Beschreiben Sie einmal so genau wie möglich die morgendliche Routinetätigkeit, die mittägliche Routinetätigkeit, ...

Beim Lesen wird Ihnen auffallen, wie „furchtbar" wir eigentlich unterwegs sind. Versuchen Sie, im neuen Konzept vermeidbare Sachzwänge abzuschaffen. Studieren und vermeiden Sie Ritualisierungen. Kontrollieren Sie die Dienstzeit – ist diese pflegerfreundlich oder patientenorientiert? Aber führen Sie Böhm nur stufenweise ein (siehe später), dann verabschieden sich Automatismen und Zeitstrukturen, die die Anstalt will, von selbst. Sobald Sie etwas mehr Reaktivierung betreiben, werden Sie umso weniger Zeit haben für ritualisierte Prozesse, und die Station erhält ohne Vorschreibung in etwa zwei Jahren ein neues Konzept, das sich nahezu von selbst ergibt. Wichtig ist es, den Bewohnern und Besuchern das neue Konzept (wenn Sie es fertig haben) vorzustellen.

Wesentlich ist bei meinem Konzept, daß Sie sich tatsächlich für die Lebensgeschichte von Betagten interessieren. Was wissen Sie tatsächlich von Ihren Patienten, wenn Sie schon behaupten, gerne Alte zu pflegen? Sie können Ihre Mitarbeiter überprüfen, indem Sie sie spontan den emotionalen Erhebungsbogen ausfüllen lassen – Sie werden über das Ergebnis staunen.

Das beste Konzept ist das, das jeder einzelne Klient für sich selbst erstellt und durchführt (natürlich kann man auch einiges mit den Patienten aushandeln). Dieses Aushandlungsgeschehen sollte in einem sogenannten Patientenparlament mindestens einmal in der Woche erfolgen.

11.3.4 Managements

Das Personalmanagement in der Krankenpflege hat heute zwei Hauptaufgaben, die an und für sich schon ein Paradoxon darstellen.

Die erste Aufgabe ist darauf zu achten, daß im täglichen Routinebetrieb nichts untergeht. Dabei muß man besonders auf die „jungen Wilden" achten, die gerade ihr Diplom erlangt haben, denn sie haben immer so furchtbare neue Ideen!

Andererseits schickt uns der Träger dauernd zur Fortbildung. Er will damit wohl die Einführung neuer Pflegeansätze erreichen. Wir nehmen also an, daß der Träger eine Änderung will. Das bedeutet, daß Sie die Gegensätzlichkeiten an Ihren Stationen noch mehr herausfordern als bisher. Dies erfordert Konfliktbereitschaft von Ihnen sowie Menschen, die die zu erwartenden vorprogrammierten Abwehrmechanismen ihrer Kollegenschaft aushalten können. Es fordert Weltoffenheit und kein Versteckspiel hinter dem konservativen schulmedizinischen Wissen. Dieser Aufgabe sind Sie nur dann gewachsen, wenn Sie Stationsziele planen, Prognosen für die Zukunft des Hauses erstellen und im Anschluß auch wirklich durchsetzen!

Ich möchte hier nicht ein Kapitel über wirtschaftlich betontes Management oder gar über die Aufgabe des Routinebetriebes schreiben – da gibt es eindeutig Berufenere als mich. Ich möchte kleine, diffuse Feedbacks zur heutigen Situation in der Pflege einbringen.

Definitionsmäßig versteht man unter Management die Betriebsführung, die Verhaltensbeeinflussung und die Ausrichtung auf ein Ziel durch gemeinsames Handeln an einer Station.

Wäre Zukunft tatsächlich ausschließlichVorherbestimmung, brauchten wir weder eine Pflegepolitik noch ein Pflegemanagement, und unsere Posten wären unnötig. Keine Pflegeperson, auch nicht eine einzige, hätte in ihrem Leben Entscheidungen zu treffen. Unsere Pflegeaufgabe im Chargenbereich wäre nicht pflegen, sondern planen! So ist es aber nicht. Wir haben die Aufgabe, einen Kurs für die Zukunft unserer Häuser zu erarbeiten. Pflegediagnose soll helfen, die Richtung zu finden.

Bei jedem Kurswechsel, zum Beispiel eines Ozeanriesen, bedarf es aber einiger Seemeilen, ehe der Dampfer vom alten Kurs auf den neuen einschwenkt. Will man diese Verhältnisse in die Pflege übertragen, dürfte das eher dem Bild eines kleinen Bootes in einem großen Hafen entsprechen. Die Strömungen selbst können wir nicht beeinflussen, wohl aber unseren Kurs innerhalb dieser Strömung.

Die derzeitigen ***Strömungen***, in denen wir uns befinden, sind:

- Reversibilitätstheorie in der geriatrischen Pflege
- mündige Bürger und graue Panther
- kein Geld mehr für einen Sozialstaat
- keine Berufsidentität
- keine Berufszufriedenheit für Personal mit Kopf

Für diese allgemeinen Strömungen hat sich im Fachjargon seit kurzem das Wort Megatrends etabliert. Die Stationsführungen haben nun die Aufgabe, diese Megatrends zu erkennen und für ihre Station in der Planung zu berücksichtigen. Übersieht man Megatrends und plant nur Konzepte, wird man früher oder später Schiffbruch erleiden. Nun, bevor man steuert, braucht man eine Prognose.

Es gibt verschiedene Möglichkeiten, ***Prognosen*** zu erstellen:

a) Extrapolative Prognose

Sie liefert die Aussage, was passiert, wenn nichts passiert. Ein alter Freund und Kollege hat immer gesagt: „Ein Oberpfleger braucht zwei Jahre nichts zu tun, erst dann ist die Station zerstört."

b) Explorative Prognose

Diese ist als Systemanalyse zu verstehen. Daraus werden nach der Erhebung des Ist-Zustandes denkbare Wege errechnet.

c) Normative Prognose

Diese legt am grünen Tisch Ziele fest, die in der Folge irgendwie erreicht werden sollten. Gerade diese Prognose ist sehr häufig in der Pflege anzutreffen; sie ist nicht frei von Wunschdenken und Verniedlichungsideen.

Wir sollten uns bei all dem aber immer vor Augen halten: Der *Soll-Stand* ist: „Wir pflegen Menschen und nicht Betten."

Soll der Chargen

Voraussetzung für ein geeignetes Management im Sinne der Pflegediagnose muß sein, daß an der Abteilung bereits ein somatisches Pflegemodell durchgeführt wird. Ohne somatisches Pflegemodell und Konzept kein psychisches. Und ohne beide kein ganzheitliches Modell!

Der Wille zur Einführung muß von der Station und nicht von der Stationsleitung kommen.[56] Führt diese ein Pflegemodell als Ideologie ein, wird oberflächlich das der Oberschwester durchgeführt. Unter der Oberfläche aber, also auf der Station, wird das Programm der Stationsbediensteten ablaufen. Das führt meist dazu, daß bei Exkursionen die Oberschwester etwas anderes erklärt als in Wirklichkeit passiert.

Die Arbeitsnormen müssen an der Abteilung realisierbar sein. Es kann nicht eine Station „Aktivierung" fordern, sobald aber die Visite kommt, ist alles egal. Die Entweder-oder-Frage muß geklärt werden. Die Kollegenschaft muß mit ihren Erwartungen Erfüllung finden. Erst wenn bestehende oder motivierte Erwartungen gestillt wurden, tritt das Gefühl der Zufriedenheit auf.

Folklore: „Der Kopf ist voll, die Hirne sind zu klein."

„Wir informieren uns zu Tode" ist der neueste Trend und hat eindeutig seine Berechtigung. Denken Sie bei der Stationsführung daran, daß Zettel heute von allen unseren vorgesetzten Dienststellen geschrieben und versendet werden, aber kein Mensch mehr diese liest, sodaß man die Leute sogar unterschreiben lassen muß, um wenigstens ein schlechtes Gewissen zu erzeugen, wenn sie es doch nicht gelesen haben.

Ich denke, daß man heute wieder zu den wesentlichen Informationen zurückkehren und alle anderen weglassen muß. Weniger ist mehr. An rehabilitativen therapeutischen Stationen kann und soll es keine Spontanentlassungen geben, nur weil Bettenmangel herrscht. Denn entweder hat ein Programm einen Sinn, dann muß es bis zur Heilung durchgeführt werden, oder aber es ist sowieso sinnlos.

Ich bin dafür, mehr praxisrelevante Programme zu schaffen. Eine Reflexion der Arbeit an die Mitarbeiter ist vonnöten. Sie müssen wissen, wo wir stehen. Jährliche Ist-Standes-Erhebungen zum Beispiel finde ich persönlich sehr

---

[56] Ich habe in der Praxis oft das Gegenteil erlebt: Die Basis oder die Ärzte wollen ändern, die Charge behindert.

nützlich. Einmal im Jahr sollte die Stationsführung Rechenschaft ablegen, was sie geschaffen hat, wie sie die Abteilung geleitet hat und was ihre Vorstellungen für das nächste Jahr sind. Ohne Programm für das nächste Jahr – das natürlich progressiv sein muß – kommt es zu einem Stillstand und damit zu einer generellen Verschlechterung der Station.

Ohne Druck von außen gibt es kaum eine Veränderung im Inneren!

Das bedeutet, daß Institutionen sehr schwerfällige Organisationen sind, die einen Anstoß von außen benötigen. Da ich selbst in Österreich sehr wenig im Inneren eines Hauses zustandebringe, bediene ich mich der Öffentlichkeitsarbeit als AGPK! Mit dieser Öffentlichkeitsarbeit entsteht von draußen, von der Öffentlichkeit her eine Bewegung, die dann die Anstalten zwingt, tätig zu werden.

Motivauswahl

Einer der wesentlichsten Punkte unserer Tätigkeit ist für uns und für unser Basispersonal, ein Motiv zu suchen und zu finden, das es uns und unserer Kollegenschaft wert ist, nach ihm zu arbeiten.

Das Motiv ist es, das uns antreibt, uns so und nicht anders zu verhalten (Definition von GRAUMANN). Motivation ist also demnach ein Prozeß, der damit beginnt, daß nicht vollständig befriedigte Bedürfnisse vorliegen. Wieder haben wir dieselbe Situation wie mit unseren Patienten. Ich sagte schon oben: Gibt man einem Bettler einen Fisch, dann fängt er selbst nichts; gibt man ihm eine Rute, kann er sich selbst versorgen. Gibt man der Pflegeperson alles, was sie braucht, braucht sie nichts mehr. Nur aus Fehlendem entsteht Spannung, daraus Energie und daraus wiederum ein Verhalten, das darauf abzielt, die nicht befriedigten Bedürfnisse doch zu befriedigen.

Im Pflegeberuf werden dies am ehestens die Bedürfnisse nach Anerkennung, Ich-Identität, Fachkompetenz usw. sein, die uns reizen. Gerade in der Pflege sind diese angestrebten Punkte noch lange nicht erfüllt, sodaß der Weg dorthin ein geeignetes Motiv sein kann.

Leute, die sich privat alle Wünsche erfüllen können – bester Tennisspieler am Platz, bester Pfuscher, bester Liebhaber, bester von allen – sind nur schwer bis gar nicht für die obigen „höheren Werte des Lebens" motivierbar. Es scheint deshalb von Vorteil zu sein, mehr Leute mit höherer Bildung aufzunehmen oder auszubilden, um auf die Ebene der höheren Daseinsforderungen zu gelangen. Dies spricht für die Matura als Quellberuf für die Pflege. Immerhin ist es einen Versuch wert, diese Personen von den niederen Trieben auf die Ebene der höheren Triebe zu verlagern.

Überprüfung / Management

Überprüfung durch den Spitalsombudsmann

Den Erfolg der Personalführung und des Managementes kann man nicht dadurch überprüfen, ob der Ombudsmann viele böse Briefe bekommt oder nicht, sondern ganz im Gegenteil. Natürlich bekommt der Spitalsombudsmann jede Menge böser Briefe, wenn eine Station rehabilitativ geführt wird. Denn wer will schon rehabilitierte Alte? Eine Überprüfung ist viel mehr durch die Bewegung einer Station möglich. Überprüft werden sollen die Belegtage.

Der normale Durchschnitt ist etwa für eine

akute Station ... Tage,

subakut ... Wochen,

Chroniker ... Jahre.

Überprüfung kürzere Verweildauer

Eine erzielte kürzere Verweildauer ist als Erfolg zu werten.

Cave: Wenn ein multiprofessionelles Team tätig wird, werden die Verweiltage länger, da natürlich jeder sein Programm durchziehen will.

Bitte suchen Sie selbst, wie Spitalstage zustandekommen. Sie werden auf einige Geräte stoßen, die zwar mit der Grundkrankheit nicht in Verbindung gebracht werden können, aber trotzdem nicht leer und ungebraucht herumstehen dürfen.

Überprüfung Krankenstandstage

An einer rehabilitativen Station müssen die Krankenstandstage rückläufig sein.

Grundnutzen / Nebennutzen

Ebenfalls als Überprüfungsmethode im Sinne des Managements kommt in Frage, den Grundnutzen und Nebennutzen zu überprüfen. Der Grundnutzen der Pflegediagnose besteht darin, daß ein Heim etwas mehr anzubieten hat als nur abliegende Fälle, nämlich Rehabilitation. Dadurch könnte es auch in den nächsten Jahren noch als Heim und nicht als Hospiz im Geschäft bleiben.

Der Nebennutzen ist eine Anhebung des Prestiges des Personals, das rehabilitativ im gerontotherapeutischen Sinne wirkt.

Überprüfung durch Abgänge von nicht passenden Pflegern

Wenn eine Station funktioniert, homogen ist, dann spürt ein „Außenseiter“, daß er nicht dazugehört. Er wird von selbst die Station verlassen und sich einer anderen Gruppe anschließen. Grundvoraussetzung ist allerdings, daß das komplette Team und die Inhalte stimmen. Das heißt, daß auf einer diffusen Station, auf der man die Strukturen nicht erkennen und nicht erfühlen kann, kein Wechsel stattfindet. Denn die nicht brauchbaren KollegInnen fühlen gar nicht, daß sie nicht in dieses Stationsklima passen.

Evaluierung durch Maria Riedl

Eine der besten Arbeiten auf diesem Gebiet (wissenschaftlich begleitet) machte wohl die Kollegin Maria Riedl. Sie erhob vorwiegend den praxisrelevanten Sinn meines Modells an geriatrischen Klienten. Die Erhebung zog sich über neun Monate und zeigte klar, daß psychische und körperliche Kompetenzen durch die Aktivierung und Reaktivierung der Betagten erhalten oder verbessert werden können. Durch gezielte Förderung der psychischen Leistungsfähigkeit eines Betagten wird auch der Körper aktiver gehalten.[57]

Zitat: *„Ich möchte die Ideen des Pflegemodells nach Böhm verbreiten und stelle daher meine Arbeit den Pflegenden und den Ausbildungsstätten für Pflegepersonal zur Verfügung."* (Der Autor stellt gerne den Kontakt zu Maria RIEDL her.)

Personalmanagement und Pflegedienstleitbild

Mitarbeiterauswahl

An jedem Arbeitsplatz wird eine bestimmte Qualifikation gefordert. Bei Überqualifikation besteht die Gefahr, daß teure Mitarbeiter auf lange Sicht gesehen unterfordert sind und dadurch ihre Arbeitszufriedenheit beeinträchtigt wird. Bei Unterqualifikation besteht die Gefahr, daß die Mitarbeiter von der gestellten Aufgabe überfordert werden. Beides ergibt eine hohe Fluktuationsrate. Daher ist es sinnvoll, den eintretenden Pflegepersonen zu sagen, in welcher „Firma" sie arbeiten und was von ihnen verlangt wird.

Dies kann man mit sogenannten Pflegedienstleitbildern tun. Der Mitarbeiter muß in seine Aufgaben präzise eingewiesen werden, um ihm die Möglichkeit zu geben, den ihm gestellten Aufgaben gerecht zu werden.

Wir informieren den Neueintretenden, den Patienten und die Besucher über den Pflegeweg: Was machen wir, was haben wir vor, was soll das Ganze bringen? Das alles muß klar sein, um falsche Erwartungen auszuschließen. Immerhin hat jeder Pfleger, jeder Patient und jeder Besucher eine Erwartungshaltung, die völlig unterschiedlich sein kann. Vor allem muß klar sein, warum der Betagte nochmals reaktiviert werden soll.

Das Pflegeleitbild gilt als richtungsweisende Diskussionsgrundlage für:

- Stationskonzepte
- Setzen von Schwerpunkten
- Ausarbeitung von Programmen
- Durchführung von Mitarbeitergesprächen
- Gestaltung der Öffentlichkeitsarbeit
- Grundlagen zum Pflegedienstleitbild
- Spitalsordnung
- interventionsgeriatrische Richtlinien
- Hausordnung

---

[57] Ich möchte an dieser Stelle meiner Freundin und Kollegin herzlichst zu Ihrer Arbeit gratulieren.

- Anhaltegesetz
- Krankenpflegegesetz
- Pflegemodelle nach BÖHM o.a.
- Patientenqualitätsmanagements
- Patientenrechte

Pflegeleitbild

(Welche Firma sind wir)

- ❖ Wir sind Pflegende, achten jeden Menschen als einmalige Persönlichkeit, die unverwechselbar geprägt ist von der Lebensgeschichte.
- ❖ Wir sind überzeugt, daß jeder Mensch den Willen hat, sich selbst zu fördern und gesund zu werden.
- ❖ Wir fördern durch Fordern.
- ❖ Unsere Ethik ist eine Gebrauchsethik, die ihre Kraft aus der Fachkompetenz bezieht.
- ❖ Wir verhindern das Syndrom der Abhängigkeit unserer Klienten.
- ❖ Wir machen unseren Klienten nicht glücklich, aber soweit wie möglich gesund oder mit seinem Leiden lebensfähig.
- ❖ Wir erreichen unsere Klienten entsprechend ihrem Wortschatz (Dienstleistung an den Klienten).
- ❖ Wir orientieren uns an einem bio-psycho-sozialen Gesundheits- und Krankheitsbegriff.
- ❖ Unsere Handlungen bestehen darin, Verhaltensweisen und Einstellungen, die die Selbständigkeit fördern, zu betreiben.
- ❖ Wir übertreiben nicht die „Warm-satt-sauber-Pflege“ im Sinne eines Hotelbetriebes.
- ❖ „Glücklichmacher-Ideologie“: re-aktivieren, ohne zu überfordern.
- ❖ Wir nehmen an, daß alle Syndrome reversibel sind.
- ❖ Wir bereiten immer auf die Entlassung vor.
- ❖ Wir betreuen somatisch nach dem Modell … .
- ❖ Wir betreuen psychisch nach dem Modell BÖHM.
- ❖ Unser Konzept ist vom Patienten getragen, nicht von der Institution.
- ❖ Wir sind Mitarbeiter der Klinik … XY, nehmen Veränderungen und Entwicklungen der Umwelt wahr und berücksichtigen diese in der täglichen Arbeit.
- ❖ Wir setzen uns für die Gesamtziele der Klinik ein.
- ❖ Wir pflegen einen kooperativen und situativen Führungsstil.
- ❖ Wir sind Mitarbeiter in einem interdisziplinären Team.
- ❖ …

Diese Pflegedienstleitbilder sind Über-Ich-Normen, die bei Unterlassung oder Übertretung wenigstens ein schlechtes Gewissen beim Mitarbeiter auslösen sollen. Der Mitarbeiter muß wissen, wo es langgeht, sonst irrt er in der Klinik oder im ganzen Land umher und sucht sich selbst, schaut überall hinein und vergißt zu arbeiten. Die Mitarbeiter müssen die Ziele ihrer Station kennen. Dazu ist eine gute Mitarbeiterinformation im Geschehen eines sehr komplexen und komplizierten Krankenhauses das Wichtigste. Denn jede Berufsgruppe verfolgt in einer Anstalt ihre eigenen Ziele, z.B. Sozialarbeiter kontra Pfleger, Pfleger kontra Direktion, Direktion kontra Arbeitsgruppen usw.

Die Pflegedienstleitlinien ermöglichen einen kooperativen Führungsstil. Dieser baut vor allem auf der Identifikation der Mitarbeiter mit den Stationszielen auf.

Folklore: „Wie der Herr, so das G'scherr."

Vom richtigen Führungsstil hängen Erfolg und Mißerfolg ab. Ich möchte erwähnen, daß meistens sogenannte „gute Pflegepersonen" durch ihre Qualität am Patienten selbst zu Chargen werden. Sie werden in der Folge ihre Mitarbeiter wie Patienten behandeln, Toleranz von Krankheits- oder Problemsyndromen akzeptieren und damit eher den Betriebsrat als den Stationschef spielen können. Das heißt, die Pflegeneurose wird statt am Patienten an den Untergebenen ausgelebt.

Die Pflegedienstleitbilder sollen als Zielvereinbarung im Team besprochen werden und nicht unrealistisch sein. Es sind Zielvereinbarungen, die die inhaltlichen Aspekte der Pflege zulassen und nicht behindern.

Der Mitarbeiter erhält mit seinen Papieren die Ziele aus der Arbeitsanweisung bzw. aus der Stellenbeschreibung, in der diese festgelegt sind, ausgehändigt. Sind keine Ziele vorhanden, besteht die Gefahr, daß die Mitarbeiter Leistungen erbringen, die nicht erwünscht sind, ja sogar hinderlich sein können. Sie tragen unseren eigenständigen, fachspezifischen Anteil zur Betreuung und Behandlung bei.

Die Ausführungen in dem vorliegenden Buch sollen die theoretische Basis für das „Psychobiographische Pflegemodell nach Böhm" liefern. Die tatsächliche Bearbeitung des Modells in der Praxis ist im zweiten Band zu finden, den wir bewußt **Arbeitsbuch** nennen wollen. Anhand weiterer Tests wird darin stufenweise die praktische Umsetzung der Qualitätsstandards beschrieben und begleitet.

PSYCHISCH-REHABILITATIVE PFLEGEQUALITÄTSERHEBUNG

Test 0/1 Station .... am .... Selbsteinschätzung

	Ideologie und Fach	*Ja*	*Nein*
1	Arbeiten Sie an der Station nach einem Modell? Wenn ja, nach welchem?		
2	Sollen Betagte die Möglichkeit zum Ausruhen haben?		
3	Haben Sie den Eindruck, daß das Setting an Ihrer Station dem Klientel entspricht?		
4	Ist Ihnen die Hausordnung wichtig?		
5	Können Sie auch Nein sagen?		
6	Arbeiten Sie anders als es Ihren Vorstellungen entspricht?		
7	Sind Ihnen schimpfende Klienten unangenehm?		
8	Sind in Ihrem Haus alle Türen unversperrt?		
9	Haben Sie persönlich viele Versicherungen abgeschlossen? Wenn ja, wie viele?		
10	Lieben Sie Strukturen?		
1	Was versteht man unter dem Pflegebegriff „Gutes bewirken"?		
2	Was ist Reaktivierung tatsächlich?		
3	Was ist die Reversibilitätstheorie?		
4	Woraus ergibt sich die Tagesstruktur?		
5	Was versteht man unter dem Begriff „Verwirrtheit"?		
6	Was ist Geriatrie / Gerontologie / Psychogeriatrie?		
7	Was kann Ihr Klient noch alleine?		
8	Wie messen Sie das?		
9	Pflegen Sie anstalts- oder domizilorientiert?		
10	Was ist aktivierende Pflege?		
11	Werden verwirrte von nicht verwirrten Bewohnern in Ihrem Haus getrennt?		
12	Wer hat die „Hilfe zur Selbsthilfe" erfunden?		
13	Was ist Realitätstraining?		
14	Um wieviel Uhr ist das Baden in Ihrem Haus beendet?		

Tabelle 16

PSYCHISCH-REHABILITATIVE PFLEGEQUALITÄTSERHEBUNG

Test 0/2 Station .... am .... Fremderhebung

Ideologie und Fach	*Ja*	*Nein*
Wie viele Diplomierte (.........) stehen wie vielen SHD (.........) gegenüber?		
Wie viele davon (SHD) haben eine gute Intuition zur Reaktivierung?		
Gibt es eine schriftliche Stationsstruktur (Konzept)?		
Wie viele fremdländische KollegInnen (schlecht deutsch sprechende) hat die Station?		
Nach welchem Modell wird bei Ihnen gearbeitet?		
Herrscht das „Fertig-werden"-Prinzip vor?		
Werden Pflegehandlungen erklärt?		
Beschäftigt man sich am liebsten mit Klienten bis Stufe 3?		
Werden alle zu einer bestimmten Uhrzeit gebadet?		
Sind alle ..... – viele ..... – einzelne ..... Pflegepersonen inkompetent?		
Wie viele Ärzte gibt es?		
Wie viele Ausfahrten oder Therapien gibt es?		
Wie viele Maßnahmen der Fremddiagnose gibt es?		
Wie lange blockiert diverses Personal die Pflegenden?		
Wie lange wird über die Arbeit gesprochen, ohne wirklich zu arbeiten?		
Tragen viele Klienten Patientenkleidung?		
Wird die Pflegespirale eröffnet? Wenn ja, von wem am ehesten?		
Gibt man gerne Hausschuhe und Schlafmäntel aus?		
Erinnert die Station an eine „Babypuppen"-Station?		
Wird die Adaptionszeit beachtet?		
Werden sogenannte Desorientierte von anderen getrennt?		
Werden fast alle Patientenhandlungen korrigiert?		
Welches Setting gibt es am Nachmittag?		

Tabelle 17

Der Selbsteinschätzungsbogen dient zur Feststellung von Gruppendynamik und Fachwissen.
Der Fremdeinschätzungsbogen wird von demjenigen eingesetzt, der die Tests durchführt (z.B. Stationsleiter, Praxisanleiter, ...).

Anstelle eines Nachworts:

Erwin Böhm und seine Schüler ...

*„Eine neue Betreuungsphilosophie, die Althergebrachtes gründlich in Frage stellt, kann sich nur dann durchsetzen, wenn die Leitidee von einem charismatischen Menschen getragen wird. Und das ist Erwin Böhm. Dennoch habe ich einige Zweifel, ob sich dieses Pflegemodell, das ein hochmotiviertes, selbstverantwortliches und nach beruflicher Autonomie strebendes Personal voraussetzt, wirklich durchsetzen kann. Von Böhms Grundgedanken bin ich jedenfalls begeistert!“ (*Sylvia Hellwig, Dipl. Psychologin)

„Inhaltlich gefällt mir, ein Konzept präsentiert zu bekommen, das in sich geschlossen ist und nicht nur Teilaspekte des alten Menschen einbezieht, sondern den ganzen Menschen mit seiner individuellen, aber auch kollektiven Geschichte. Endlich einmal werden keine Patentrezepte geliefert, sondern es wird vermittelt, wie die PflegerInnen für jeden alten Menschen ein Konzept erarbeiten und durchführen können. Daß die aus der Psychoanalyse entlehnten Interpretationen zuweilen etwas abenteuerlich wirken, tut der Sache keinen Abbruch.“ (Heidi Windel, Dipl. Psychologin)

„Mit Begeisterung habe ich festgestellt, daß Erwin Böhms Ideen und Anleitungen fast alle in der täglichen Praxis nutzbringend eingesetzt werden können. Vor allem aber bin ich selbst wieder motiviert, mit dementen alten Menschen zu arbeiten. Die Arbeit ist nicht mehr deprimierend, sondern ergibt wieder einen Sinn und sehr erfreuliche persönliche Erfolge.“ (Martina Schneider, Altenpflegerin)

„Die reaktivierende Pflege nach Böhm gefällt mir sehr, da sie von der ‚Warm-satt-sauber-Pflege‘ wegführt und aufzeigt, daß man auch noch mit dementen alten Menschen sinnvoll arbeiten kann. In bezug auf luxemburgische Verhältnisse frage ich mich als Lehrkraft zwar, wie ich unsere ausländischen KollegInnen dazu bewegen kann, sich mit der Luxemburger Geschichte bzw. mit dem um 1920 üblichen Brauchtum zu beschäftigen. Fest steht, daß diese Art der Pflege einen unheimlich *hohen Einsatz vom Pflegepersonal verlangt.“* (Marie-Paule Schmit, Lehrerin für Krankenpflege)

„Herr Böhm hat mich davon überzeugt, daß wir unsere eigene Arbeit immer wieder konstruktiv hinterfragen müssen. Nett sein allein ersetzt keine professionelle Arbeit. Es ist mir allerdings auch klargeworden, daß ich unbedingt etwas tun muß, im meine eigene ‚Pflegeneurose‘ in den Griff zu bekommen!“ (Cathy Bermes, Tagesstättenleiterin)

„Obwohl mich dieses neue Pflegesystem fasziniert, bedaure ich, daß vieles bei uns noch nicht realisierbar ist. Ich denke beispielsweise an die Übergangspflege bzw. an die Rückführung gerontopsychiatrischer Patienten nach Hause. Die Mannschaft unserer Station möchte sehr wohl vieles ändern, scheitert aber vor allem am Geldmangel und der oft fehlenden Unterstützung von oben. Das finde ich sehr schade.“ (Tania Goetzinger, Altenpflegerin)

„Gegenüber meiner früheren, bei den Klosterschwestern erlernten und ausgeübten Krankenpflege, ist dies eine umwerfende, auf den Kopf gestellte neue Betreuungstheorie und -praxis. Sie regt zu neuem Denken und Empfinden in der Altenpflege, vor allem aber auch zu persönlicher Leistung und Weiterentwicklung an. Schade, daß Personalmangel, Sprachprobleme (wir haben viele ausländische Mitarbeiter) und mangelhafte bauliche Infrastrukturen eine Umsetzung dieses Modells erschweren.“ (Lucie FELTUS, Krankenpflegerin)

„Böhms Pflegesystem ist für die alten Menschen ein großer Schritt in Richtung individueller und menschenwürdiger Betreuung. Auch wenn diese Art der Arbeit für uns PflegerInnen sehr motivierend und bereichernd sein kann, halte ich ihre Umsetzung in die Praxis nur durch umfassende Fortbildungsarbeit für möglich.“ (Coby MEESTER, Psychiatriepflegerin)

„Die zum Teil stümperhafte Betreuung von dementen alten Menschen ist mir schon lange ein Dorn im Auge, und ich finde es an der Zeit, diese Arbeit professionell zu gestalten. Dies wäre nicht nur für die Dementen, sondern auch für uns PflegerInnen ein großer Fortschritt!“ (Chris EISCHEN, Krankenpflegerin)

„Seit 1990 ist es mir immer wieder eine ganz besondere Freude, Herrn Böhm als Hauptvortragenden zu Kongressen oder mehrtägigen Seminaren einzuladen. Da unser Institut in Luxemburg eine landesweite Fortbildungsarbeit betreibt, bin ich ganz besonders daran interessiert, welchen Eindruck die Böhm'sche Methode bei den Praktikern hierzulande hinterläßt. Die obigen Statements sind in ihrem Pro und Contra repräsentativ für viele andere, die ich im Laufe der Jahre gesammelt habe. Sie haben sicherlich nicht nur für Luxemburg Gültigkeit und vermitteln einen lebendigen Eindruck darüber, wie das Modell Böhms in Pflegekreisen aufgenommen wird.“ (Dr. Marc AVARELLO)

GLOSSAR

Wozu brauchen wir eine geriatrische Terminologie?

In keiner Branche gibt es so viele Berufsjargons wie im Heim- oder Spitalsbereich. Bisher schuf jeder Spitalsbedienstete seine eigene Berufssprache: der Arzt je nach Ausbildung, der Therapeut je nach Schule, der Psychologe je nach Weltbild usw. Die Verwendung von Fachwörtern zeichnet aber den Fachmann aus. Die Sprache gibt ihm Kompetenz. Man würde keinem Automechaniker trauen, der zum Vergaser „Dings" sagt oder das Wort umschreibt - so wie in der Pflege üblich.

Gerade das Erlernen des BÖHMschen Pflegemodells stellt uns zu Beginn der Fortbildung vor das Problem der gemeinsamen Sprache. Diese sollte sich direkt in der Pflegedokumentation zeigen. Die Terminologie, die wir für die Pflegediagnose benötigen, bezieht sich auf drei Ebenen:

1. Kausale wissenschaftliche Literatur, auf die wir uns bei der Pflege berufen können: Welche Hintergrundinformationen benötigt man, um richtig mit einem psychisch erkrankten Betagten umzugehen?
2. Begriffe, die aus meiner Forschung erwachsen sind und die es vorher nicht gab.
3. Moderne, interventionsgeriatrische Nomenklatur, die als neue Sprache aus der wissenschaftlichen Szene entstanden ist.

Natürlich ist es auch notwendig, in einer „gemeinsamen" Sprache mit dem Klienten zu reden und Wörter sowie deren Bedeutung aus ihren Prägungsjahren zu erfahren. Immerhin sind es meistens wir Pflegende, die im Spital für unsere Klienten dolmetschen müssen. Erst mit einer genauen Begriffsbestimmung sind wir in der Lage, annähernd gleiche Assoziationen und daraus ein gemeinsames Verstehen zu ermöglichen. Der Vorteil bei der Verwendung von einheitlichen Termini besteht eindeutig darin, sich lange Pflegedokumentationen (die doch keiner liest) zu ersparen und gleichzeitig Fachlichkeit erkennen zu lassen.

Aberglaube

Nach I. KANT der Hang, in etwas Größeres Vertrauen zu setzen, das als natürlicher verstanden wird, als sich mit Naturgesetzen erklären läßt (Abbaustufe 6, Intuition). In der Umwelt Zeichen zu sehen, die zu dem Betrachter in Beziehung stehend interpretiert werden: Freitag, der 13. – vorsichtig sein; eine schwarze Katze kreuzt den Weg – Gefahr.

Adaption

Anpassung und Abstumpfung der Empfindungen bei andauerndem Fortbestehen der objektiven Reize. ➔ Adaptionszeit, biologische Veränderungen

Adaptionszeit

Jene Zeit, die notwendig ist, einen Reiz wahrzunehmen, zu verarbeiten und darauf zu reagieren. Beim älteren Menschen wird diese Zeit immer länger. Wir müssen langsamer mit ihm sprechen, manchmal wiederholend oder im Dialekt. Ist ein Mensch sehr abgebaut, funktioniert nur mehr eine Reizquelle. Das heißt: beim Gehtraining nur entweder reden oder gehen. Das Reden während des Gehens ist eine Überforderung. Nicht umsonst bleiben ältere Damen stehen, wenn sie sich Handschuhe anziehen.

ADLER, Alfred

Ehemaliger Schüler von ➔ FREUD, trennte sich aber von ihm, da er sich mit seinen eigenen Erkenntnissen von denen FREUDs löste. Er erkannte die Psychostruktur in der Beziehung zwischen Individuum und der Gesellschaft, und begründete die Individualpsychologie, die das ganze Individuum sieht und nicht nur Teile oder gar Triebe.

Aggressionstrieb: nach ADLER wichtiger als der Sexualtrieb; dieser bildet aber auch dafür einen bildenden Antrieb.

Angst: entsteht nach ADLER durch Unterdrückung des Aggressionstriebs.

Apperzeption: Durch vorgefaßte, neurotische Meinungen gestörte Erfassung des Wirklichkeitsgeschehens. Es wird nur das wahrgenommen, was diese Meinung bestätigt.

Kooperation: Jeder Mensch hat ein angeborenes Gemeinschaftsgefühl. Kooperationsübungen in der Familie sind wichtige Ergänzungen zum angeborenen.

Triebe: Jeder Mensch kann seine Triebe lenken. Es kommt darauf an, was man aus seinem Leben macht. Jeder entscheidet selbst, ob er bei einem Problem resigniert oder es als Herausforderung annimmt.

Typen: Es gibt viele verschiedene Menschentypen, vorwiegend aber aktive und passive. Der herrschende Typ – aktiv, nicht sozial; der nehmende Typ – gehemmt, handlungsunfähig; der vermeidende Typ – allem aus dem Weg gehend usw.

ADLER ist somit zu einem der Hauptpfeiler des biographischen Denkens geworden. Allerdings sind die Umsetzungen natürlich tiefenpsychologisch und nicht per Folklore zu sehen.

Überkompensation: Vom Kleinkind – anfängliche Insuffizienzgefühle wie organische oder funktionelle Mängel werden verdrängt und können als sogenannte Überkompensation wieder erscheinen. Aber auch andere Schäden aus der Kindheit können zu einem Nachholbedarf führen, der sich dann als Machtstreben, Machthunger in der Überkompensation äußern kann.

Aggression

Jedes Angriffsverhalten hinsichtlich der dabei auftretenden Gedanken, Gefühle und Handlungen. Wird mobilisiert durch die Frustration eines Wunsches oder Bedürfnisses; bei Betagten auch der Wunsch, wieder jung oder nicht krank zu sein.

AGPK

Angewandte geriatrische und psychiatrische Krankenpflege und Pflegeforschung, in der die komplette Ausbildung zum Praxisanleiter für Pflegediagnose und Übergangspflege absolviert werden kann (gegründet vom Erfinder des Modells, Erwin BÖHM). Alle genannten Pflegeinhalte können in AGPK-Schulen erlernt werden. Der Unterricht ist nur autorisierten LehrerInnen des AGPK gestattet; widrigenfalls wird nicht für den Inhalt oder gar für negative Auswirkungen gehaftet.

AGPK-Lehrer: Autorisierte Lehrer sind jene Pflegepersonen, welche die Qualifikation besitzen, selbständig, ohne Aufsicht oder Supervision je nach ihrem Ausbildungsgrad Kurse abhalten zu können. Um diese Qualifikation zu erreichen, ist ein allgemeines oder psychiatrisches Diplom sowie die Absolvierung der Kurse 1–7 erforderlich. Erst wenn ein Kurs beherrscht wird, erfolgt die Einschulung zum nächsten in andauernder Überwachung und Begleitung eines Altlehrers bis zur Erlangung des Autorisierungsgrades 1–7. Ein Praktikum über mindestens sechs Wochen muß an einer von Erwin BÖHM anerkannten Station stattfinden. Über dieses Praktikum ist ein Praxisbericht abzugeben. Nach Abschluß werden die Lehrer in die Liste der autorisierten Lehrer eingetragen. Autorisierte Lehrer dürfen nur nach Absprache mit der AGPK Kurse abhalten. Bei grober Fahrlässigkeit kann der Vorstand das Lehrerpatent aberkennen.

Instruktoren: Haben die oben beschriebene Ausbildung und sind autorisierte Lehrer der AGPK. Sie können auch über die AGPK angefordert werden, wobei die AGPK für die Fachlichkeit haftet.

Praxisanleiter: Dies sind jene Pflegepersonen, welche die Kurse 1–7 mit Abschluß, egal an welcher BÖHMschen-Schule erworben und eine Praktikumszeit von 14 Tagen auf einer Modellstation absolviert haben. Sie sind in der Lage, (Unausgebildete) in der täglichen Arbeit anzuleiten und die psychiatrischen Pflegevisiten zu führen. Sie sind in der Lage, singuläre Psychobiographien zu erheben, zu interpretieren und daraus entweder reaktivierende oder symptomspezifische Impulse ableiten zu können. Praxisanleiter können nach der Ausbildung auch freiberuflich tätig sein, wobei die AGPK keine Haftung für den Inhalt übernimmt.

Aktivhaltende Pflege

Jene Pflegeimpulse, die einen noch geistig mobilen Menschen nicht hindern sollten, das zu tun, was er tun will (oder noch kann), auch dann, wenn es länger dauert als mit unserer Hilfe. Schon die Pflegeverweigerung kann Gutes bewirken.

Aktivieren

Nur beim psychisch gesunden Menschen möglich. Er muß uns verstehen, hören und fühlen können, was wir sagen und meinen. Es ist noch eine kognitive Erreichbarkeit erforderlich.

Aktivierungstheorie der Emotionen

Die Reaktivierung erfolgt aufgrund der Aktivierungstheorie von ERNOLD (1950) und LINDSLEY (1951). Sie stammt aus der alten Thalamus-Theorie von CANNON und BARD (1968). Die Rolle des Zwischenhirns für die Entstehung von Emotionen wird stärker als in der Thalamus-Theorie betont. Sinnesreize treffen von der Peripherie in den Cortex ein, werden bewertet, daran schließt sich eine gefühlsmäßige Stellungnahme sowie die Auslösung der im Hypothalamus abgelegten Verhaltensmuster (bei uns Coping genannt) und deren Übertragung auf die Ausführungsorgane an. Diese Theorie erklärt auch die klinisch oft zu beobachtende schraubenförmige Steigerung des Affekts.

Aktivismus

Lehre, daß in Tat und Praxis umgesetztes Erkennen höhersteht als die reine theoretische Handlung (K. MARX, 1978). Zur Reaktivierung bei niederen Antrieben, z.B. Arbeit, zu verwenden.

Aktualitätstheorie

Die Lehre, daß alle Wirklichkeit im Werden, Geschehen, Tun besteht (HERAKLIT, Philosophisches Wörterbuch).

Alterstheorien

Die Frage: „Warum altern Menschen?“ ist wohl so alt wie die Menschheit. Heute gibt es viele Theorien: Genetisch orientierte Ansätze, somatische Mutation als Möglichkeit, Schäden im DNS-Reparaturmechanismus, metabolisch orientierte Ansätze (Training, um wenigstens ein junger Alter zu bleiben).

Altersstereotypien

Typische Eigenschaften, die man von einem alten Menschen direkt erwartet (grantige Alte, böse Hexe, liebe Omi).

Altruismus

Ethische Lehre, die die Selbstlosigkeit als hauptsächliches Merkmal der Sittlichkeit bezeichnet und ein auf das Wohl anderer gerichtetes Handeln fordert; höhere Lebensantriebe oder Copings.

Anarchismus

Herrschaftslosigkeit, Gesetzlosigkeit.

Angst

Kategorie, die bei vielen Existenzdenkern wesentlich wird, daher auch als Motiv zur Reaktivierung verwendbar.

Ängstlichkeit

Eine überwiegend als erworben angesehene, relativ dauerhafte Verhaltens- und Erlebensdisposition.

Archetypus

Urbild. Muster bei I. KANT; Intellectus bei ➔ JUNG.

Assoziatives Realitätstraining

Hier werden nicht mehr Einzelpunkte im Gehirn angesprochen. Man erhofft sich durch Assoziationen mit anderem gespeichertem Material eine Verbesserung beim Training. Beispiel: Früher haben Bürgerliche vor dem Schlafengehen ein Abendgebet gesprochen und gingen vorher oder nachher aufs WC. Wenn man nun das Abendgebet wieder aufnimmt, erhofft man sich die Assoziation zum WC und hat somit ein assoziatives WC-Training.

Ästhetik

Lehre von der sinnlichen Anschauung, Wahrnehmung. Zur Reaktivierung bei Leuten mit höheren Lebenstrieben und Weltanschauungen.

Aufmerksamkeit

Die Hinwendung der Wahrnehmung auf einen bestimmten Bereich, z.B. bei körperlicher oder geistiger Arbeit und im Lernen, auch Beobachten. Aber auch Gefühle können die Aufmerksamkeit beeinträchtigen, z.B. Angst bei Krankheit.

BALINT, Michael

Psychoanalytiker und Biochemiker. Thesen: Abschaffung der Arzt-Autorität. Erforscher der Patient-Arzt-Verhältnisse, denn ein Mensch verhält sich zu seinem Arzt wie zu einer anderen Autoritätsperson (Vater oder Mutter). Man kann sich somit in den Patienten hineinversetzen und erst dann verstehen, warum er so agiert.

Basale Stimulation

Von CH. BIENSTEIN und A. FRÖHLICH (1991) beschriebene Form der ➔ Urkommunikation, die, wie BÖHM es bezeichnet, Urempfindungen aus der biographischen Szene auslöst.

Bedürfnis

Man unterscheidet körperliche (z.B. Nahrung), seelische (z.B. Sicherheit und Geborgenheit) und soziale Bedürfnisse(z.B. Kontakt und Geltung). Erfüllt man alle Bedürfnisse, gibt es kein Motiv mehr, etwas zu deren Befriedigung zu tun. Eine Bedürfnisbefriedigung in allen Lagen der Pflege ist fraglich, da wir ja nicht als Vier-Stern-Hotel agieren, sondern Hilfe zur Selbsthilfe anbieten sollten.

Behaviorismus

Psychologische Forschungsrichtung, in den USA beheimatet, die nur das beobachtbare Verhalten (engl. behavior) und nicht das bewußte oder unbewußte Erleben als Gegenstand der Psychologie gelten läßt. ➔ Verhaltenstherapie

Beschäftigungsdrang (Plus-Symptomatik)

Entsteht meistens bei Angst. Klienten müssen etwas tun, z.B. herumirren (sinnloser Aktivismus). Es wäre zu klären, was dem Menschen aus seinem Daheim-Gefühl fehlt, was er verwechselt, was nicht zum jetzigen Status paßt, wovor er flüchten will, z.B. auch aus dem Leben. So gesehen ist ➔ „Verwirrtheit“ auch als „sterben gehen“ zu verstehen und nicht nur organisch (akute Dekompensation) zu sehen und zu pflegen.

Bezugsperson (per Folklore)

Jeder Mensch hat eine Bezugsperson, die lieb ist (meist Mutter) und eine Bezugsperson, die richtungweisend ist (meist Vater). Hat man nur die liebe Bezugsperson, gewöhnt man sich rasch an das Verwöhnen; eine Änderung ist dann kaum möglich.

Bioenergetik

Die Bioenergetik besagt, daß die Lebensgeschichte eines Menschen in seinem Körper niedergeschrieben ist und sich in seinen Körperhaltungen und Bewegungen widerspiegelt (Arbeitsansatz). Thesen: Der Mensch ist so alt wie seine Beine; bewegen/leben/Bewußtheit. Wer sich bewegt, kommt zur Ruhe. Energie wird dauernd aufgenommen und abgegeben. Man kann Reste aktivieren, die in uns schlummern, teilweise in Körpersprache sichtbar. Ausdrucksformen des psychischen Verhaltens: hartnäckig, halsstarrig, leisetretend, nicht auftretend, leichtfüßig, schlappschwänzig. Bestimmte Atemübungen mit Turnen und ekstatischer Steigerung können falsche Konditionierung beseitigen und ein positives Lebensgefühl geben.

Kreativitätstraining: Man nimmt an, daß auch in gesunden Familien kranke, aufgestaute Schwierigkeiten lauern, die jederzeit ausbrechen können.

Prophylaxe: Psychohygiene. Der Mensch soll sich selbst anschauen, mit Angst konfrontiert werden und üben, seine Nervosität selbst in den Griff zu bekommen.

In der Pflege ist zu beachten, daß die Lasten des Lebens auf den Schultern der Alten liegen und ihnen ins Gesicht geschrieben wurden.

Biographie

Besser *Psychobiographie* (um vom reinen Lebenslauf wegzukommen) unterteile ich heute in: 1. *singuläre* Biographie – die vom Menschen individuell erlebte Lebensgeschichte, die sich in tausende Geschichterln zerlegen läßt; 2. *historische* – jene Zeit, in der ein Mensch geprägt wurde, z.B. Monarchie, Krieg, Zwischenkriegszeit; 3. *regionale* – jede Region hat ihre eigenen Normen und Bräuche, welche die Menschen, die dort aufwuchsen, formten. Die regionale Biographie der Ottakringer ist eben anders als die der Döblinger zu verstehen.

BINSWANGER, Ludwig

Begründete mit V. E. v. GEBSATTEL und M. BOSS die ➔ *Daseinsanalyse* (psychotherapeutische Behandlungsform), beeinflußt von E. HUSSERL (Phänomenologie) und ➔ M. HEIDEGGER (Ontologie).

Biologische Veränderungen

Altern ist ein physiologischer Prozeß, der mit Funktionsänderungen verbunden ist. Um die Gehirnfunktionen auch während des Älterwerdens aufrechtzuerhalten, ist ein lebenslanges Training des Gehirns und seiner Funktionen erforderlich. Menschen vor immer neue Situationen zu stellen, erfüllt heute diesen Zweck, nicht mehr das Auswendiglernen von Telefonbüchern.

BÖHMsche Inhalte

Aus den von Erwin BÖHM (1985) in den Jahren 1965 bis 1994 entwickelten Pflegemethoden hat sich in Laufe der Jahre ein Curriculum entwickelt, das durch das ➔ AGPK unterrichtet wird. Das Ausbildungsziel ist eine fachgerechte Seelenpflege. Dadurch soll eine Professionalisierung der Krankenpflege erreicht werden.

Ideologie: Schon 1965 störte Erwin BÖHM die uniformierte Warm-satt-sauber-Pflege, welche die meisten Betagten zwingt, durch den von der Pflege erzeugten Hospitalismus eine Krankenrolle anzunehmen und dadurch zum Patienten zu werden. Der Rückzug aus dem Leben ist für jene, die nicht sterben können, häufig eine Flucht in die Desorientierung, weil sie die Welt nicht mehr verstehen. Pflege, die zwar gut gemeint, aber ohne Fachwissen ist, wird so zu einer gefährlichen Waffe. Diese versorgende Pflegeform entspricht einer ritualisierten, der veralteten Irreversibilitätstheorie entsprechenden Versorgung im mütterlichen Stil, aber keiner rehabilitativ-therapeutischen Pflegemaßnahme. Die Erfüllung der ATL bei psychisch Auffälligen beraubt sie der letzten Motive zum Aufleben. Die Pflegepersonen selbst haben dabei die Ideologie der Verwandten institutionell übernommen, die Alter und Tod verdrängende Gesellschaft zu befriedigen. Es zählen somit die Pflegetage und nicht die Rehabilitationsprogramme. Diese Einstellung führt unweigerlich bei den Pflegenden, die keine Betreuungsneurose haben, zur „inneren Kündigung“ und zur Flucht aus der geriatrischen Szene. Vom Rest der „Bediensteten“ werden die Betten gepflegt und nicht die Menschen. Der Patient wird somatisiert, die Psyche vergessen.

Die Gesamtideologie der geriatrischen Pflege entspringt dem „Beglückungs-Schema“. Dieses wiederum führt zur Idee der „Bedürfnispflege“, die jegliche rehabilitative Idee behindert. Das „Gute-alte-Zeit-Syndrom“, das Eingehen auf das Daheim-Gefühl von 1900–1925 wird verdrängt, stellt aber den eigentlichen Inhalt der BÖHMschen Pflegeforschung dar.

➔ Pflegediagnose, emotionale Erreichbarkeitsstufen, Prägungsforschung, reaktivierende Pflege, symptomlindernde Pflege, Übergangspflege

Brainstorming

Neuer Begriff für Ideenentwicklung.

Casework

Casework oder vertiefte Einzelfallhilfe ist eine Technik, die eine Pflegeform darstellt, die der Hilfe zur Selbsthilfe sehr entspricht (H. STROTZKA, 1978). Casework ist in der Wirkung der Psychotherapie sehr ähnlich. Sie wird in der ➔ Übergangspflege formaljuristisch als Ideologie betrachtet.

Charakter

Die Gesamtheit der Eigenschaften eines Menschen, die sein Verhalten anderen gegenüber sowie gegenüber Aufgaben in der Gruppe und Gesellschaft bestimmen.

Charakterkunde: ist die Wissenschaft von den jeweiligen individuellen Eigenarten eines Menschen. In der psychogeriatrischen Pflege ist die Erhebung des Charakters von Bedeutung.

Charakterstörungen: früher auch Psychopathien, sind unter anderem Verwahrlosung, Sucht und Abhängigkeit, Borderline-Syndrom (H. STROTZKA, 1978).

Analer Charakter: Nach ➔ Sigmund FREUD (1968) eine auf die anale Phase zurückgehende Persönlichkeitsentwicklung. Hauptzüge sind: Ordnungssinn, Zuverlässigkeit, Eigensinn, Trotz und Jähzorn.

Oraler Charakter (ABRAHAM, 1921): Auf die orale Phase zurückzuführender Charakter. Dieser Mensch ist primär positiv eingestellt und glaubt, die Mutterbrust fließe immer. Grundbedürfnisse sind nicht befriedigt, der Mensch bleibt stets ein unzufriedener Charakter. Beißen, Zerstören und Einverleiben des Objektes.

Coping

Coping-Forschung ist ein noch verhältnismäßig junges Fachgebiet in der Grauzone zwischen Medizin und Psychologie. Coping ist der englische Fachausdruck für Bewältigung, die menschliche Antwort auf Stress und auf besonders belastende Situationen. Verhaltensmuster, die immer in einer belastenden Situation verwendet werden: Bewältigungsstrategien, Daseinsbewältigungsmechanismen, die ein Leben lang erhalten bleiben. Sie sind gerade in der geriatrischen Pflege von besonderer Bedeutung, da Klienten, die aufgenommen werden, dekompensieren und mit dem Verhaltensritual ihres bestimmten Copings agieren.

Crazy making

Verrücktmachende Situation. Heute in der Pflege sehr verbreitet, da man eigentlich etwas machen sollte, andererseits aber behindert wird (institutionell, durch den Zeitplan usw.).

Daheim-Gefühl

Geprägtes, Sicherheit-gebendes Gefühl aus der Prägungszeit (in unserem Fall 1900–1925).

Daseinsanalyse

Richtung der Psychopathologie und -therapie, die vor allem von der Ontologie (Daseinsanalytik) ➔ M. HEIDEGGERS (1979) ausgeht. Thesen: Krankheitsverlauf und Symptome stehen im Zusammenhang mit einem gestörten „Daseinsvollzug“. Verstiegenheit, Verschrobenheit und Manieriertheit sind Formen des „mißglückten Daseins“. ➔ L. BINSWANGER (1968) und andere beschrieben den Gesamtbezug des Kranken zur Welt, Daseinsberechtigung der Menschen aus empirisch-philosophischer Sicht, das Sehen der Welt („Sieh Dich anders“), die Kommunikation des Menschen mit der Welt und Konflikte. Aus diesen daseinsanalytischen Philosophien wurden später die Existenzanalyse (➔ V. E. FRANKL, 1972), Biographie und individueller Sinn im Leben, Wille zum Sinn, Sinn des Lebens (schaffen, erleben, lieben, leiden, Wissen um Tod) entwickelt.

Defizitmodelle

Früher hat man angenommen, daß es im Alter physiologisch gesehen zu einer Reduktion der Aktivitäten, Interessen und des Engagements kommen muß. Heute gelten die „Aktivitätsheorien“, die besagen, daß man bis zu seinem Tod engagiert bleiben kann und soll.

Dekompensation

Plötzlicher Verlust der Fähigkeit, Defizite ausgleichen (= kompensieren) zu können. In der geriatrischen Pflege sind für die Behebung von Symptomen die Auslöser sehr interessant: Kommt man z.B. in der Wohnung beim sogenannten differentialdiagnostischen Ausgang auf den Dekompensationsgrund, kann ein Rückfallrisiko (durch denselben Dekompensationsgrund) weitgehend ausgeschlossen werden. Die Rückfall- oder Drehtürpsychiatrie wird eingestellt.

Deprivation

Verlust der Zuwendung von Personen, besonders der Mutter.

Desorientiertheit

Als desorientiert bezeichnet man Zustände oder Vorgänge, bei denen die Orientiertheit auf nur einem oder allen drei der folgenden Felder möglich ist: persönliche, zeitliche und örtliche Desorientiertheit.

Destruktionstrieb

➔ FREUD (1984) beschrieb als erster den Rückzug und in der zweiten Stufe den Todestrieb, der mit einer Todessehnsucht einhergeht und praktisch dem Lebenstrieb gegenübersteht.

Bei moribunden, hospitalisierten Klienten, die sich langsam, aber sicher aus der Welt entfernen, ist eine Differentialdiagnose zwischen Lebens- und Todestrieb erforderlich. Man sollte feststellen, ob Menschen nochmals (seelisch) am Leben teilnehmen können oder wollen, bevor man sie mittels „aktivierender Maßnahmen“ aus dem Bett herausschleppt und um jeden Preis aktiviert.

Deviation

Von der Norm abweichendes Verhalten.

Differentialdiagnostischer Ausgang

Der differentialdiagnostische Ausgang wurde um 1985 mit der Erfindung und Einführung der Übergangspflege (die nichts mit dem in diesem Buch beschriebenen Modell zu tun hat) eingeführt. Es geht darum, daß man mit allen dementiell veränderten Klienten einen Ausgang vom Spital oder Heim in das altgeprägte Milieu machen muß, um die tatsächlichen Ausfälle abzuklären. Die Reaktion des Klienten an einem ungesunden Ort (Neugedächtnisleistung) – wie einem Heim – wird mit seiner Gefühlssituation seines Daheims verglichen. Während des differentialdiagnostischen Ausgangs haben Mitarbeiter ferner die

Aufgabe, im Wohnmilieu den Auslöser, der zum zerebralen Defizit führte, zu suchen und kompensieren zu helfen.

Differentielle Gerontologie

Ursula LEHR warnt davor, alle Personen einer bestimmten Altersgruppe als gleich zu betrachten und verallgemeinernde Aussagen zu treffen. Es gibt nach LEHR keine gemeinsamen und in gleicher Weise zutreffenden Altersabbauerscheinungen. Es gibt nicht den Alten und nicht die Alten, weil die individuellen Unterschiede zu groß sind.

Disengagement-Theorie

Will Wohlergehen für Betagte; sehr häufig mit der Vorstellung des Nachlassens des sozialen Engagements verbunden.

Dogma

Lehrsatz, Annahme ohne Beweise; dogmatisches Denken beruht auf Erfahrungen.

Double-Bind-Syndrome

„Stoß mich, zieh mich". In der Praxis: Ich sollte aktivieren, kann aber nicht, weil ich die Visite störe.

Dressate (= Prägung)

In älteren Büchern oft im Vergleich zur Prägung verwendet. Teilweise wurde dieses Wort auch für psychomotorische Handlungen, wie rasieren lernen, Treppen steigen lernen, benutzt. Vielleicht Denkansatz der Tertiärgedächtnisleistung.

Drumherum-Lernen

Man weiß, daß der Mensch sehr viel lernt, ohne lernen zu wollen. Denken Sie an diverse Reklamen, die so lange in unser Hirn eingetrichtert werden, bis wir eines Tages Namen kennen, die wir nie lernen wollten. Drumherum-Lernen ist auch bei Dementen noch möglich, z.B. indem Orientierungshilfen so tief angebracht werden, daß es der kleinste Patient der Station sehen kann, ohne daß er hinschauen oder aktiv lernen muß. Z.B. Tafeln in Kurrentschrift auf den Gängen im Spital: „Trinken nicht vergessen" oder „Heute Freigetränke".

Egoismus

Gegensatz zu ➔ Altruismus. Rückbeziehung aller Werte auf das Ich.

Elan vital

Die schöpferische Lebenskraft bzw. die metaphysische Urkraft, die biologische Prozesse steuert – die die Entwicklung der Organismen vorantreibende Kraft (nach H. BERGSON)

Emanzipierung der Pflege

Ist nur dann möglich, wenn wir die Fachinhalte überdenken und von der Gefühlspflege weg in eine Fachpflege (rationale Inhalte) gelangen (Professionalisierung).

Emotion

Emotionen haben fünf hervorstechende Eigenschaften: Sie enthalten einen unwillkürlichen Drang zum Handeln; sie sind mit einer körperlichen Reaktion verbunden; meist ist ein spezifisches, bewußtes Gefühl vorhanden; es kommt zu einem erkennbaren Ausdruck des Gefühls durch Signalsprache, Lächeln, Stirnrunzeln usw.; es kommt unwillkürlich zu Gedanken, die uns beschäftigen. Gerade in der reaktivierenden Pflege sind die Emotionen und vor allem deren Auslöser von besonderer Bedeutung.

Emotionale Erreichbarkeitsstufen

1. Sozialisation, 2. Mutterwitz, 3. emotionales Grundbedürfnis (Nachholbedürfnisse und Copings), 4. Prägungen, 5. höhere Antriebe, 6. Intuitionen, 7. Urkommunikation (in Anlehnung an Ch. BIENSTEIN). Das heißt, daß die Klienten nur dort „abgeholt" werden kön-

nen, wo sie stehen (sprechen und agieren) und daß man sich auf die verschiedenen Abbauebenen der Klienten begeben bzw. ihre erlebte Zeitgeschichte, ihren Zeitgeist nachvollziehen können muß. Daher muß die Erforschung der historischen und regionalen Biographie der Klienten gelehrt und gelernt werden, um sie zu verstehen.

Wir versetzen uns therapeutisch gesehen (Emotionstherapeuten) in den Zeitgeist (und demnach in die Handlungsmechanismen) der Klienten und geben ihnen damit einen Seelenurlaub vom alltäglichen Lebenskampf in einer für sie nicht mehr verständlichen Welt. Wir lehren sie, das Leben wieder zu begreifen. Diese seelische Wiederbelebung aus den Zeiten von früher (zum Unterschied von der in der allgemeinen Krankenpflege durchgeführten Pflege) wird ➔ Reaktivierung, reaktivierende Pflege genannt.

Empirik

Methode, die neue Erkenntnisse und Gesetze aufgrund der praktischen Erfahrung schafft. Das BÖHMsche Pflegemodell ist ein rein empirisches, das erst in seiner Spätform in wissenschaftlicher Literatur subsumiert wurde.

Entlastungsgespräch

Affektentladung abreagieren durch Reden. Belastende Situationen aus dem Leben oder aus einem Problem des Lebens (paranoide Ideen) werden besprochen. Wir fördern die Entladung in der Pflege durch Gespräche aus der Biographie mittels eines gefühlsbesetzten Einstiegs. Denn: „Erst wenn das Herz voll ist, geht der Mund über."

Entwicklung

Die biologische Entwicklung ist die Veränderung eines Lebewesens von der befruchteten Eizelle bis zum Tod. Entsprechend läuft die seelische Entwicklung ab: seelische Veränderung von der Geburt bis zum Tod, also alle seelischen Erscheinungs-, Verhaltens- und Erlebnisweisen. Die Entwicklungspsychologie liefert den Grundstoff für die ersten biographischen Lebensjahre, bei denen natürlich die singuläre Biographie noch nicht erfragt werden kann.

Erinnerung

Leistung des Gehirns, nicht nur Gedächtnisinhalte, sondern auch Emotionen wiederzugeben. Zur Weckung dieser werden ➔ Schlüsselreize aus alten Zeiten verwendet.

Erinnerungstherapeut

Erste Erwähnung dieses Begriffes in der Pflege durch die Engländerin Susan KIRKHAM, die eine Pflegediagnose nicht anhand der Biographie erstellt, sondern mittels oberflächlicher Kontrolle durch Erinnerungen.

Ethik

Wissenschaft vom guten, sittlichen Verhalten und von sittlichen Werten. Heute sollte man in der Pflege etwas Gutes bewirken, nicht etwas Gutes tun, um die Hilfe zur Selbsthilfe ermöglichen zu können. Dies erfordert eine andere ethische Einstellung.

Ethologie

Sich auf Erfahrungsregeln gründende Lehre vom ➔ Charakter, auch Sinnesgeschichte. Ursprünglich nur in der Tierpsychologie (K. LORENZ, 1963) verwendeter Begriff, wurde dann auch in die humane Verhaltensforschung übernommen. In der Psychiatrie besonders durch PLOOG und GOTTWALD (Verhaltensforschung, 1971) eingesetzt.

Familienkonstellation

Formale Zusammensetzung der Familie, hauptsächlich Geschwisterkonstellation (Rang, Geschlechterverteilung, Anzahl, Abstand) und Personenverluste (Tod, Scheidung, Trennung). Die Familie zu studieren, ist gerade in der geriatrischen Pflege eine Überlebensnotwendigkeit; denn wenn man nicht weiß, daß die Familie der Minikriegsschauplatz schlechthin ist, reibt man sich auf zwischen Klient und Besucher.

Feedback

Rückkopplung, Rückmeldung, z.B. über registrierte Vorgänge am eigenen Körper. Bei Kreisprozessen wird die Ausführung von Befehlen an die veranlassende Instanz rückgemeldet, sodaß die Rückmeldung wieder als Information für weitere Befehle verwendet werden kann.

Fertigkeiten

Erledigung der zahlreichen Aufgabenstellungen und Anforderungen, die das tägliche Leben, das berufliche und das soziale Dasein an das Individuum herantragen. Fertigkeiten erfordern Leistungsbereitschaft und Fähigkeit. Die meisten Fertigkeiten sind tief im Tertiärgedächtnis gespeichert. Sie sollen aus diesen heraus reaktiviert werden. Die Pflege müßte zur Optimierung der Fertigkeiten beitragen, entweder im kognitiven Bereich bei Geronto-Klienten oder aus tieferen Schichten in der Psychogeriatrie.

Fixierung

Stehenbleiben der Motivationsentwicklung auf einem bestimmten Niveau durch Ausfall bisheriger Befriedigung oder Unmöglichkeit weiterer Motivbefriedigung.

Fokaltherapie

In der Kürze liegt die Würze! Die klassischen Analysen wurden zu teuer, daher sorgte man für verkürzte Verfahren. These: Konflikte, die auf eine vorgeschädigte Psyche fallen, schaffen Neurosen. Der derzeitige pathologische Zustand muß beseitigt werden. Der Klient soll seine Probleme verstehen, nicht nur die Betreuungsperson (K. DÖRNER, 1978).

Die Fokaltherapie ist eine Form der Kurzanalyse bei relativ leichten neurotischen Symptomen, kurzdauernden Aktualneurosen, abnormen Erlebnisreaktionen. Der Patient wird aktiviert, sein Leben selbst umzustellen. Die Zieldeutung wird erarbeitet. Es wird ihm Zeit gegeben, sein Leben selbst zu meistern. Form der Kurzpsychotherapie, die sich auf die Herausarbeitung eines bestimmten Problems (Focus) beschränkt.

Folklore

Wissen des Volkes. Aphorismen und Sprüche aus der Zeitepoche, die wir von unseren Patienten erlernen sollten. Meistens in der Küche gesprochene und von Müttern erfundene Lebensweisheiten, die geprägt sind und in der Therapie als Reize zur Vigilanzsteigerung eingesetzt werden können.

FRANKL, Viktor, E.

Analyse der Biographie nach dem Sinn im Leben (Existenzanalyse, Logotherapie), Sinn und Wert des Menschen. FRANKL nimmt an, daß der Wille zum Sinn versucht, unerfüllten Sinn zu korrigieren, nicht erkannten Sinn zu finden und existentielle Ängste abzubauen. Der Sinn des Seins umfaßt nach FRANKL: ungestörtes Schaffen, Partnerleben, Lieben, Erleiden von Schicksalsschlägen, Wissen um Vergänglichkeit und Tod.

FREUD, Sigmund

Entdecker des Unbewußten und der sich darauf gründenden Psychoanalyse, ein Verfahren zur Untersuchung seelischer Vorgänge, die sonst kaum zugänglich sind. Sie dient hauptsächlich der Aufhellung der dem Individuum nicht bewußten Bedeutungen von Fehlhandlungen, Versprechern, Verschreibern usw. Diese sogenannte „aufdeckende“ Psychoanalyse bleibt natürlich dem Fachmann vorbehalten und darf nicht von Pflegepersonen durchgeführt werden. In unseren Gesprächen versuchen wir nicht im Unbewußten, sondern aus der Folklore, also aus dem noch bewußten Material heraus zu agieren.

FREUD machte sich nicht nur über die Sexualität Sorgen, sondern beschäftigte sich mit einer Unmenge von Phänomenen und Wörtern, die auch wir in der Pflege täglich gebrauchen, aber nicht so genau wissen, daß diese Begriffe durch ihn begründet wurden. Die in der Praxis am häufigsten verwendeten Begriffe sind:

Das Unbewußte: Das Psychische umfaßt nach FREUD Bewußtes und Unbewußtes. FREUD nahm ein Unbewußtes in der Psyche des Menschen an, weil er Sinn und Zusammenhang in einer Fülle scheinbar unsinniger seelischer Phänomene erkennen wollte. Die Annahme eines Unbewußten erschien ihm notwendig, weil bei Gesunden wie bei Kranken häufig psychische Akte vorkommen, die zu ihrer Erklärung andere psychische Akte voraussetzen, für die aber das Bewußtsein nicht zeugt.

Träume, neurotische Symptome oder Fehlleistungen (versprechen, verlegen, vergessen), alles, was uns an unseren tagtäglichen Gedanken, Gefühlen und Handlungen sinnlos erscheint, hat nach FREUD seinen unbewußten Grund. Die Annahme des Unbewußten geht heute weit über die Anwendung bei Neurosen hinaus, sie beeinflußt die Kultur, Kunst, Religion und Gesellschaftsordnung.

Fehlleistungen: Vorstellungen, Gedanken die sich meistens mit der Realität nicht decken. Es sind verdrängte Erlebnisse und Konflikte, die sich durch Methoden wie freie Assoziation, Symboldeutung, Traumdeutung aufspüren lassen und uns Pflegepersonen gar nichts angehen.

Libido/Trieblehre: Libido ist nach FREUD die durch Triebe erzeugte seelische Energie. Wünsche sind Libidopotentiale, die nach Spannungsabfuhr streben, auch Lebensantrieb, psychische Energie, die sich im Verlangen nach dieser, aber auch nach Macht oder Essen äußert. Die Libido kann sich nach FREUD auf verschiedene Objekte (Objektbesetzung) verlagern. Eine Frau muß nicht immer einen Mann lieben, es gehen auch andere Dinge. Gerade in der geriatrischen Pflege sehen wir oft, daß Menschen nicht Menschen lieben, sie haben das nie gelernt. Sie lieben Gegenstände, Zierrat und sammeln Liebe in der Wohnung oder im Nachtkästchen des Spitals. Manche gehen sogar soweit, daß sie in ihrem Narzißmus ihren eigenen Stuhl sammeln.

Ein Libidostau kann zur Sublimierung oder aber auch zu einem sinnlosen Aktivismus führen. Auch diesen sehen wir oft bei manisch-euphorischen oder läppischen Demenzen.

Narzißmus: Übersteigerte Selbstbezogenheit bzw. Selbstliebe. In der psychoanalytischen Sichtweise eine Frühphase der psychosexuellen Entwicklung.

Abfuhr der Affekte: Energie vom Körper muß nach außen entladen werden. Dadurch lösen sich Spannungen, sie werden entladen. Wir sprechen heute vom ➔ Entlastungsgespräch, wenn wir versuchen, unsere Klienten ausweinen, auslachen, austoben zu lassen.

Abwehrmechanismen: Verhaltensweisen, die die Zensur nicht billigt, werden in andere Formen von psychischer Energie überführt: Triebangst (Über-Ich sagt Nein), Schuldgefühle, Verdrängung, Sublimierung, Kompensation, Identifikation, Regression, Isolierung, Introjektion, Projektion (sehr häufig bei Paranoia), Verschiebung, Askese, Intellektualisierung, Verneinung, Verleugnung, Vermeidung, Reaktionsbildung, Rationalisierung, Ungeschehenmachen, Wendung gegen die eigene Person, altruistische Abtrennung, Identifikation mit dem Angreifer.

Alle diese Maßnahmen kennen wir als Coping, denn es war wohl in der Erziehung um 1900 kaum üblich, daß man seine Triebe ausleben konnte. Vielmehr wurden Wünsche und Triebe in Ersatzhandlungen diverser Art ausgelebt. Viele heute betagte Menschen lebten somit aus ihren Ersatzhandlungen heraus und betrachteten diese als ganz normal.

Entwicklungslehre – orale Phase: erstes Lebensjahr, Urvertrauen, Saugperiode ist Glück, alles klappt immer, Kontakt mit eigenem Körper (Zehen in den Mund), Optimist bei Erfüllung, Besitznahme, Unterscheidung von Ich und Nicht-Ich. Werden diese Grundbedürfnisse nicht gestillt, kann ein lebenslanges Urmißtrauen zurückbleiben: unglücklicher Mensch, beißen, zerstören, Pessimist.

Im letzten Stadium der Pflege gehen die Klienten wieder in diese orale Phase zurück, lutschen am Finger, nesteln an der Bettdecke. Sie sind mittels Urkommunikation zu betreuen.

Anale Phase: zweites bis viertes Lebensjahr. Das Vorbeigleiten von Exkrementen an der Darmschleimhaut macht Vergnügen. Stuhl wird zurückgehalten, es macht mehr Freude, wenn die Menge größer wird. Das Kind lernt den Stuhl als Wertgegenstand kennen und auch als Waffe einzusetzen. Die Mutter lobt das Kind, wenn es brav auf das Töpfchen geht.

Ein analer Charakter ist in dieser Zeit steckengeblieben mit der Ersatzhandlung, besonders ordentlich, rein, sauber zu sein. Patienten, die in der analen Phase sind, können als Pflege mit weichem Material spielen, also Plastilin.

Genitales Stadium: letztes Stadium der Entwicklung nach FREUD, viertes bis sechstes Lebensjahr. Penis/Klitoris wird zur erogenen Zone; Befriedigung wird durch Masturbation erreicht. Rivalität zum gleichgeschlechtlichen Elternteil. Auch unsere Klienten beginnen im höheren Alter (und beim Abbau) wieder zu onanieren.

Identifikation/Gleichsetzung: Die primäre Identifikation ist für die Entwicklung des Kindes besonders wichtig. Vater und Mutter gehören zur Persönlichkeitsentwicklung.

Fehlidentifikation: Von den Vorgängen der Fehlidentifikation sind wir ebenfalls geprägt.

Destruktionstrieb: Zerstörung ist Triebziel; kann gegen eine andere Person, aber auch gegen die eigene gerichtet sein.

Es, Ich, Über-Ich (Persönlichkeitsschichtlehre): Im Es sind die Triebe und Bedürfnisse beheimatet, die dem Menschen nicht bewußt sind. Das Ich ist die eigene, erwachsene Entscheidungsschicht. Im Über-Ich liegen die Zensurschranken.

Für die Biographie im Alter sind vorwiegend der ehemalige Umgang mit dem Es und dem Über-Ich interessant, da sehr viele Zustände des schlechten Gewissens von früher zu einer Selbstbestrafung und damit zu einer Paranoiasymptomatik führen können.

FROMM, Erich

Begründer der humanistischen Psychologie, der Selbstanalyse (Eigentraumdeutung), Neopsychoanalyse. FROMM gibt uns Pflegenden das Feedback, uns selbst unter die Lupe zu nehmen, d.h. herauszufinden, wie gesund oder krank wir eigentlich sind.

Gedächtnisstörungen

Ausgangsleistung ist Endleistung, im Alter eher: Interessensverlust; Urteilsfähigkeit, Kritikfähigkeit, Merkfähigkeit, Aufmerksamkeit, Konzentration herabgesetzt. Daher Entstehung von Irrtümern möglich (formale Denkstörungen): Ideenflucht, Manie, Denkhemmung, Auffassungsstörungen (verlangsamt), Konzentrationsstörungen, Merkfähigkeitsstörungen, Denkverarmung, abstraktionsarmes Denken, zerfahrenes Denken, Konfabulation, Dissimulieren, Scheinanpassung, anamnestische Störung; inhaltliche Denkstörungen: Wahnstörungen, unkorrigierbarer Irrtum, Wahnstimmung, Wahnwahrnehmung, Wahngedanken, systemisierter Wahn, Schuldwahn, hypochondrischer Wahn (Depression), Verarmungswahn, Größenwahn (kaum in der Geriatrie), Beziehungswahn, Beeinträchtigungs- und Verfolgungswahn, Eifersuchtswahn (kaum in der Geriatrie), Versündigungswahn, Krankheitswahn, Bestehlungswahn, Kontaktmangelwahn (eher bei Frauen). Wahnarbeit: Patient versucht zu rationalisieren, chronifizieren, abzuwehren (➔ Wahn).

Gefühlsstörungen

Ratlosigkeit, gefühlsverarmt-affektarm, Gefühl der Gefühllosigkeit, Störung der Vitalgefühle, deprimiert/traurig, hoffnungslos/verzweifelt, ängstlich/besorgt, gehoben/euphorisch, mürrisch gereizt/dysphorisch, mißtrauisch/feindselig, gespannt, innerlich unruhig, klagend/jammernd, läppisch, ekstatisch/verzückt, Insuffizienzgefühl, gesteigertes Selbstwertgefühl, herabgesetztes Schuldgefühl, kritiklos, uneinsichtig, Verarmungsgefühl, ambivalent, affektivinadäquat, affektlabil, affektinkontinent, affektstarr.

Geheimnis, pathogenes

Verborgenes, nicht ausgesprochenes und daher zu seelischer Krankheit und Siechtum führendes Geheimnis, z.B. heimliche Liebe, schwere Schuld (Moritz BENEDIKT, 1835–1920). In der psychogeriatrischen Praxis hat man das Gefühl, daß sehr viele solcher Störungen bei einem dementiellen Prozeß zum ➔ Wahn führen.

Geriatrie

Wissenschaft, die sich mit dem pathologischen Abbau des Gedächtnisspeichers und dessen Phänomenen beschäftigt. Es sind dies meistens Patienten einer somatischen, also medizinischen Station. Natürlich weisen die meisten dieser Betagten auch seelischen Kummer und psychische Einengungen auf.

Gerontologie

Wissenschaft, die sich mit dem natürlichen Abbau des Gedächtnisses und seiner Phänomene beschäftigt. Es sind darunter meistens Klienten oder gar Bewohner eines Pensionistenheims gemeint. Sie haben mit Krankenpflege im ursprünglichen Sinne nichts zu tun.

Gerontophobie

Angst vor dem Alter schlechthin. Angst vor dem Sterben, vor Krankheit, Kränkungen (➔ biologischer Abbau).

Gestalttherapie

Mit tiefenpsychologisch theatralischen Mitteln werden unerledigte Szenen in die Gegenwart geholt (F. S. Perls). Thesen: Im Vordergrund steht der erlebende Mensch im Hier und Jetzt. Nur jetzt ist Wirklichkeit. Durch Sehen, Hören, Fühlen kommen wir zum Wissen von uns selbst, andere Organe haben wir nicht. Daher wird die Körpersprache jedes einzelnen Muskels verfolgt: Was tun Deine Hände jetzt, was sagt die linke Hand? Laß sie reden. Es gibt keine Deutung durch den Therapeuten, nur Feedbacks. Das Medium der Psychoanalyse ist die Sprache; in der Gestalttherapie wird Arbeit an Leiblichkeit (Musik, Berührung, Tanz, Malen) mit eingeschlossen. „Gestalt“ bedeutet die stabile Beziehung mehrerer Teile. Es werden Gefühle direkt angesprochen: Was fühlst Du jetzt, wie gehst Du damit um?

Jeder Mensch hat Grundvertrauen jenseits der Sprache, jeder Mensch hat ein schöpferisches Potential (wecken). Streben nach Selbstverwirklichung, nach Ganzheitlichkeit (Körper, Geist, Seele). Der Patient soll lernen, zu seinen Gefühlen zu stehen und diese zu äußern.

Grenzfälle

Bei dieser Normendiskussion geht es nicht um Patienten, die eindeutig dement sind, sondern vielmehr um jene Betagten in der Gerontologie, die als Grenzfälle oder Übergangsfälle bezeichnet werden müssen.

Gruppentherapeutische Ansätze

Sollen Zusammengehörigkeitsgefühl erzeugen. Zwischenmenschliche Lernprozesse, Erfahrungen aus der primären Gruppe (Familie) können korrigiert oder zumindest erkannt werden. Therapeut ist empathisch, alle Teilnehmer sind Co-Therapeuten. Es wird das demokratische Zusammenleben geübt. Verhindert Isolation.

Pflegepraxis: Kochgruppen, Zeitungsrunden, gemischte Stationen.

Handlungsabsicht

Signalsprache, die es zu erkennen gilt: Was braucht er/sie, was sucht er/sie? Was erinnert gefühlsbetont an sein Daheim? Für uns sind es meistens unsinnige Handlungen, für den Klienten ganz logische (Becker-Daarmstadt, 1994). Es soll die Signalsprache erlernt werden, die für jeden Klienten verschieden ist.

Harmonie

Zusammenfügung von Mannigfaltigem zur Einheit. In der Pflege kann es nicht darum gehen, die Klienten „glücklich“ zu machen, aber es kann ein harmonisches Leben als Pflegeziel gelingen. Harmonie zwischen Leib und Seele.

Hausverstand

In der Pflege muß es darum gehen, die Lebensgeschichterln per Hausverstand interpretieren zu lernen.

Hegemonie

Vorherrschaft. Die Krankenpflege hatte gegenüber den Therapeuten in der Pflege immer eine Hegemoniestellung. Heute nehmen diese Position immer mehr paramedizinische Dienste in Anspruch.

HEIDEGGER, Martin

Existenzphilosoph, ursprünglich Schüler E. Husserls, von der Lebensphilosophie W. DILTHEYS und von S. KIERKEGARDS existentieller Erfahrung stark beeinflußt (Sein und Zeit, 1927). Das Sein und nicht mehr die Existenz ist der Ursprung. Das Zentrum unseres Seins verlegt sich nach außen.

Helfen mit der Hand im Hosensack (E. BÖHM)

Plakativer Ausspruch, der beim Reizanflutungsreferat für das Personal verwendet wird, um die Ideologie zu überdenken. In der Praxis geht es darum, den Betagten verschiedenes machen zu lassen, auch das Bett, und nicht bei jeder Kleinigkeit selbst zuzugreifen, aber gleichzeitig verbal tätig zu werden, nämlich aus der Pflegediagnose eine Reaktivierungsform zu finden. Nicht Nichtstun ist gemeint, sondern Handeln im Sinne einer fachpflegerischen Leistung.

Hermeneutik

Kunst des Auslegens. Bei W. DILTHEY (1970) ist Hermeneutik als wissenschaftlich-methodische Form der Auslegung und somit des „Verstehens" zu sehen. In der Pflege wollen wir unsere Klienten durch die Interpretation der Lebensgeschichterln verstehen lernen und damit verstehende und nicht verständliche Pflege betreiben lernen.

Historisches Gedächtnis

Teilweise ist dieser Begriff schon in der Literatur zu finden; er beschäftigt sich mit Daten und Fakten des Zeitgeistes und wird in tieferen Schichten als im Kurzzeitgedächtnis angenommen.

Ich-Identität

Die als leiblich-seelisch-geistige Einheit erlebte eigene Persönlichkeit. Gerade im Alter und durch die Aufnahme in eine Anstalt geht die Ich-Identität verloren, man weiß nicht mehr, wer man ist, das Dasein hat sich verändert. Pflegerisch muß es darum gehen, Ich-Identitäts-fördernde Impulse zu setzen; denn mit dem Klienten wieder zu lernen, wer er ist, geht auch über den Weg, wer er war.

Ich-Identität und die Umwelt (Erscheinungen der ➔ Seele): Begegnung mit der Wirklichkeit und der Vorstellung, Empfindungen, Wahrnehmung, Sehsinn, Aufmerksamkeit, Einstellung, Sprache, Erinnern, Phantasie, Assoziation, Reaktionen auf die Wirklichkeit, Gefühle, Stimmungen, Affekte, Entstehung und Kontrolle der Gefühle, Handeln, Reflex, Bedarf und Bedürfnisse, Antrieb und Motiv, Anlagen und Reifung, Bestrebungen und Interessen (wollen), Konflikt und Wunschversagen, Willensentscheidung, Wirkungen von Motiven, Bewältigung der Wirklichkeit, lernen, Gedächtnis, denken, Intelligenz, urteilen, erkennen, werten.

Impulse

Pflegerische Maßnahmen (BÖHM), da wir nach Ansicht der Reversibilitätstheorie etwas Gutes zu bewirken und nicht etwas Gutes zu tun haben.

Information

Die Angehörigen und der Klient selbst müssen wissen, welche Pflege in welchem Haus angeboten wird. Patienten-/Klientenrecht. Das Heim muß informieren, ob es auf Vier-Sterne-Hotel-Qualität oder Fachqualität ausgerichtet ist.

Instinkt

Angeborenes Verhaltensschema bei Tieren, das durch eine entsprechende Auslösersituation in Gang gesetzt wird. Das menschliche Verhalten ist teilweise durch Instinkte festgelegt, es kommt durch Umweltprägung und soziales Lernen im Kindesalter zu einer abgewandelten Erwachsenenform.

Interpretation

Deutung, in unserem Fall hermeneutisch. Die von Klienten erhobene Biographie (singulär) wird nur hermeneutisch (verstehend) ausgelegt und nicht gewertet oder analysiert.

Interventionsgerontologie

Interventionen sind Maßnahmen zur Herbeiführung eines größeren psychischen Wohlbefindens, das dem Abbau vorbeugt oder eine Situation rückgängig macht. Intervention meint daher mehr als die übliche Bezeichnung Rehabilitation (U. LEHR, 1977).

Der Begriff „Intervention" in seiner allgemeinsten Definition beschreibt jeden programmatischen Versuch, etwas oder jemanden zu verändern. Intervention kann auch mit dem Ziel besetzt sein, den Status quo zu erhalten (M. BALTES, 1990). In der Pflege sind interventionsgerontologische Maßnahmen immer dann indiziert, wenn uns nichts Singuläres zur Impulssetzung einfällt oder im Stadium des Aufbaues einer fachlichen Station.

Intuition

Eine mehr gefühlsmäßige und nicht logisch denkende Orientierung in der Umwelt, deren Personen, Situationen und Sachen. Im Pflegemodell als eigene emotionale Erreichbarkeitsebene beschrieben.

JUNG, Carl Gustav

1904 regte sich auch in der Schweiz das Interesse an der Psychoanalyse. P. E. BLEULER (1911) setzte die Psychoanalyse in der Nervenklinik Burghölzli als Therapie ein. 1907 kam der Assistent von Eugen BLEULER nach Wien und spielte in den nächsten Jahren eine zentrale Rolle in der psychoanalytischen Bewegung. Von 1907 bis 1911 galt JUNG als Kronprinz der Psychoanalyse.

JUNG wandte sich in der Folge von FREUD ab und entwickelte seine „komplexe oder analytische Psychologie".

Die in der Praxis am häufigsten in Verwendung stehenden Thesen sind: Der Mensch lebt mit seinen Gegensätzen, nur ein Teil ist ihm bewußt. Die Seele strebt nach Ganzheit. Selbstverwirklichung in einem transzendentalen Sinn. Die Selbstverwirklichung, so meint JUNG, ist erforderlich, da wir alle einen „Schatten" haben, den wir annehmen und integrieren lernen sollten, weil dieser Schatten zu unserer Ganzheit gehört, und damit wir ihn nicht auf andere projizieren müssen (nicht ich bin hinterhältig, sondern mein Nachbar). Der Schatten ist immer gleichgeschlechtlich, beim Mann männlich, bei der Frau weiblich. Wann immer wir unangemessen heftig emotional reagieren, ist unser Schatten in Form einer Projektion tätig.

Es gibt eine unpersönliche Biographie und Mythen in uns (kollektives Unbewußtes): Wir alle bestehen aus denselben Bausteinen, es ist nur jeder anders zusammengesetzt (Archetypen). Es gibt ein individuelles Unbewußtes (Schatten) und ein kollektives Unbewußtes (Archetypenlehre). Neurosen entstehen durch Vernachlässigung angeborener religiöser Funktionen.

Kardinaltugenden

Grundtugenden. PLATON bezeichnete vier, seiner Einteilung der Seele entsprechende Hauptugenden, die wir heute noch als höhere Triebe sehen können. Die Tugend der Vernunft ist die Weisheit, dem mutvollen Willen entspricht die Tapferkeit, die Grundtugenden der Christenheit sind Glaube, Liebe, Hoffnung und die der Triebe ist Selbstbeherrschung.

Kategorisch

Aussagend, behauptend, meist im Gegensatz zu hypothetisch. Kategorische Urteile enthalten die einfachsten Aussagen.

Katharsis

Reinigung, Läuterung. Als Zweck der Tragödie erklärt ARISTOTELES, durch Mitleid und Furcht die Reinigung dieser Affekte oder auch Befreiung von diesen Affekten zu bewirken. Jede Läuterung ist zugleich eine Befreiung.

Kausalität

Ursächlichkeit, Grundprinzip der Verknüpfung von Ursache und Wirkung (DEMOKRIT, 460 v. Chr.). Nichts geschieht von ungefähr, sondern alles hat seinen Grund und seine Notwendigkeit. In der heutigen Pflege ist es erforderlich, auf kausale Literatur zurückzugreifen, neue Pflegemaßnahmen oder Modelle auf Altbewährtes und Anerkanntes zurückzuführen. Es soll nicht jeder die Grundpflege neu erfinden, sondern auf bestehender Literatur aufbauen.

Keyworker

Keyworker (engl.) sind unsere Praxisanleiter. In der englischsprachigen Literatur sind die Keyworker Sozialarbeiter, die schon vor der Aufnahme in ein Heim ein ausführliches „Penportrait" (eine anschauliche Skizze) erstellen, also praktisch gesehen Übergangspflege umgekehrt betreiben (von der Wohnung ins Heim).

Keyworker zu sein, ist in England keine besondere Beschäftigung, sondern vielmehr eine Aufgabe, die der einzelne Mitarbeiter zusätzlich zu seiner „normalen" Tätigkeit wahrnimmt. Keyworker leiten und steuern den Aufnahmeprozeß ins Heim. Sie sind angehalten, die „Life history" zu erstellen. Sie tragen beim Therapieplan (und nicht selbständig wie wir) den biographischen Lebensstil ein. Diese Form der Pflege passiert z.B. im Williamwood House, Orchard House, Ferrad House und in Nottingham.

KIERKEGARD, Søren

Der eigentlich vergessene Begründer des existentiellen Denkens und der Existenzphilosophie, der sich gegen das abstrakte Bewußtsein besonders von DESCARTES richtete. Er stellte jeden einzelnen in den Mittelpunkt seines Denkens.

Klasse

Soziologisch ein vornehmlich von der marxistischen Gesellschaftslehre geprägter und verwendeter Begriff, der eine Gruppe von Personen in gleicher oder ähnlicher soziologischer und wirtschaftlicher Lage kennzeichnet.

Klient

Die Wahl des Begriffes (statt Patient) stammt von → C. R. ROGERS (1973); das Wort bezeichnet einen Menschen, der aktiv und freiwillig Hilfe in bezug auf ein Problem sucht. Er hat nicht die Absicht, seine eigene Verantwortung für die Situation abzugeben. Er ist somit nicht „unser Kind", das wir versorgen oder dessen Bedürfnisse wir befriedigen müssen. Wir üben nur zuhörenden, zustimmenden Einfluß aus. Er ist nicht unser Patient, sondern ein eigenständiger, für sich verantwortlicher Mensch.

Kollektiv

Der Kollektivbegriff (Sammelbegriff) bezeichnet die Zusammenfassung einer Anzahl von Dingen zu einem Ganzen wie z.B. Familie (➔ C. G. JUNG, 1971).

Kognitives Denken

Das erkennende, urteilende Denken, dem Wahrheit zukommt; es erfordert Urteilsfunktion.

Kommunikation

Karl JASPERS unterscheidet Daseinskommunikation und existentielle Kommunikation. Während die erstere den tiefsten Seinsgrund des Menschen erreicht, besagt die zweite, daß niemand sich entwickeln kann, ohne in Kommunikation zu treten. „Erst in der absolut offenen existentiellen Kommunikation offenbart sich die Existenz, gleichzeitig sich selbst und dem anderen, und kommt in dieser Offenheit erst zur Wirkung."

Kompensation (A. ADLER)

Ausgleich; Fähigkeit, Defizite auszugleichen. Ab dem Beginn des kalendarischen Alters verliert der Mensch die Möglichkeit schlechthin, mit dem Leben, vor allem aber mit Änderungen des Lebens fertig zu werden. Das Pflegepersonal hätte die Aufgabe, Trainingsprogramme zu erstellen (singulär nach Copings), welche die Kompensation so lange wie möglich aufrechterhalten.

Krankenhaus

Institution zur Heilung/Besserung von akuten Erkrankungen und Leiden. Ideologisch gesehen ein Ort, aus dem jeder normale Mensch so schnell wie möglich wieder flüchten möchte, mit Ausnahme von parasympathikotonen Typen. Es ist eine pathologische Welt, die die normalen Lebensaktivitäten hemmt.

Krankheitsgewinn

Vorteil, den ein Kranker aus der Tatsache und Art seiner Krankheit zieht. Weitgehend von der Einstellung der sozialen Umwelt zur Krankheit und von der Art der Krankheit abhängig. Der Kranke kann mit Schonung und Anteilnahme rechnen.

Biographisch haben vorwiegend nur bürgerliche Kinder ihre Mutter zu Gesicht bekommen, wenn sie krank waren. Heute betteln die Klienten mit den ihnen üblichen Copings um Liebe beim Personal. Pflegerisch interessant ist, daß man nur dann mit Hilfe rechnen kann, wenn die Erkrankung zum Zeitbild gehört. So gab es biographisch die Angstlähmung im Ersten Weltkrieg, dann wurde das Ulkus interessant, und heute ist es das Zervikalsyndrom.

Kritische Lebensereignisse

Seit den sechziger Jahren hat die Life-events-Forschung in zunehmendem Maße Eingang in die Geriatrie gefunden. Es handelt sich um die Forschung von möglichen Krankheitsauslösern (Dekompensationsgründen in unserem Fall). Das Aufsuchen der Dekompensationsgründe im Milieu ist eine der Hauptaufgaben in der ➔ Übergangspflege.

Leben

Bei PLATON ist Leben Seele und gehört zur Welt des Werdens. Die Lebensanschauung ist die Auffassung vom Sinn und Wert des Lebens im Zusammenhang mit dem Weltganzen. Bei unseren Klienten sollte die Lebensanschauung eruiert werden, um Impulse finden zu können. Es ist immerhin ein Unterschied, ob man streng religiös ist, an einen Schutzengel glaubt oder sozialistisch per Rote Falken geprägt wurde, um nur ein paar Formen zu nennen.

Leidensdruck

Das Ausmaß, in dem ein Mensch, insbesondere ein Neurotiker, unter seinen Symptomen leidet. Menschen, die für einen Leidensdruck (geringe Frustration) bekannt sind, sollten nicht in der Pflege arbeiten, da dies ein Beruf mit hohen Ansprüchen ist. Jeder Verwandte, jeder Patient, jede andere Berufsgruppe im Spital schenkt uns ihr Leiden zu unserem dazu.

Libido

In der Psychoanalyse (➔ S. FREUD) die allen Motivationen zugrundeliegende Energie. In der Pflege wird die Libidolehre bei der Differentialdiagnose zwischen Lebenstrieb und Todestrieb verwendet. Begierde, Lust.

Liebesbindungsfähigkeit

Die erlernte, geprägte Fähigkeit, jemanden gern zu haben. Bei vielen Betagten ist dies nicht der Fall, da sie nicht als Wunschkinder auf die Welt gekommen sind und Liebesbindungen (Grundbedürfnisse) nie erlernt haben. Viele unserer Betagten spielen „Liebsein" als Coping.

L.O.T.

Lebensorientierungstraining (USA). Jene Pflegemethode, die wir in der Übergangspflege im Wohnmilieu durchführen. Es handelt sich nicht um das sogenannte Lernen im Affendenken, wo man mit Betagten auf biographisch ihnen unbekannten Geräten im Heim trainiert. Zum Training des täglichen Lebens gehören auch Sturzübungen – gerade das Stürzen hat keiner unserer Betagten erlernt (Ausnahme: biographisch gute Sportler).

MASLOW, Abraham

Der New Yorker Experimentalpsychologe untersuchte Slumkinder zum Thema „Ursache der Gesundheit" in den sechziger Jahren und fand heraus, daß 90% von ihnen krank und 10% gesund sind, wenn sie wenigstens von einem Elternteil geliebt wurden.

Thesen: Psychologie des Seins, Teilaspekt-Selbstverwirklichung, humanistische Seelsorge, Anstreben humanistischer Werte, Autonomie, Würde, Verantwortung, Freiheit. Basis für die individuelle Entwicklung ist demokratische Gesellschaft; denn zuerst müssen die physiologischen Bedürfnisse (Luft, Wasser, Nahrung, Schlaf, Sex) befriedigt werden, dann die emotionalen Grundbedürfnisse (Sicherheit, Liebe, Selbstachtung). Das Hier und Jetzt ist wichtig, nicht Vergangenheit.

Milieu

Bezeichnung für die allgemeinen, äußeren Lebensumstände (Umwelt) und Bedingungen (Klima, wirtschaftliche Lage), die den Menschen beeinflussen. Hauptpunkt der BÖHMschen Forschungsergebnisse: Mobilisation (beweglich machen). In der heutigen Pflege wird der Klient meistens passiv aktiviert. Das heißt, daß er selbst dabei inaktiv bleibt, da ihm das Motiv fehlt (typisches Beispiel: Hebelkranfunktion beim Querbettsitzen).

Minus-Symptomatik

Auffallende Regression bis Apathie bei psychogeriatrischen Klienten (➔ Destruktionstrieb). Vigilanzsteigerung vor kognitiven Therapien wäre angezeigt.

Moral

Sittenlehre, Sittlichkeit; Betrachtung aller Lebensgebiete, ausschließlich vom moralischen Standpunkt aus; das Sittliche als höchster Wert und Zweck des Lebens.

Motivation

Darunter ist u.a. auch die seelische Bewegung zu verstehen. Motivieren ist in der Gerontologie möglich. Der Beweggrund des Verhaltens ist noch einsehbar.

Motivationsforschung

Erforschung der bewußten und unbewußten Beweggründe eines Menschen in der Erforschung der Persönlichkeit sowie im wirtschaftlichen Sinn. Remotivationsgründe werden in unserem Modell erforscht; in diesem Buch beziehen sie sich nur auf die Geburtsjahrgänge 1900–1925.

Mütterliches Lebensgefühl

Früher wurde ein sogenanntes mütterliches Lebensgefühl, das durch die Geburt eines Kindes entsteht, beschrieben. Es ist klar, daß die männlichen Pfleger – auch bei einer Geburt – dieses Gefühl (Muttertrieb) nicht haben können. Es könnte dies eine der möglichen Gründe sein, warum gerade die männlichen Pflegekonzepte anders aussehen als die der Frauen.

Mystik

Eine Erkenntnis des Übersinnlichen durch innere Schau und kultische Handlungen; ein gefühlsmäßiges Erfassen und Erleben; ein Versenken der Seele in sich selbst.

Mythos

Ursprünglich Fabel; Göttergeschichten.

Noopsyche

Rationaler, kognitiver Anteil unserer Seele, daher auch alle Gedächtnisleistungen. Vorwiegender Therapiefundus der Therapeuten und Pädagogen in der Geriatrie.

Normalisierungsgrundsatz

Besagt, daß man auch psychisch Kranke und Betagte als Gesunde, Gleichwertige betrachten soll. Eine Mischung des Klientels mit verschiedenen Erkrankungen ist genauso normal wie die Mischung der Geschlechter an Stationen.

Öffentlichkeitsarbeit

In der öffentlichen Meinung über Betagte herrscht immer noch die ➔ Disengagementtheorie vor. Pflegeaufgabe in der Öffentlichkeitsarbeit muß es sein, die Reversibilitätstheorie unter das Volk zu bringen. Denn nur von außen (durch das Volk) ist das Innen (die Arbeitsqualität der Pflege) zu verbessern (Arbeit des ➔ AGPK).

Orientierung

Richtung der Bewegungen der Tiere, um zu einem bestimmten Ziel zu gelangen; beim Menschen das Sich-Zurechtfinden der Sinnesorgane im Innen- und Außenraum. Dabei kann bei Ausfall eines Sinnesorgans ein anderes verstärkt sein (z.B. bei Blinden Gehörsinn und Vibrationssinn). In der Pflege vorwiegend für das wieder Zurechtfinden, also gegen das „Ich-verstehe-die-Welt-nicht-mehr"-Syndrom gerichtetes Verfahren.

Pflegediagnose

Bei dieser psychogeriatrischen Pflegediagnose handelt es sich um eine professionelle Hypothese, die vorwiegend auf die pathologischen Seelenzustände von Verwirrten, Desorientierten, Wahngestimmten, Verwahrlosten, Betagten usw. Rücksicht nimmt. Das Herzstück dabei ist die Beachtung der krankhaften Seelenzustände, nicht aus psychologischer oder theologischer, sondern aus biographisch-folkloremäßiger Sicht. Die Pflegediagnose bedient sich des Wissens der Volksseele und ihrer milieubedingten Eigenarten unter besonderer Berücksichtigung des Zeitgeistes, in dem ein Klient aufgewachsen ist. Heute stehen die von 1900–1925 geborenen Patienten im Mittelpunkt der Pflegeforschung (Prägungszeitraum).

Die psychogeriatrische Pflege beschäftigt sich primär nicht mit „liegenden" oder „moribunden" Patienten – so wie das beim Personal in Pflegeheimen üblich ist –, sondern mit Menschen, die sich dem derzeitigen Zeitgeist nicht mehr anpassen (sozialisieren) können und demnach, als Außenseiter betrachtet, noch immer in psychiatrische Abteilungen eingeliefert werden und mit dieser Einlieferung noch zusätzlich ihres ihnen Sicherheit gebenden Milieus beraubt werden. Die Pflegediagnose ermöglicht entweder die Reaktivierung oder kann symptomspezifisch (angstlindernd usw.) wirken.

Als Grundlage der Fachpflege (nach Böhm, 1992) bedienen wir uns vorwiegend der neuesten wissenschaftlichen Feststellung, daß – je nach Abbaugrad – die Menschen immer tiefer in ihren Gedächtnis- und Gefühlsspeicher zurückgehen, bis sie schließlich nur mehr aus dem Gefühl heraus agieren können. Beim Umgang mit diesen Menschen unterscheiden wir heute sieben emotionale Erreichbarkeitsstufen (Interaktionsparameter).

Pflegefunktionen

Die Pflegefunktionen gehen weg vom rein ärztlich-medizinischen Denken und dem krankheitsorientierten Ansatz zu einem pflegeorientierten Denken. Die Schweiz unterscheidet dabei fünf Punkte: 1. Aktivitäten des täglichen Lebens (ATL), 2. Begleitung anbieten in Krisen oder im Sterben, 3. in der Behandlungspflege mithelfen, 4. Gesunderhaltungsprogramme beteiligen, 5. Berufsentwicklung fördern.

Pflegeprozeß

Der Pflegeprozeß hat zum Ziel, auf systematische Art und Weise dem Bedürfnis des Patienten nach pflegerischer Betreuung zu entsprechen. Ziel ist eine Problemlösung; die Wege zur Problemlösung sind unterschiedlich (Regelkreis).

Pflegestandards

Normen, Richtmaße; sie dienen der Qualitätssicherung. Es wird zwischen Strukturqualität und Handlungsqualität unterschieden.

Pflegetheorien und -modelle

Pflegetheorien können sich aus rein theoretischen Annahmen, aber auch aus der Praxis entwickeln. Alle modernen Pflegetheorien beziehen Inhalte anderer Wissenschaften mit ein. Je umfassender die Sichtweise ist, um so größer ist die Chance ihrer Nützlichkeit im Alltag.

Inhaltliche Richtungen von Pflegetheorien nach Mileis (1990) und Steppe (1990): Bedürfnismodelle (Henderson, 1963; Abdellah, 1960; Orem, 1966); Interaktionsmodelle (Orlando, 1961; Peplau, 1952); Pflegeergebnismodelle (Levine, 1966; Rogers, 1950; Böhm, 1992; Roper/Logan/Tierney, 1980).

Plus-Symptomatik *(siehe Beschäftigungsdrang)*

Prägung *(vgl. auch Dressate)*

Begründung dafür, daß die auf den Menschen (wie auf alle Organismen) einwirkenden Einflüsse nicht bloß als vorübergehende (befristete) Reize, sondern auch auf Dauer nachhaltig gestaltend und umgestaltend wirken.

Prägungsforschung

Die ➔ Pflegediagnose setzt Prägungsforschung voraus. Prägungsforschung heißt, daß wir Pflegenden die Inhalte der geriatrischen Pflege – vorwiegend die Copings, Stories, Daseinsbewältigungsstrukturen der Betagten – etwa alle zehn Jahre erneuern müssen, da die nächste Generation andere Daheim-Gefühle haben wird als die derzeit erforschten Prägungsjahrgänge von 1900–1925.

Psychische und psychogeriatrische Pflegebedürftigkeit

Psychisch abnorme Menschen sind Menschen mit „dünner Haut", Menschen ohne Maske (ein Desorientierter ist eben desorientiert, er kann nicht lügen): Fast könnte man sagen, daß psychisch kranke Menschen die ehrlicheren unter uns Menschen sind. Da sie alle fühlen, sensibel sind, sind sie für uns Pflegende eine relative Belastung. Um dieser Belastung zu entkommen, gibt man der „Ehrlichkeit" und ihren Auswirkungen verschiedene pathophysiologische Begriffe mit auf den Weg. Über diese kann man diskutieren, diese kann man bereden und damit erst die Pflege (als harter realistischer Mensch) aushalten.

L. CIOMPI (1982) empfiehlt daher bei allen auffälligen Menschen (die wir nicht aushalten) folgende Umgangsmethode: Benimm dich so normal wie möglich. Korrigiere nicht alles und gleich. Laß ihnen die eigene Kompetenz. Beherrsche deine Stimme. Nicht überfordern, nicht unterfordern. Das Nein im richtigen Augenblick. Erhöhe deine Toleranzgrenze.

Psychogeriatrie

Wissenschaft, die sich mit den pathologischen Erscheinungen der Seele im Alter beschäftigt. Hierzu zählen alle Klienten mit Auffälligkeiten, unter denen sie selbst oder ihre Umgebung leiden (Psychosyndrome).

Psychotherapie

1. Tiefenpsychologischer Ansatz (Grundlage jeder Psychotherapie): Psychoanalyse (S. FREUD, 1968), Individualpsychologie (A. ADLER, 1964), analytische Psychologie (C. G. JUNG, 1971), Primärtherapie (A. JANOV, 1974), Organtherapie (W. REICH, 1971), Bioenergetik (A. LOWEN, 1975), Transaktionsanalyse (E. BERNE, 1975)

2. Verhaltenstherapeutische Ansätze: Behaviorismus, operatives Konditionieren, kognitiver Ansatz (PAWLOW, 1968)

3. Humanistischer Ansatz (selbstheilende Kräfte des Menschen statt Analyse): Gestalttherapie (F. S. PERLS, 1974), Gesprächspsychotherapie (C. R. ROGERS, 1972), Logotherapie (V. FRANKL, 1959), Psychodrama (J. L. MORENO, 1959)

4. Systematischer Ansatz (Beschäftigen mit dem System der Gruppe, Familie, Paare): Kommunikationstheorie (P. WATZLAWICK, 1969), Paartherapie (WILLI, 1970), Psychodynamik (RICHTER, 1968), themenzentrierte Interaktion (R. C. COHN, 1975)

5. Transpersonaler Ansatz (Selbstverwirklichung und Selbstakzeptanz): Daseinsanalyse (L. BINSWANGER, 1968; BOSS, 1954), Existenzanalyse (V. E. FRANKL, 1959)

Reaktanz

Von BREHM vertretene Auffassung, daß eine tatsächliche Einengung des Verhaltensspielraums einen Zustand der Erregung bewirkt, der sich gegen jede weitere Beschränkung richtet und auf Wiedergewinnung der verlorenen Handlungsfreiheit hinwirkt.

Reaktivierende Pflege (nach BÖHM)

Re-aktivierende Pflege nach BÖHM ist *nicht* die Durchführung einer aktivierenden Pflegemethode, die nur auf einem ideologischen Fokus beruht (weil es war, soll es wieder sein/weil er einmal sein Bett selbst gemacht hat, soll er es wieder machen/weil er einmal gehen konnte, soll er gefälligst wieder gehen).

Reaktivierende Pflege ist die fachspezifische Pflegeforschung, die vor jegliche somatische Mobilisations-, Aktivierungs-, aber auch Förderpflege die Reanimation der Seele setzt. Die Wiederbelebung der Seele der Betagten erfolgt nur auf der Grundlage ihrer spezifischen singulären Psychobiographie, also einer ➔ Pflegediagnose. Zuerst muß die Seele wiederbelebt werden, danach erst die Beine. Diese Reaktivierung ist somit ein ➔ Impuls (einer von vielen möglichen) nach einer vorangegangenen Pflegediagnose nach BÖHM. Reaktivierende Pflege ist nur nach der Interpretation der Biographie möglich.

Die Reaktivierung erfolgt nach der emotionalen Erreichbarkeit, die in sieben Erreichbarkeitsstufen unterteilt wird und den dementiellen Abbaustufen der WHO entspricht.

Reaktivierung

Es werden gezielt alte Motive, Triebe, Copings zur Aktivierung wieder eingesetzt, um Klienten wieder physisch mobilisieren zu können.

Regression
Rückschritt in der Motivationsentwicklung, meist in Phasen der Kindheit. In der Pflege ab Erreichbarkeitsstufe 3 zu finden

Reizabschirmung
Beruhigung der Formatio reticularis (RET), besonders bei Klienten, die eine euphorische, läppische Demenz haben. Erst nach einer Reizabschirmung sind gezielte Trainings möglich.

Reizanflutung
Erregung der RET. Durch Vigilanzsteigerungen, womöglich aus biographischem oder interventionsgeriatrischem Material (Reizanflutung der Betagtenseele).

Reminiszenz
Lebensrückblick, Erinnerung (engl.); biographisches Arbeiten in unserem Fall.

Remission
Spontane Remission: vorübergehendes Nachlassen der Krankheitssymptome, ohne gezielte Einflußnahme auftretend. Sympathikotone Typen stehen z.B. aus dem Bett auf, ohne daß tatsächlich Reaktivierendes geschieht; es geschieht, weil diese Typen immer aufstehen und nicht liegen können.

Residualsymptome
Nach Eingriff oder Erkrankung zurückgebliebene Symptome. Man muß in der Pflege versuchen, die Klienten dazu zu ermuntern, mit dem Leiden leben zu lernen. Hier gilt die in der Pflege so stark programmierte Ressourcensuche sehr wohl.

ROGERS, Carl, R.
Begründer der klientenzentrierten oder „non-direktiven" Psychotherapie. These: Der psychisch Gestörte besitzt grundsätzlich die Fähigkeit, seine Ängste, Hemmungen und Verhaltensstörungen selbst zu bewältigen (Logotherapie). Die Aufgabe des Therapeuten ist es, die Gefühle des Patienten im Gespräch zu formulieren und ihm mitzuteilen. Durch positive Wertschätzung und emotionale Wärme in der Therapiesituation kommt es zu einem besseren Verständnis des Patienten seiner selbst. Gewahrwerden von emotionalem Erleben. Therapeut ersetzt zwischenmenschliche Beziehung (Mutter), Heilung durch eine intensive emotionale Beziehung.

Der Therapeut zweifelt nie an dem, was der Patient sagt. Ich-Bestätigung durch Zuhörenkönnen.

R.O.T.
Realitäts-Orientierungs-Training

Sachverständiger in Pflegeangelegenheiten
Erster Sachverständiger in Österreich wurde Reinhard KAMPEL (Tirol). Durch Sachverständige wird die Pflege fachlicher, und es kann den Patientenrechten besser entsprochen werden.

Schlüsselreiz (S. FREUD)
Ein Reiz, der bestimmte Assoziationen hervorruft oder Wünsche nach Erfüllung des Reizes verursacht. Bei der Arbeit aus der Biographie können alte Gegenstände, z.B. eine alte Kaffeemühle, Bilder usw. der Schlüsselreiz zum Einstieg für ein biographieerhebendes Gespräch sein.

Schreien
Viele Patienten schreien herum. Schreien ist immer eine Abwehrreaktion aus der Prägung, weil es bei der Mutter immer funktioniert hat, weil eine Aphasie vorliegt und wir ihn nicht

verstehen, weil der Patient banale Angst hat vor geschlossenen Räumen, Finsternis, Menschen, weil er das Drumherum nicht versteht, die Welt nicht mehr versteht.

Score

Im Test oder beim Rating gewonnene Maßzahl einer Person.

Seele

Da man anatomisch die Seele nicht findet, spricht man im allgemeinen von einer Phänomenologie der Seele. Man kann praktisch gesehen nur die Auswirkungen oder die Reaktionen der Seele messen und erforschen. Die Lehre, die sich mit der gesunden Seele und ihren Phänomenen (Erscheinungen) beschäftigt, ist die Psychologie. Die Psychologie unterteilt heute in eine 1. empirische, 2. rationale und 3. phänomenologische Thesenrichtung.

Die *empirische Seelenforschung* ist die Erforschung der Tätigkeitsmerkmale und Gesetzmäßigkeiten der Seele. Dies kann man auch unter dem Oberbegriff ➔ Aktualitätstheorie zusammenfassen. Aus den Tätigkeitsmerkmalen der Seele kann man schließen, daß es einen engeren Zusammenhang zwischen Seele und Körper gibt, Verbindungsstück sind die Nervenbahnen.

Hypothetisch gibt es mehrere Ansichten, wie man den Körper in Verbindung zur Seele bringen könnte und umgekehrt:

a) Seele ist Produkt des Körpers (Materialismus)

b) Körper ist Produkt der Seele (Spiritualismus: LEIBNIZ, 1700)

c) beide sind selbständig tätig

d) beide wirken aufeinander

e) zwei Äußerungsformen eines Wesens (Identitätshypothese: SPINOZA, 1600)

Die *rationale Seelenforschung* geht hingegen von der Substantialtheorie aus und meint, daß die Seele eine Art Existenz haben muß. Diese Forschungsrichtung will das Wesen der Seele erkunden.

Die *phänomenologische Seelenforschung* dagegen mit der Betrachtungsweise der Wesenswissenschaft will die Seele kategorisieren und als eigenständiges Phänomen sehen. Seelisches (Psychologisches) wird – wahrscheinlich auch, weil nichts Sichtbares da ist – sehr stark mit Philosophischem vermischt. Die Philosophie wie die Logik möchte Sicherheit, Einheit und aufgrund von Wissen Zusammenhänge erkennen. Die seelischen Vorgänge werden dabei im Gebiet der Geisteswissenschaften (und nicht Naturwissenschaften) erklärt.

Seelische Pflegedokumentation (nach BÖHM)

Die seelische Pflege muß natürlich dokumentiert werden, da nur das Reden über Ganzheitlichkeit zu wenig ist. Es gibt daher ein Formblatt (Interaktionsbogen, Seite 182) für die seelische Pflegedokumentation nach BÖHM. Mit einer einheitlichen Dokumentation wollen wir erreichen, daß das Modell direkt zum Stationskonzept und auf der Dokumentation sichtbar, nachvollziehbar, aber auch seitens der Pflegebedarfsermittlung nachrechenbar wird. Mit dieser Dokumentation müßte es gelingen, theoretisch wie praxisrelevant einen für jeden Mitarbeiter gleichen Wissensstand sowie Umsetzmethoden für unsere Klienten zu erreichen.

Singulär

Vereinzelt, eigentümlich, nur einen (Patienten) betreffend.

Sorge

Von HEIDEGGER (1979) beschriebene existentielle Kategorie, die zum Sein des Daseins gehört. Daher ist das „Sich-Sorgen-Machen“ für viele ein Coping und gilt als Lebenselixier.

Soziales Lernen

Zentraler Begriff der Milieutherapie. Die gesamte Umwelt wird in den Behandlungsprozeß von psychisch Auffälligen einbezogen. Das Erlernen der Kommunikation zwischen allen Beteiligten ist ein wesentlicher Faktor.

Sozialisiertes Leiden

Wenn man Veränderungen anstrebt, darf man nicht beim Recht des Kranken auf bessere Pflege stehenbleiben. Vielmehr muß es darum gehen, das Recht, gesund zu sein und nicht ausgeschlossen (oder eingeschlossen) zu werden, zu betonen.

Sozialisierung

Erziehung des Menschen während der Kindheit und Jugend nach den Forderungen und dem Leitbild seiner Kultur. In der Betagtenpflege mußte ich empirisch feststellen, daß oft die geprägte Sozialisation nicht immer mit einem positiven Gefühl des zu Erziehenden einherging, sodaß schon das Kind zu Ersatzhandlungen und eigenen Copings gegriffen hat, die sich einprägten.

Sozialtherapie

In einer neuen Definition wäre Sozialtherapie jene Kombination von Techniken, deren sich die Rehabilitation bedient. Die Rehabilitation ist nach dieser Definition (H. Strotzka, 1978) nicht auf psychische Störungen beschränkt, sondern kann sich auch wie die Pflege selbst auf organische oder soziale Dysfunktionen beziehen. Sie ist keine Psychotherapie.

Sozialverhaltensstörungen

Gestörter Umgang mit anderen und Gruppen im mitmenschlichen Bereich: kontaktvermindert, kontaktvermehrt, Mangel an Krankheitseinsicht, Ablehnung der Pflege, Suizidtendenz, Aggressionshandlungen (auch verbal), Isoliertheit, Vereinsamung.

Sublimation

Nach Freud eine besondere Art des Abwehrverhaltens. Der Geschlechtstrieb wird auf andere, meistens wertvolle Leistungen (hohe Lebenstriebe) verlagert. Sehr viele heute Betagte haben aufgrund ihrer sexuellen Erziehung und der Lebensumstände sublimiert (Angst vor Kind, vor Schande im Dorf).

Supervision

Methode, bei der man sich selbst erleben und erkennen kann. Sie ist vorwiegend auf dem Bestandteil einer Kontrollanalyse aufgebaut und möchte bei den Pflegepersonen Ängste, Unsicherheiten und Verhaltenseigenarten aufzeigen. Seit wir unsere Fachinhalte kennen, ist Supervision nicht mehr erforderlich, da Selbstkontrolle und Selbsterkenntnis durch gezielte Impulse Zufriedenheit geben.

Sympathikotone Typen

Bezeichnung für jene Typen von Menschen, die im Lebenslängsschnitt ihrer Biographie risikofreudig, eigenverantwortlich, entscheidungsfreudig, man könnte sagen lebens-antrieblich lebten. Es sind jene Typen, die um jeden Preis aus einer Anstalt flüchten, die Ordnungen und Konzepte nicht aushalten und die unter allen Umständen in die Freiheit reintegriert werden sollten, da sie ansonsten zu Tode gepflegt werden.

Symptomlindernde Pflege

Pflege, die versucht, gestörte Zeitgeistempfindungen aus der „guten alten Zeit“ zur Angstlinderung, Paranoiabekämpfung usw. nach einer Diagnose einzusetzen und damit Psychopharmaka erspart.

Symptomspezifische Pflege (nach Böhm)

Ideen und Maßnahmen (Impulse), die helfen sollen, das vorhandene Symptom oder Problem wegzutherapieren (pflegen). Sollten mit naturwissenschaftlichen Untersuchungen keine Symptome oder Syndrome gefunden werden, tritt die Pflege als Profession in Kraft. Die psychiatrische Pflege hat die Aufgabe, seelisch zu wirken und dadurch vorwiegend Probleme, mit denen der Klient in die Institution kommt, „wegzupflegen".

Temperament

Nach der Temperamentenlehre gibt es die eigentümliche, individuelle Disposition der Seele zur Entstehung von Gemütsbewegungen. Man unterscheidet:

1. cholerisches Temperament (schnell und stark),
2. melancholisches Temperament (langsam und stark),
3. phlegmatisches Temperament (langsam und schwach).

In meiner empirischen Forschung habe ich vorwiegend sympathikotone und parasympathikotone Menschen unterscheiden und kennengelernt.

Terminale Erkrankung

Medizinisch am Ende, mit schulmedizinischer Erkenntnis ein Pflegefall. Sehr viele Patienten, die von den Ärzten aufgegeben wurden, konnten durch die Übergangspflege reintegriert werden. Erst wenn die somatische Abklärung durch die Ärzte erfolgt ist, wird der Klient unser Fall – ein Pfleger-Pflegefall.

Thymopsyche

Jener Anteil der Seele, die vorwiegend mit den Gefühlen zu tun hat. Gerade der thymopsychische Anteil wird in diesem Pflegemodell verwendet.

Tiefenpsychologie

Sammelname für psychologische Schulrichtungen, die von den Theorien ➔ Freuds ausgingen. Merkmal: Der Schlüssel zur Erkenntnis liegt im Unbewußten.

Transaktionsanalyse

Therapieverfahren, das die in den ersten Lebensjahren entstandenen Skripten (Lebenspläne) analysiert. Die Transaktionen zwischen verschiedenen Persönlichkeitsebenen bei der Kommunikation von Personen (Kindheits-Ich, Erwachsenen-Ich, Eltern-Ich) spielen ebenso wie die Analyse vom „Spielen" (trickreiche Beziehungen) eine Rolle. Die Transaktionsanalyse (E. Berne, 1975) beschäftigt sich leider nicht mit der Tatsache, daß es, wenn man biographische Forschung betreibt, auch noch ein Großvater- und Großmutter-Ich gibt, das für die Demenzpatienten noch mehr tragende Bedeutung haben kann (➔ Daheim-Gefühl).

Trieb

Drang, innerer Antrieb, der auf eine Befriedigung meist lebensnotwendiger Bedürfnisse ausgerichtet ist: Nahrung, Macht, Aggression usw.

Übergangspflege (nach Böhm)

Im Anschluß an eine Pflegediagnose, eine Reaktivierung oder ein symptomspezifisches Verhalten auf den Grundlagen der Psychobiographie werden die Klienten von Pflegepersonen (Übergangspflegepersonen) der sogenannten Übergangspflege nach Böhm in ihr eigenes Milieu reintegriert und von Pflegepersonal psycho-sozial nachbetreut.

Diese Pflegeform wurde 1979 von Erwin Böhm ins Leben gerufen und stellt ein Mittelding zwischen extra- und intramuraler Pflege dar. Es handelt sich um eine psychische (seelische) Pflegeform und keine mobile oder somatische Pflege im Wohnbereich. Durch die Übergangspflege sollen die psychischen Symptome durch den Einstieg in das Milieu erforscht und gebessert werden, aber auch Lebensantriebe durch einen sogenannten differentialdiagnostischen Ausgang geweckt oder besser gesagt wiedererweckt werden.

Wir unterscheiden heute in den Maßnahmen die *Starthilfe* (jene Form, in der beim differentialdiagnostischen Ausgang nach Auslösern für eine akute Dekompensation gesucht wird und die deshalb für sekundäre und akute Demenzsyndrome angewandt wird) und eine tatsächliche *Übergangspflege*, die vorwiegend Trainingsprogramme im Alt-, Tertiär- oder Kollektivgedächtnis im Milieu bei primären Demenzen durchführt.

Bevor die Übergangspflege zum Tragen kommt, sollten die zuweisenden Stationen Reaktivierungen und Pflegediagnose durchführen, um die fachliche Kompetenz der Pflege zu verifizieren.

Überkompensation

Nach A. ADLER überdurchschnittliche Leistung, z.B. aufgrund von Minderwertigkeitsgefühlen. Bei vielen biologisch, aber auch pathologisch abgebauten Alten hat man das Gefühl, daß sie durch mehr Sport, mehr Schminke, mehr Agilität und leeren Aktivismus ihr Altwerden überkompensatorisch verarbeiten.

Urschrei (Primärtherapie)

Eine von Arthur JANOV (1973) eingeführte Methode, besser mit dem angeblichen Geburtstrauma fertig zu werden und Gefühle, die aus der frühen Kindheit stammen, abreagieren zu lernen. Durch den Urschrei kann man seine alten, vergessenen Gefühle wieder remobilisieren und diese herausschreien, bis sie verschwunden sind.

Urschrei-Therapie ist eine Art von Desensibilisierung. Man hat manchmal den Eindruck, daß dies abgebaute Klienten von sich aus tun, besonders dann, wenn wir ihre Signalsprache nicht mehr verstehen und sie das Gefühl der Abwehrlosigkeit haben.

Urteilskraft

Das Vermögen, unter Regeln zu subsumieren, d.h. zu unterscheiden, ob etwas unter einer gegebenen Regel steht oder nicht.

Validation

Gültigkeitserklärung. Das Akzeptieren der eigenen Gefühlswelt unserer Klienten, in die sie vor der Realität flüchten.

Verhaltenstherapie

Jedes Verhalten wird erlernt und durch Übung und Erfahrung konditioniert. In der Therapie muß es darum gehen, falsche Verhaltensmuster zu desensibilisieren und einen Angstabbau zu erreichen.

Verwahrlosung

Von einem psychischen Phänomen ausgehende Unterversorgung, zuerst der Seele, dann des Körpers, dann der Wohnung. Die meisten Verwahrlosungen sieht man bei immer schon kontaktgestörten Menschen, also nicht als Syndrom im Alter. Diese Menschen konnten nie eine ➔ Liebesbindungsfähigkeit erzielen und kommunizieren mit Gegenständen statt mit Menschen (nonverbale Kommunikation mit Dingen). Meistens beginnen die jungen Menschen mit dem vermehrten „Hamstern" von Zierrat (Edelkitsch). Therapeutisch gegen diese Kontaktstörungen helfen eigene oder fremde Enkelkinder oder z.B. Mutter in einem Kinderdorf zu werden.

Verwirrtheit

Als verwirrt bezeichnet man einen Menschen, der in allen Belangen desorientiert ist sowie situativ unangepaßt erscheint. Ferner sind bei der Verwirrtheit auch vegetative Symptome zu bemerken. Man unterscheidet eine akute Verwirrtheit (delirante Form) und eine chronische Verwirrtheit (Demenz). In der täglichen Praxis werden leider zu häufig nur Desorientierte als verwirrt bezeichnet. Nur eine genaue Definition macht eine Kontrolle der Pflege und ihren Sinn möglich.

Verwirrtheit ist eine Störung des Gedankenganges bei klarer Bewußtseinslage. Der Gedankengang kann in hohem Maße zerrissen, verworren sein. Oft ist es nicht möglich, mit dem Patienten verbal in Kontakt zu treten. Meistens ist dieses Symptom kombiniert mit dem Symptom Erregung. Ätiologisch kommen vier Gruppen in Betracht: 1. schizophrene Syndrome, 2. schizoaffektive Syndrome, 3. manische Syndrome, 4. organisch begründbare Psychosen.

Wenn gleichzeitig mit der Denkstörung eine Bewußtseinsstörung auftritt, handelt es sich fast immer um organische Psychosen, z.B. im Rahmen von metabolischen Entgleisungen oder zerebralen Durchblutungsstörungen.

Vigilanz *(Definition)*

Wachheit, Aufsein, Erregung der Retikularformation. Vigilanzsteigerung ist einer der wesentlichsten Impulse bei Klienten im Rückzug.

Vorstellung *(Definition)*

Wieder hervorrufen von vergangenen Sinneseindrücken; aufnehmen, speichern, wiedergeben. Dieses Wiedergeben erfolgt über Vorstellungen und Assoziationen. Jeder stellt sich etwas anderes vor!

Wahn

Objektiv falsche, aus krankhafter Ursache entstehende Überzeugung, die ohne entsprechende Anregung von außen entsteht und trotz vernünftiger Gegengründe aufrechterhalten wird. Eine allgemeine, von allen führenden Psychiatern anerkannte Definition gibt es nicht. Bei der Feststellung von Wahn muß jedoch eine Reihe phänomenologischer Kriterien beachtet werden: Der Wahn ist für den Klienten real erlebt, er ist nicht zu beeinflussen; will man dem Klienten den Wahn ausreden, kann es passieren, daß man in das Wahnsystem mit eingeschlossen wird. Die Entstehung ist krankhaft. Der Wahn ist auch persönlichkeitsfremd; er wird in der ersten Zeit rationalisiert (die Erklärung des Klienten, warum gerade er diesen Wahn hat, kann sehr logisch klingen). Er ist demnach ein unkorrigierbarer Irrtum.

Der geriatrische Wahn ist nach meinen Vorstellungen mit den sonstigen Wahnerkrankungen nicht identisch. Sehr viele Wahnideen stammen von einem schlechten Gewissen und werden als Selbstbestrafung oder Projektion (die anderen sind die Täter) von Klienten gesehen.

W.s.s.-Pflege (Warm-satt-sauber-Pflege)

Jene Pflegeform, bei der das Personal nur die minimalsten Grundbedürfnisse befriedigt und somit formale, uniformierte Pflege betreibt.

Wille *(Definition)*

Seelische Energie, die je nach Stärke der Beweggründe (Motive) die Durchsetzungskraft oder Durchhaltekraft eines Menschen bestimmt. Da die höheren Motive im späteren Leben immer mehr und mehr ausgehen, kommt es zu einer Willensverarmung.

Wollen

Allgemeine und umfassende klassische Bezeichnung für die bewußte Entscheidung eines Menschen für eine bestimmte Richtung des Handelns (Gegenteil von impulsivem, unüberlegtem Handeln). So wie der Wille nimmt oft auch das Wollen im Alter immer mehr ab.

Anhang

Aktivieren, reaktivieren, mobilisieren

An dieser Stelle soll klargestellt werden, was reaktivierende Pflege *nicht* ist. Reaktivierende Pflege nach BÖHM ist nicht die heute häufige Durchführung einer aktivierenden Pflegemethode, die nur auf einem ideologischen Fokus beruht, im Sinne von: „Weil es war, soll es wieder sein! Weil der Patient einmal essen konnte, soll er gefälligst wieder essen! Weil er einmal sein Bett selbst machte, soll er es gefälligst wieder machen! Weil er einmal gehen konnte, soll er gefälligst wieder gehen!"

Dieses fast militärisch anmutende Pflegekonzept hat nur am Rande mit Reaktivierung zu tun, nämlich mit der Tatsache, daß man, bevor man Reaktivierung der Seele betreiben kann, „Helfen mit der Hand im Sack" erlernen muß. Es ist ein rein ideologischer Schritt, der vor den fachlichen gesetzt werden muß, und betrifft vorwiegend nur pflegeneurotisch orientierte Stationen zu deren Neuorientierung auf ein fachlich fundiertes Niveau.

Reaktivierung nach BÖHM ist die fachspezifische Pflegeforschung, die vor jeglicher somatischen Mobilisation, Aktivierung, aber auch Förderpflege auf die Reanimation der Seele zielt. Die Wiederbelebung der Seele der Betagten erfolgt nur auf der Grundlage ihrer spezifischen, singulären Psychobiographie, also einer Pflegediagnose. Zuerst muß die Seele wiederbelebt werden, hernach erst die Beine.

Diese Reaktivierung ist somit ein *Impuls* nach einer vorangegangenen Pflegediagnose nach BÖHM. Die Pflegediagnose für Klienten im Destruktionstrieb oder Rückzugstrieb, aber auch der Hospitalisationstendenz erfolgt mit der primären Fragestellung, was unseren heutigen Klienten eigentlich damals positiv oder negativ erregte. Von welchen Trieben, Träumen, emotionalen Nachholbedürfnissen lebte er oder sie? Und was kann demnach als „lebenswert" nochmals belebt werden? Die Reaktivierung erfolgt nach der emotionalen Erreichbarkeit, die in 7 Erreichbarkeitsstufen unterteilt wird und den dementiellen Abbaustufen der WHO entspricht.

In der täglichen Umgangssprache (und daher sichtbar in der Pflegedokumentation) werden durch das Personal sehr oft Begriffe wild durcheinander verwendet. Der Begriff *Reaktivierung* im Sinne dieses Modells darf nicht für den falschen Patienten verwendet werden, ist also auf keinen Fall auf den gerontologischen, also gesunden, nur biologisch abgebauten Klienten anwendbar. Reaktivierende Pflege ist demnach *nicht* für Bewohner, Gäste, psychisch Unauffällige gedacht, sondern nur zur *Wiederbelebung* von Menschen, die im Todestrieb oder Rückzug sind, und ist nach einer Pflegediagnose als Pflegemaßnahme geeignet.

Ein zweites Mißverständnis liegt meistens darin, daß das Pflegepersonal somatisch reaktivieren will, die Reaktivierung aber eine psychische Pflege darstellt und keine somatische. Natürlich kann und soll auch in einem Heim reaktiviert werden, aber die Bezugsebene ist eine psychische und keine somatische; sie orientiert sich nicht nach dem Denkmodell der Lebensaktivitäten, sondern am gelebten Leben (Biographie) schlechthin.

Die heutigen Pflegebegriffe selbst werden in der Praxis je nach dem eigenen Gefühlszustand der Pflegepersonen ausgelegt und verwendet. Von der durch die Schule gelehrten Nomenklatur und Terminologie gibt es in der Praxis nur ansatzhafte Vorstellungen. Aus dieser in der Praxis bestehenden Unsicherheit heraus ist es kein Wunder, daß die in der Pflegewissenschaft erfundenen Wörter in der täglichen Praxis mit diversen Ersatzhandlungen wie Ablehnung, Verdrängung, Bejahung oder gar falsch verwendet werden, wobei die häufigste Abwehrform an den Stationen (und somit vom einzelnen Pfleger) wohl jene der Bejahung ist, das heißt, Pflegepersonen meinen, sagen, behaupten und stellen sich vor, daß die Reaktivierung schon lange betrieben wird. So glauben viele KollegInnen, daß schon das alleinige Heraussetzen eines Patienten aus dem Bett oder das Querbettsitzen oder das Setzen des Klienten auf einen Sessel neben dem Bett Aktivierung oder gar Reaktivierung sei, oder daß gar die Anordnung „Oma, mach Dir selbst das Bett" Inhalt dieses Modells sei. Daher soll an dieser Stelle nochmals erwähnt werden, daß reaktivierende Pflege ohne Biographie unmöglich ist oder besser gesagt reaktivierende Pflege nach

Böhm nur ein Impuls ist, der sich aus der Pflegediagnose ergibt. Eine Aufforderung, wie „Oma, mach Dir selbst das Bett“, kann maximal eine aktivhaltende Pflegeaufforderung sein. Aber diese Wortwahl stellt meistens eine Reizanflutung für das Personal und nicht für den Klienten dar.

Sehr oft werden sich ganz zufällig ergebende Handlungen als reaktivierend bestätigt, die im Anschluß den Eindruck erwecken könnten, daß dieser Vorgang oder diese Aufforderung schon alleine „reaktivierend“ gewesen sei. Es gibt zum Beispiel Klienten, die mit und ohne die Aufforderung: „Wenn Sie liegen bleiben, bekommen sie eine Thrombose“ aus dem Bett wollen und gehen. Hier bewirkte der Pflegeprozeß gar nichts, sondern die patientenspezifische Psychobiographie wurde allein tätig. Es war also maximal „Hilfe zur Selbsthilfe“, vom Patienten selbst durchgeführt aus seinem Lebenstrieb heraus. Das Pflegeziel wurde erreicht, da es ein patienteneigenes Ziel war und es dem Klienten Gott sei Dank weder auf der Station noch im Bett gefallen hat und er das Glück hatte, daß infolge Zeitmangels oder aus dem Pflegenotstand heraus ihn keiner versorgte (Ideologie der Interventionsgerontologie). Parasympathikoton geprägte Typen hingegen sind weder mit noch ohne Pflegepersonalaufforderung aus dem Bett zu bewegen. Dies ist ganz normal; denn sie weisen biographisch gesehen ein anderes Lebensmuster als der sympathikotone Mensch auf. Ihr Leben ist sicherheitsbetont, geordnet, formalistisch orientiert. Sie sehen keinen Grund, am Lebenskampf wieder teilzunehmen, und husten – im wahrsten Sinne des Wortes – auf unseren gutgemeinten Pflegeprozeß „Hilfe zur Selbsthilfe“. Meistens bleibt ein frustriertes Pflegepersonal zurück, das einen wunderschönen Prozeß erfand, der Patient aber auf das „Mitspielen“ dankend verzichtet.

Noch größere Verwirrung stiftet aber die Tatsache, daß der Mensch ein subjektives Leben, ein biographisches Eigenleben hat und der Begriff „Interventionsgerontologie“ zwar dies berücksichtigt, aber nur für Gesunde bzw. für sogenannte normale Menschen (Lehr, 1965; Baltes, 1990; Danish, 1990). Somit sind alle Betagten mit akuten oder gar chronisch dementiellen Erkrankungen und Hospitalisierte von der *Aktivierung* ausgeschlossen.

Daß diese Begrifflichkeit theoretisch gesehen für die Aktivhaltung von sympathikotonen Senioren – die auch Heimbewohner sein können – als Präventivmaßnahme (Sozialgerontologie) eine gute Idee ist, ist unbestritten. Sie kann aber nicht als Pflegekonzept an sich betrachtet werden. Diese unerfüllbare Forderung nicht durchführen zu wollen oder zu können, führt zum „Crazy making-Verhalten“ beim Personal (die Pflegeperson soll aktivieren, der Patient läßt sich nicht). Es liegt daran, daß bei der Übersetzung des Wortes „Interventionsgerontologie“ in das Wort „aktivierende Pflege“ ein Fehler passiert ist. Den Erfindern des Wortes kann man dabei keine Schuld zusprechen, wenn Pflegepersonen Taktiken übernehmen, die für Gesunde gedacht sind und die bei Kranken verwendet werden.

So entstand auf der interventionsgerontologischen Ebene aber nicht nur das Wort „aktivieren“, sondern auch die Idee der gesamten Ressourcensuche und deren Pflegeversuche. Welche Ressourcen will man aber suchen bei einem total Verwirrten oder Paranoiden, der die Lebensaktivitäten noch selbst durchführt und durchführen kann, aber unter „Angst“ leidet? Gerade die für das Verstehen und Auffinden von Ressourcen notwendige Bewußtseinslage ist nicht oder nicht mehr vorhanden. Unser dementiell erkrankter Patient macht es uns unmöglich, ihn aktiv in die Pflege miteinzubeziehen. So gesehen ist eine Entwicklungsförderung nicht im kognitiven, sondern im emotionalen Bereich erforderlich. Und dies möchte das Wort „Reaktivierung“ ausdrücken, wofür zwei Pflegeschienen möglich sind: die basale Stimulierung (Förderpflege) nach Bienstein (Bienstein, 1990) und Fröhlich (Fröhlich, 1990) und die emotionale Stimulierung, die reaktivierende Pflege nach Böhm (Böhm, 1996).

Es ist deshalb nicht verwunderlich, daß sich gerade der Seelenpflegeprozeß (Pflegemodell) mit der seelischen Ressourcensuche und nicht mit der rationalen Ressourcensuche beschäftigt. Reaktivierung bedeutet demnach im Sinne des Modells die Suche nach der „emotionalen Erreichbarkeit“.

Laut Duden ist unter dem Begriff „aktivieren“ aktiv machen zu verstehen, unter dem Wort Aktivität der Ausdruck einer Tätigkeit. Der International Nursing Council stellte folgende Definition her: Aktivität = Tätigkeit. „Pflege“ ist Hilfeleistung am Menschen durch Förderung des Gesunden und der Verhütung von Krankheit, Wiederherstellung von Gesundheit, Linderung von Leiden. Pflege ist demnach also mehr auf die Erkenntnis ausgerichtet, daß es nicht nur eine Krankenpflege, sondern in ihrem Weltbild eher eine Gesundenpflege und eine Rehabilitationspflege geben sollte. Für einen politisch denkenden Menschen ist dies zwar verständlich, aber undurchführbar. Denn Kranke sind nicht aufgrund der Prophylaxe (Kurhotel), sondern zu ihrer Gesundheitswiedererlangung im Spital.

Mit der Erkenntnis, daß Alter keine Krankheit, sondern zunächst ein soziales Problem ist, wurde das Wort „Interventionsgerontologie“ (intervenieren = lat. eingreifen) eins zu eins von Altenhelfer-Chefs mit dem „umbenannten“ Begriff aktivierende Pflege in die Praxis eingeführt und demnach einer Ideologie, einem Pflegeweltbild fast gleichgesetzt. Tagesstätten, Ruheplätze wollte man vorwiegend zum soziotherapeutischen Spielplatz umfunktionieren, und heute ist man verwundert, wenn auf einmal „Patienten“ anstelle von „Bewohnern“ oder „Pensionären“ da sind, die noch dazu „verwirrt“ werden und dann unsere tollen Programme hinschmeißen. Um das Verheizen von Pflegepersonal zu verhindern (Bewohner statt Patienten als Wunschvorstellung – Patienten statt Bewohner in der Praxis), erfand man verschiedene Pflegemodelle, um zu retten, was zu retten ist in der geriatrischen und psychogeriatrischen Pflege.

Zusammenfassend soll gesagt werden, daß unsere Klienten somatische und psychische Erkrankungen aufweisen. Die somatischen Erkrankungen müssen und sollen nach einem somatischen Pflegekonzept oder Modell behandelt werden. Dazu ist es erforderlich, daß sich die jeweilige Station unter den vielen Pflegemodellen eines aussucht, das am ehesten zu ihren Klienten paßt. Erst im Anschluß, also wenn an den Stationen das somatische Modell eingeführt ist, sollte man daran gehen, ein psychisches Pflegemodell hinzuzuziehen, wobei man sich die primäre Frage stellen muß, zu welchem Klientel welches Modell paßt (Hilfe zur Selbsthilfe nach OREM, Aktivitäten des täglichen Lebens nach ROPER, Allgemeine Bedürfnisse nach HENDERSON, MASLOWsche Grundmotivationen, Reaktivierung und Pflegediagnose nach BÖHM). Das heißt, daß das Wort „aktivierende Pflege“ allein, ohne zusätzlich festzulegen, nach welchen Strategien vorgegangen wird, global gesehen kein zusätzliches Pflegemodell und daher Mehrarbeit bedeutet, sondern nur eine geänderte ideologische Haltung darstellt (ritualisierte Ethik oder Gebrauchsethik). Aktivierende Pflege betrifft (trifft seelisch) somit bei der ersten Umsetzung mehr das Personal als den Patienten selbst.

Bei der *Reaktivierung* unterscheidet man in pflegerischer Sicht vor allem eine:

1. kognitive Erreichbarkeit
2. emotionale Erreichbarkeit
3. Unerreichbarkeit auf psychischer Ebene.

Kognitive Erreichbarkeit

Bei diesem psychischen Zustand ist der Klient für die Pflegeperson im kognitiven Bereich erreichbar. (Eine Abklärung oder Einschätzung kann unter anderem auch durch den Mini-Mental-Status erhoben werden.) Das heißt in der Praxis, daß unsere Worte und deren Inhalt vom Patienten verstanden werden müssen. Unsere Aufgabe besteht darin, dem Klienten so schnell wie möglich die *Erfahrung* (das Gefühl) zu vermitteln, daß er wichtige Tätigkeiten, wie zum Beispiel essen, alleine kann und maximal unsere Anleitung (dasein heißt Sicherheit geben) benötigt. Wer rastet, rostet, ist die Gesprächsebene aus der Folklore. Je weniger der Kranke sein Gehirn oder seinen Körper selbst benutzt, desto schwieriger und langwieriger wird seine Pflege für alle Beteiligten, vor allem für ihn selbst.

Je mehr emotionale Grundbedürfnisse erfüllt werden, desto weniger Motive bleiben, selbst „tätig“ zu werden. Es kann sich nach dieser Erklärung praktisch nur um den psychisch gesunden und auch nicht biologisch abgebauten „normalen Patienten“ eines Krankenhauses,

Pensionistenheims usw. handeln, der die Lebensaktivitäten erkennt und von sich aus wieder die Eigeninitiative (bevor er hospitalisiert wird) in die Hand nimmt. Unsere Aufgabe müßte es sein, den Klienten in seinem Tun, in seiner Suche nach Bedürfnissen wenigstens nicht zu behindern. Der Klient soll ferner dabei nicht nur Erfahrungen gewinnen, sondern auch Informationen erhalten. Zum Beispiel muß er wissen, daß er nach einer Operation aufstehen muß, da er ansonsten eine Embolie bekommen kann. Damit waren und sind die ChirurgiepflegerInnen immer schon die besten „aktivierenden" Personen gewesen, da ihnen selbst, aber auch den Klienten der somatische Vorgang plausibel und erklärbar erscheint.

Da jeder psychisch gesunde Mensch den ungesunden Ort eines Krankenhauses selbst so schnell wie möglich verlassen möchte, rehabilitiert er sich selbst – egal wie schön das Krankenhaus eingerichtet ist. Demnach ist es schon klar, daß man den „grauen Panther" (ein Leben lang sympathikoton gebliebener Mensch), den sogenannten jungen Alten rascher erreicht als den parasympathikotonen Typ, der Sicherheit im Gemäuer sucht und findet, solange „Pflege-Pflege" betrieben wird. Klar ist somit auch, daß bei diesem somatisch erkrankten Klienten (Selbstheiler) Ressourcensuche und Pflege auf somatischer Ebene betrieben werden kann und soll, versteht er doch bestens, daß nach einer Restlähmung links doch noch die rechte Hand funktioniert.

Emotionale Erreichbarkeit

Jene Menschen aber, die rational, also auf der normalen, informativen Gesprächsebene nicht mehr erreichbar und daher nicht aktivierbar, überzeugbar, instruierbar sind, müssen von einer anderen Ebene abgeholt werden. Folgende aktivierende Ansätze werden vorgeschlagen: Förderpflege, Urkommunikation, Mobilisation, reaktivierende Pflege nach BÖHM.

Förderpflege

Die Klienten sind vorerst, zum Beispiel wegen einer akuten zerebralen Dekompensation, auf der sprachlichen Ebene nur noch schwer bzw. kaum erreichbar. Sie sind selbst nicht in der Lage, sich verfügbar, ansprechbar zu machen. Die Aufgabe der Pflege besteht in der Aktivhaltung bzw. Mobilisation und natürlich in der Reaktivierung.

Für den ersten Schritt der Aktivierung ist es in der täglichen Praxis schon dienlich, den Patienten bei verschiedenen Handlungen wenigstens nicht zu behindern. Er kann und soll sich die Schuhe auf verschiedene Weise – auch verkehrt – anziehen; er bewegt sich wenigstens dabei. Er kann und soll sich psychomotorisch ausleben können. Gerade dieser scheinbar nicht pflegerische Vorgang (den Patienten aktiv lassen) wird aber durch die eigene Biographie der Pflegepersonen nicht verkraftet, und daher wird Nächstenliebe eingesetzt. Zwingt man das Personal zum „Umfühlen", wird der ideologische Pflegevorgang mit Abwehrmechanismen von seiten des Personals beantwortet. Alle bis jetzt erfundenen Abwehrmechanismen werden zum Einsatz gelangen, um doch noch dem Patienten zu helfen. Wir schlittern in die bekannte Gartenzwerg-Ideologie ab.

Es ist sehr gut vorstellbar, daß Pflegepersonen mit einer stark christlichen, aber falsch verstandenen Sozialisation (Biographie) enorme Schwierigkeiten haben, wenn sie die sogenannte christliche Nächstenliebe, die Aufopferung, das Dienen zugunsten der Patienten einstellen sollen, aber kein anderes Pflegeprogramm erlernt haben. Daher ist es erforderlich, Fachlichkeit in die Förderpflege zu bringen. Eine dieser fachlichen Richtungen wäre es, den Klienten auf dem taktil-kinästhetischen Kanal zu erreichen (siehe auch Urkommunikation). Im Handling wird er beim Waschen von Brust und Armen, beim Rasieren, beim Be- und Entkleiden mit einbezogen. Er wird nicht geduscht, um ihn durch das Verlassen seiner gewohnten Umgebung nicht zu beunruhigen. Bei allen Pflegeverrichtungen wird Berührung intensiv eingesetzt, sie erfolgt nachdrücklich und mittelkräftig, um sie fühlbar zu machen.

Anspannung und Entspannung sollen nicht unbedingt mit und bei anderen Pflegehandlungen erfolgen, sondern ausschließlich. Das Führen, Leiten usw. findet nonverbal statt, also ohne Anforderung, Aufforderung oder Erklärung, um die Aufmerksamkeit des Klienten nicht vom Spüren abzulenken.

Urkommunikation (nach Böhm)

Die Basalstimulierung wird mit singulären biographischen Verhältnissen vermischt. Allerdings soll die Pflege/Urkommunikation langsam aber sicher in die nächste erreichbare Höhe führen (Pflegeziel). So kann bei verschiedenen Krankheitsbildern das Eßtraining hernach die Selbsthilfe ablösen. Um die nächste Stufe zu erreichen, ist allerdings schon wieder ein Motiv – ein Lebenssinn – zu erheben.

Unerreichbarkeit auf psychischer Ebene

Ohne Frage gibt es Klienten, die weder auf der obersten noch auf der untersten Stufe erreicht werden können. Bei diesen erfolgt die Pflegetaktik im Sinne von Naomi Feil durch Validation, allerdings erst nach einem differentialdiagnostischen Ausgang.

Mobilisierungspflege

Mobilisierung ist in der Praxis jene Maßnahme, bei der der Klient beispielsweise vom Bett heraus auf einen neben dem Bett stehenden Sessel gebracht wird. Dieser Vorgang geschieht wohl unter Verwendung von Worten wie: „So, Frau XY, jetzt setzen wir uns schön auf das Sesserl." Das ist aber wohl kaum mit gleichzeitigen gezielten Motivationsaspekten, besser gesagt, Remotivationsapekten oder mit reaktivierenden Antrieben (z.B. Reizsätzen) verbunden. So fallen auch die weiteren von uns durchgeführten Schritte, zum Beispiel das „Abschleppen" in den Tagraum (als Nonplusultra der Resozialisierung) unter diese pflegerische Handhabung, die eher als „Kranhebelfunktion" bezeichnet werden sollte. Der Klient erkennt meistens das seelische Motiv für seine Verschleppung nicht und fühlt sich nur seines Bettes beraubt. So gesehen dient Mobilisation nur der somatischen, funktionellen Bewegung.

Rehabilitation

Die Rehabilitation beginnt in oder nach der Akutphase einer Erkrankung oder Verletzung. Im Mittelpunkt der Bemühungen steht der Mensch als somatische, psychosoziale Einheit. Grundlagen sind die noch verbliebenen Möglichkeiten des Behinderten, in deren Rahmen er gefordert ist, sich aktiv an seiner Rehabilitation zu beteiligen (Date, 1991).

Rehabilitative Mobilisierung ist derzeit jene therapeutische Maßnahme, die vorwiegend durch paramedizinisches Personal (Ergo-, Physiotherapeuten usw.) durchgeführt wird, juristisch in den Begriff „Behandlungspflege" einzureihen ist und bei der wir Pflegepersonen maximal das „co-therapeutische Helfen" übernehmen.

Die Rehabilitationsideologie und deren Durchführung beginnt an der Station. Dabei muß für die Langzeitpatienten das Lebensumfeld so gestaltet werden, daß sie so weit wie möglich selbständig leben können. Leider wird im Spital in einem pathologischen Umfeld trainiert und daher die Arbeit ad absurdum geführt (vgl. Kochtraining usw.). Unter anderem sollten, wenn wir den Begriff ernst nehmen, auch betreute Wohngruppen zu unbetreuten werden können.

Für geriatrische Patienten sind die biographischen Lebensgewohnheiten und Copings, das heißt auch die Durchführung einer Pflegediagnose nach diesem Pflegemodell erforderlich. Für andere, mit einer psychischen Auffälligkeit behaftete Klienten würde ich mich stark mit den Gedankengängen von Needham (Needham, 1991) identifizieren.

Externe somatische Rehabilitationsversuche unterliegen heute verschiedenen Institutionen, unter anderem den mobilen Schwestern, den Heimhilfen oder den Pflegehelfern. Die psychische Rehabilitation von Betagten wird unter „Übergangspflege" als extramurale, reaktivierende (daher immer biographisch) ausführlich beschrieben.

LITERATUR

ABDERHALDEN, Ch.: Psychiatrische Krankenpflege und Soziotherapie. Recom, Basel 1986

ABREZOL, R.: Sophrologie. Panorama Verlag, Altstätten 1988

ADLER, A.: Menschenkenntnis. Psychologie Verlag, Frankfurt 1964

ADLER, A.: Praxis und Theorie der Individualpsychologie. 7. Aufl., Fischer 1989

ADLER, A.: Wozu leben wir? Fischer, Frankfurt 1987

AMELANG, M.: Brennpunkte der Persönlichkeitsforschung. Verlag für Psychologie, Göttingen 1984

AMERY, J.: Über das Altern. Revolte und Resignation. Klett-Cotta, Stuttgart 1979

ARNS, W., JOCHHEIM, K.: Neurologie und Psychiatrie für Krankenpflegeberufe. Thieme, Köln 1969

BALTES, M.: Brennpunkt Gerontopsychiatrie. Vincentz Verlag, Hannover 1990

BARZ, H.: Vom Wesen der Seele. Econ, Düsseldorf 1979

BENTLIN, B.: Erinnerungen. Eigenverlag 1990

BERNE, E.: Was sagen Sie, nachdem Sie guten Morgen gesagt haben? Kindler, München 1975

BIENSTEIN, Ch., FRÖHLICH, A.: Basale Stimulation. Selbstbestimmtes Leben, Düsseldorf 1991

BIER, A.: Die Seele. J. F. Lehmanns Verlag 1951

BINSWANGER, L.: Lebensfunktion und innere Lebensgeschichte. Mschr. Psychiat. 52, 1928

BLANKENBURG, W.: Biographie und Krankheit. Thieme, Stuttgart 1998

BÖHM, E.: Alte verstehen. Psychiatrie Verlag, Bonn 1991

BÖHM, E.: Ist heute Montag oder Dezember? Psychiatrie Verlag, Bonn 1992

BÖHM, E.: Krankenpflege – Brücke in den Alltag. Psychiatrie Verlag, Rehburg 1985

BÖHM, E.: Pflegediagnose nach Böhm. Recom, Basel 1994

BÖHM, E.: Verwirrt nicht die Verwirrten. Psychiatrie Verlag, Bonn 1990

BONNAFONT, C.: Die Botschaften der Körpersprache. Droemer-Knaur, München 1993

BREUEL, B.: Perspektiven des Aufbruchs. Econ, Düsseldorf 1983

BRUCKMANN, G.: Mega Trends. Ueberreuter, Wien 1988

CIOMPI, L.: Affektlogik. Über die Struktur der Psyche und ihre Entwicklung. Klett-Cotta, Stuttgart 1982

CIOMPI, L.: Außenwelt-Innenwelt. Die Entstehung von Zeit und Raum. Vandenhoeck, Göttingen 1988

CIOMPI, L.: Sozialpsychiatrische Lernfälle. Psychologie Verlag, Bonn 1990

COHN, R. C.: Von der Psychoanalyse zur Themen-zentrierten Interaktion. Klett-Cotta, Stuttgart 1975

DETER, D.: Personenzentriert verstehen – gesellschaftsbezogen denken. GwG Verlag, München 1990

DIRK, B.: Der verwaltete Wahnsinn. Fischer, Frankfurt 1980

DÖRNER, K.: Irren ist menschlich. Psychologie Verlag, Bonn 1978

DÜHRSSEN, A.: Die biographische Anamnese unter tiefenpsychologischem Aspekt. Vandenhoeck&Ruprecht, Göttingen 1992

ERIKSON, E.: Wachstum und Krisen der gesunden Persönlichkeit. Beiheft der Psyche. Klett, Stuttgart 1956

FEIL, N.: Validation. Altern und Kultur, Wien 1997

Ferenczi, S.: Bausteine zur Psychoanalyse. Band I bis IV. Huber, Bern 1984
Fiechtner, V., Meier, M.: Pflegeplanung. Recom, Basel 1985
Fischer, B., Lehrl, S.: Zerebrales Jogging. G.Narr Verlag. Tübingen 1983
Frankl, V. E.: Die Psychotherapie in der Praxis. Piper, München 1997
Frankl, V. E.: Logotherapie und Existenzanalyse. PVU, Weinheim 1998
Frankl, V. E.: Logotherapie. Piper. München
Frankl, V. E.: Wege zum Sinn. Piper, München
Frankl, V. E: Der Wille zum Sinn. Huber Verlag, Bern, Wien 1997
Frankl, V. E: Die Psychotherapie in der Praxis. Piper Serie, München 1970
Frankl, V.: Pathologie des Zeitgeistes. Deuticke, Wien 1955
Freud, A.: Wege und Irrwege in der Kinderentwicklung. Huber-Klett, Bern 1988
Freud, S.: Das Ich und die Abwehrmechanismen. Psychoanalytischer Verlag, Wien 1936
Freud, S.: Gesammelte Werke. S. Fischer, Frankfurt
Freud, S.: Zur Psychopathologie des Alltagslebens. S. Fischer, Frankfurt 1968
Friedmann, A.: Leitfaden der Psychiatrie. Maudrich, Wien-München-Bern 1987
Friedmann, L.: Familien und umweltbezogene Pflege. Hans Huber, Bern-Göttingen 1996
Fröhlich, W. D.: Wörterbuch der Psychologie. dtv, München 1979
Fromm, E.: Analytische Sozialpsychologie und Gesellschaftstheorie. Edition Suhrkamp, Frankfurt 1982
Fromm, E.: Seiner selbst gewahr werden. Psych. heute, 16, (1989)
Fucke, E.: Lernziel:Handeln können. Fischer, Frankfurt 1981
Geyer, H.: Über die Dummheit. VMA Verlag, Wiesbaden 1954
Gorbach, J.: Heiliges Mutteramt. Universitäts-Verlag Innsbruck 1954
Gordon, T.: Familienkonferenz. Heyne, München 1989
Groddeck, G.: Das Buch vom ES. Limes, Wiesbaden 1978
Grond, E.: Praxis der psychiatrischen Altenpflege. Werk Verlag, München 1983
Hartl, E.: Wenn ich so zurückdenke. Edition Atelier, Linz 1991
Heberer, G., kurth, G.: Anthropologie. Fischer, Frankfurt 1959
Heidegger, M.: Sein und Zeit. Max Niemeyer,Tübingen 1979
Heinemann-Koch, M.: Verwirrte alte Menschen. Kuratorium Deutscher Altenhilfe, München 1992
Hoffmann-La Roche: Von der Emotion zur Läsion. Wissenschaftlicher Dienst, 1968
Horney, K., Rubins, J.: Sanfte Rebellion der Psychoanalyse. Fischer, Frankfurt 1983
Innerhofer, F.: Der Emporkömmling. Residenz Verlag, Salzburg 1982
Janov, A.: Anatomie der Neurose. Fischer, Frankfurt 1974
Janov, A.: Urschrei. Fischer, Frankfurt 1973
Jegge, J.: Angst macht krumm. Zytglogge-Verlag, Gümlingen 1980
Juchli, L.: Krankenpflege. Thieme, Stuttgart 1983
Jung, C. G.: Die Beziehung zwischen dem Ich und dem Unbewußten. Walter, Olten 1971
Kalousek, M.: Gerontopsychiatrie. Janssen, Neuss 1988
Kielholz, P., Adams, C.: Der alte Mensch als Patient. Deutscher Ärzteverlag, Köln 1986
Kornbichler, Th.: Die Entdeckung des siebten Kontinents (Sigmund Freud zum 50. Todestag). Psychologie Fischer, Frankfurt 1989
Kügelgen, W. v.: Jugenderinnerungen eines alten Mannes. 4. Aufl., Manesse, Zürich 1993

Kulemann, W.: Der Kampf der Weltanschauungen. Hinrichscher Verlag, Leipzig 1922
Labhardt, F.: Die Psychiatrie des Alters. Karger, Basel 1987
Langenmayr, A.: Familienkonstellation. Verlag für Psychologie, Göttingen 1978
Langenmayr, A.: Krankheit als psychosoziales Phänomen. Verlag für Psychologie, Göttingen 1980
Lhotzky, H.: Vom Ich und vom Du. Engelhorn, Göttingen 1917
Loch, W.: Über Begriffe und Methoden der Psychoanalyse. Huber, Bern 1975
Lohmann, H. M.: Die Psychoanalyse auf der Couch. Fischer, Frankfurt 1986
Lohmann, H.: Die Psychoanalyse auf der Couch. Fischer, Frankfurt 1984
Lowen, A.: Bio Energetic. Scherz, Bern-München 1975
Magaziner, A.: Die Bahnbrecher. Europaverlag, Wien, München 1985
Matthes, W.: Pflege als rehabilitatives Konzept. Vincentz, Hannover 1989
Maurer, K.: Land der Hämmer. Europaverlag, Wien 1985
Meier-Ruge, W.: Der ältere Patient in der Allgemeinpraxis. Karger, Basel 1988
Minuchin, S.: Familie und Familientherapie. Theorie und Praxis struktureller Familientherapie. Lambertus, Freiburg 1997
Missildine, H. W.: In Dir lebt das Kind, das du warst. Klett-Cotta, Stuttgart 1992
Molcho, S.: Körpersprache der Kinder. Mosaik, München 1996
Moreno, J. L.: Gruppenpsychotherapie. Mitschrift aus der Schule 1974
Müller-Freienfels, R.: Du und die Psychologie. Buchclub, Zürich o. J.
Murphy, J.: Die Macht Ihres Unterbewußtseins. Ariston Verlag, Genf 1962
Naisbitt, J.: Megatrends 2000. Econ, Düsseldorf 1990
Needham, J.: Pflegeplanung in der Psychiatrie. Recom, Basel 1991
Oswald, W., Herrmann, W. M., Kanowski, S., Lehr, U., Thomae, H.: Gerontologie. Kohlhammer, Stuttgart 1984
Parse, R. R.: Man Living Health: A Theory of Nursing. John Wiley and Sons, New York 1987
Parse, R. R.: Nursing Science: Major Paradigms, Theories and Critiques. WB Saunders Philadelphia 1987
Pauls, W.: Wer andern in die Seele sieht. Beltz, Weinheim 1981
Peplau, H.: Interpersonale Beziehungen in der Pflege. Recom, Basel 1995
Perls, F. S.: Gestalttherapie in Aktion. Klett, Stuttgart 1974
Petzold, H., Bubolz, E.: Psychotherapie mit alten Menschen. Junfermann, Paderborn 1980
Petzold, H.: Psychotherapie mit alten Menschen. Junfermann, Paderborn 1979
Pöldinger, W.: Der gerontopsychiatrische Patient in der Allgemeinpraxis. Nordmark, Karlsruhe 1995
Poletti, R.: Wege zur ganzheitlichen Krankenpflege. Recom, Basel 1985
Pongratz, F.: Soziologie. Vincentz, Hannover 1987
Radebold, H.: Psychosomatische Sicht Alternder. Lehrbuch der psychosomatischen Medizin. Urban & Schwarzenberg, München 1997
Rattner, J.: Psychotherapie als Menschlichkeit. Bücher des Wissens. Fischer, Frankfurt 1981
Rauscher, W.: Lust-Unlust. Sensei Verlag, Kernen 1984
Reich, W.: Charakteranalyse. Kiepenheuer, Köln-Berlin 1971

Ringel, E.: Die österreichische Seele. Böhlau, Wien 1986

Roper, Nancy, Logan, Tierney: Die Elemente der Krankenpflege. Recom Basel 1980

Rosenmayr, L.: Die gesellschaftliche Stellung der Älteren als Problem der Kultur. Verlag d.österr. Akademie d. Wissenschaft 1982

Rosenmayr, L.: Die Kräfte des Alters. Edition Atelier, Wien 1990

Rosenmayr, L.: Die menschlichen Lebensalter. Kontinuität und Krisen. Piper, München 1978

Rosenmayr, L.: Die späte Freiheit. Severin und Siedler, Berlin 1983

Schmidt, P. F.: Personale Begegnung. Echter, Würzburg 1989

Schmitz, R.: Sterbebegleitung. In: Oswald, W., Herrmann, W. M., Kanowski, S., Lehr U., Thomae, H. (Hrsg.): Gerontologie. Kohlhammer, Stuttgart 1984

Schraml, W.: Psychologie im Krankenhaus. Hans Huber, Wien 1972

Seidl, E.: Zur Sozialgeschichte der Pflege in Österreich. Pflegewissenschaft heute, Bd. 4. Maudrich,Wien-München-Bern 1996

Sienkiewicz, L.: Dyologie. Selbstverlag, Bern 1905

Soyka, O.: Der Seelenschmied. Scherlverlag, Berlin 1921

Spranger, E.: Menschenleben und Menschlichkeitsfragen. Piper, München 1964

Strotzka, H.: Einführung in die Sozialpsychiatrie. Rowohlt, Reinbek 1965

Strotzka, H.: Medizinisch-psychische Aspekte des Alterns. Verlag d.österr. Akademie d. Wissenschaft 1992

Strotzka, H.: Psychotherapie Grundlagen. Urban & Schwarzenberg, Wien, München 1978

Thomae, H.: Lebenszufriedenheit. In: Oswald, W., Herrmann, W. M., Kanowski, S., Lehr, U., Thomae, H. (Hrsg.): Gerontologie. Kohlhammer, Stuttgart 1984

Tuba, J.: Hirnleistungsschwäche. Ursache und Behandlung. Kuratorium für Geriatrie und Rehabilitation Tirol 1985

Uchtenhagen, A., Jovic, N.: Psychogeriatrie. Fachverlag AG, Zürich 1988

Vaillant, G.: The Wisdom of the Ego. University Press, Cambridge-Harvard 1993

Vester, F.: Denken, Lernen, Vergessen. dtv, München 1978

Vogt, H.: Reiz-Impuls-Gedanke. Kosmos, Stuttgart 1965

Watzlawick, P.: Anleitung zum Unglücklichsein. Piper, München-Zürich 1978

Watzlawick, P.: Wie wirklich ist die Wirklichkeit? 24. Aufl., Piper, München 1998

Wolf, R., Minsel, R.: Diagnostik. Kösel Verlag, München 1983

Wolf, R., Minsel, R.: Psychologie und Medizin. Kösel Verlag, München 1982

Zimmermann, R.: Alter und Hilfsbedürftigkeit. Enke, Stuttgart 1977